2025 年版

全国一级造价工程师职业资格考试培训教材

建设工程造价案例分析

（土木建筑工程、安装工程）

全国造价工程师职业资格考试培训教材编审委员会　编

U0330461

中国城市出版社

图书在版编目（CIP）数据

建设工程造价案例分析：土木建筑工程、安装工程：
2025 年版／全国造价工程师职业资格考试培训教材编审
委员会编. -- 北京：中国城市出版社，2025. 6.（2025.6重印）
（全国一级造价工程师职业资格考试培训教材）. -- ISBN
978-7-5074-3827-7

Ⅰ. TU723.3

中国国家版本馆 CIP 数据核字第 2025B71T08 号

责任编辑：张礼庆

责任校对：芦欣甜

全国一级造价工程师职业资格考试培训教材

建设工程造价案例分析（土木建筑工程、安装工程）2025 年版

全国造价工程师职业资格考试培训教材编审委员会　编

*

中国城市出版社出版、发行（北京海淀三里河路 9 号）

各地新华书店、建筑书店经销

北京鸿文瀚海文化传媒有限公司制版

建工社（河北）印刷有限公司印刷

*

开本：787 毫米×1092 毫米　1/16　印张：22　字数：433 千字

2025 年 6 月第一版　　2025 年 6 月第二次印刷

定价：**80.00** 元

ISBN 978-7-5074-3827-7

（904840）

编 写 组

主　　编：齐宝库　　沈阳建筑大学
副 主 编：竹隰生　　重庆大学
　　　　　陈起俊　　山东建筑大学

编写人员：齐宝库　　沈阳建筑大学　　合编第五、六章
　　　　　竹隰生　　重庆大学　　　　合编第一、四章
　　　　　陈起俊　　山东建筑大学　　合编第二、三章
　　　　　王艳艳　　山东建筑大学　　合编第二、三章
　　　　　李丽红　　沈阳建筑大学　　合编第五、六章
　　　　　吴学伟　　重庆大学　　　　合编第一、四章

审查人员：赵曙平　　周守渠　　张有恒　　李清立
　　　　　倪　健　　董士波

前　言

根据《国家职业资格目录》，为统一造价工程师职业资格设置和管理，提高工程造价人员素质，提升建设工程造价管理水平，2018 年 7 月 20 日住房和城乡建设部、交通运输部、水利部、人力资源和社会保障部印发了《造价工程师职业资格制度规定》《造价工程师职业资格考试实施办法》，明确国家设置造价工程师准入类职业资格，工程造价咨询企业应配备造价工程师，工程建设活动中有关工程造价管理岗位应按需要配备造价工程师。

2025 年 4 月，《全国一级造价工程师职业资格考试大纲》进行了局部修订，主要变化一是《建设工程造价案例分析》（土木建筑工程、安装工程）科目增加了客观题的类型；二是《建设工程技术与计量（安装工程）》科目不再区分管道和设备工程、电气和自动化控制工程 2 个专业组，取消了选考的规定。

为帮助工程造价从业人员学习、掌握一级造价工程师职业资格考试的内容，提升职业能力，全国造价工程师职业资格考试培训教材编审委员会依据 2025 年版考试大纲，编写了 2025 年版全国一级造价工程师职业资格考试培训教材，并充分吸收了最新颁布的有关工程造价管理的法规、规章、政策、标准，力求体现行业最新发展水平和一级造价工程师职业资格考试特点。

在教材编审过程中，得到了编审专家的大力支持与配合，参考了许多专家、学者的研究成果，在此一并致谢！

因工程造价管理工作涉及面广，专业技术性强，教材在使用中如存在不足之处，请提出宝贵意见和建议。

全国造价工程师职业资格考试培训教材编审委员会

2025 年 5 月

目　录

第一章　建设项目投资估算与财务分析

本章基本知识点：

1. 建设项目投资构成与估算方法；
2. 建设项目财务评价中基本报表的编制；
3. 建设项目财务评价指标体系的分类；
4. 建设项目财务评价的主要内容；
5. 建设项目的不确定性分析。

【案例一】

背景：

某集团公司拟建设 A、B 两个工业项目，A 项目为拟建年产 30 万 t 铸钢厂，根据调查统计资料提供的当地已建年产 25 万 t 铸钢厂的主厂房工艺设备投资约 2400 万元。A 项目的生产能力指数为 1。已建类似项目参考资料有：主厂房其他各专业工程投资占工艺设备投资的比例，见表 1-1。项目其他各系统工程及工程建设其他费用占主厂房工程费用的比例，见表 1-2。

表 1-1　　　　主厂房其他各专业工程投资占工艺设备投资的比例

加热炉	汽化冷却	余热锅炉	自动化仪表	起重设备	供电与传动	建安工程
0.12	0.01	0.04	0.02	0.09	0.18	0.40

表 1-2　　　项目其他各系统工程及工程建设其他费用占主厂房工程费用的比例

动力系统	机修系统	总图运输系统	行政及生活福利设施工程	工程建设其他费
0.30	0.12	0.20	0.30	0.20

A 项目建设资金来源为自有资金和贷款，贷款本金为 8000 万元，分年度按投资比例发放，贷款利率 8%（按年计息）。建设期 3 年，第 1 年投入 30%，第 2 年投入 50%，第 3

年投入20%。预计建设期物价年平均上涨率3%，投资估算到开工的时间按一年考虑，基本预备费率为10%。

B项目为拟建一条化工原料生产线，厂房的建筑面积为5000m²，同行业已建类似项目的建筑工程费用为3000元/m²，设备全部从国外引进，经询价，设备的货价（离岸价）为800万美元。

问题：

1. 对于A项目，已知拟建项目与类似项目的综合调整系数为1.25，试用生产能力指数法估算A项目主厂房的工艺设备投资；用系数估算法估算A项目主厂房工程费用和拟建项目的工程费用与工程建设其他费用。

2. 估算A项目的建设投资。

3. 对于A项目，若单位产量占用流动资金额为33.67元/t，试用扩大指标估算法估算该项目的流动资金。确定A项目的建设总投资。

4. 对于B项目，类似项目建筑工程费用所含的人工费、材料费、施工机具使用费和综合税费占建筑工程造价的比例分别为18.26%、57.63%、9.98%、14.13%。因建设时间、地点、标准等不同，相应的综合调整系数分别为1.25、1.32、1.15、1.2。其他内容不变。计算B项目的建筑工程费用。

5. 对于B项目，海洋运输公司的现行海运费率6%，海运保险费率3.5‰，外贸手续费率、银行手续费率、关税税率和增值税率分别按1.5%、5‰、17%、13%计取。国内供销手续费率为0.4%，运输、装卸和包装费率为0.1%，采购保管费率为1%。美元兑换人民币的汇率均按1美元＝6.6元人民币计算，设备的安装费率为设备原价的10%。估算进口设备的购置费和安装工程费。

分析要点：

本案例所考核的内容涉及了建设项目投资估算类问题的主要内容和基本知识点。投资估算的方法有：单位生产能力估算法、生产能力指数估算法、比例估算法、系数估算法、指标估算法等。对于A项目，本案例是在可行性研究深度不够，尚未提出工艺设备清单的情况下，先运用生产能力指数估算法估算出拟建项目主厂房的工艺设备投资，再运用系数估算法，估算拟建项目建设投资的一种方法。即：用设备系数估算法估算该项目与工艺设备有关的主厂房工程费用；用主体专业系数估算法估算与主厂房有关的辅助工程、附属工程以及工程建设的其他费用；再估算基本预备费、价差预备费。最后，估算建设期贷款利息，并用流动资金的扩大指标估算法估算出项目的流动资金投资额，得到拟建项目的建设总投资。对于B项目的建设投资的估算，本案例先计算建筑工程造价综合差异系数，再采用指标估算法估算建筑工程费用，并分别估算进口设备购置费和安装费。

问题1：

1. 拟建项目主厂房工艺设备投资 $C_2 = C_1 \left(\dfrac{Q_2}{Q_1} \right)^n \times f$

式中：C_2——拟建项目主厂房工艺设备投资；

$\quad\quad C_1$——类似项目主厂房工艺设备投资；

$\quad\quad Q_2$——拟建项目主厂房生产能力；

$\quad\quad Q_1$——类似项目主厂房生产能力；

$\quad\quad n$——生产能力指数，由于 $\left(\dfrac{Q_2}{Q_1} \right) < 2$，可取 $n = 1$；

$\quad\quad f$——综合调整系数。

2. 拟建项目主厂房工程费用＝工艺设备投资×$(1 + \sum K_i)$

式中：K_i——主厂房其他各专业工程投资占工艺设备投资的比例。

拟建项目工程费与工程建设其他费用＝拟建项目主厂房工程费用×$(1 + \sum K_j)$

式中：K_j——A 项目其他各系统工程及工程建设其他费用占主厂房工程费用的比例。

问题2：

1. 预备费＝基本预备费＋价差预备费

式中：基本预备费＝（工程费用＋工程建设其他费用）×基本预备费率；

$\quad\quad$价差预备费 $P = \sum I_t \left[(1 + f)^m (1 + f)^{0.5} (1 + f)^{t-1} - 1 \right]$

$\quad\quad I_t$——建设期第 t 年的投资计划额（工程费用＋工程建设其他费用＋基本预备费）；

$\quad\quad f$——建设期年均投资价格上涨率；

$\quad\quad m$——建设前期年限。

2. 建设投资＝工程费用＋工程建设其他费用＋基本预备费＋价差预备费

问题3：

流动资金用扩大指标估算法估算：

项目的流动资金＝拟建项目年产量×单位产量占用流动资金的数额

建设期贷款利息＝$\sum$（年初累计借款＋本年新增借款÷2）×贷款利率

拟建项目总投资＝建设投资＋建设期贷款利息＋流动资金

问题4： 根据费用权重，计算拟建工程的综合调价系数，并对拟建项目的建筑工程费用进行修正。

问题5：

进口设备的购置费＝设备原价＋设备运杂费，其中，进口设备的原价是指进口设备的抵岸价。

进口设备抵岸价＝货价+国外运费+国外运输保险费+银行财务费+外贸手续费+进口关税+增值税+消费税+海关监管手续费。

这里应注意抵岸价与到岸价的内涵不同，到岸价（CIF）只是抵岸价的主要组成部分，到岸价＝货价+国外运费+国外运输保险费。

设备的运杂费＝设备原价×设备运杂费率

对于进口设备，这里的设备运杂费率是指由我国到岸港口或边境车站起至工地仓库（或施工组织设计指定的需安装设备的堆放地点）止所发生的运费和装卸费。

设备的安装费＝设备原价×安装费率

答案：

问题 1：

解：

1. 用生产能力指数估算法估算 A 项目主厂房工艺设备投资：

A 项目主厂房工艺设备投资 $=2400\times\left(\dfrac{30}{25}\right)^{1}\times1.25=3600$（万元）

2. 用系数估算法估算 A 项目主厂房工程费用：

$$
\begin{aligned}
\text{A 项目主厂房工程费用} &=3600\times(1+12\%+1\%+4\%+2\%+9\%+18\%+40\%)\\
&=3600\times(1+0.86)\\
&=6696（\text{万元}）
\end{aligned}
$$

其中，建安工程费 $=3600\times0.4=1440$（万元）

设备购置费 $=3600\times1.46=5256$（万元）

3. A 项目工程费用与工程建设其他费用

$$
\begin{aligned}
&=6696\times(1+30\%+12\%+20\%+30\%+20\%)\\
&=6696\times(1+1.12)\\
&=14195.52（\text{万元}）
\end{aligned}
$$

问题 2：

解：计算 A 项目的建设投资

1. 基本预备费计算：

基本预备费 $=14195.52\times10\%=1419.55$（万元）

由此得：静态投资 $=14195.52+1419.55=15615.07$（万元）

建设期各年的静态投资额如下：

第 1 年　$15615.07\times30\%=4684.52$（万元）

第 2 年　$15615.07\times50\%=7807.54$（万元）

第 3 年　$15615.07\times20\%=3123.01$（万元）

2. 价差预备费计算：

$$价差预备费 = 4684.52 \times [(1+3\%)^1(1+3\%)^{0.5}(1+3\%)^{1-1}-1]+7807.54 \times [(1+3\%)^1$$
$$(1+3\%)^{0.5}(1+3\%)^{2-1}-1]+3123.01 \times [(1+3\%)^1(1+3\%)^{0.5}(1+3\%)^{3-1}-1]$$
$$= 212.38+598.81+340.40$$
$$= 1151.59（万元）$$

由此得：预备费 = 1419.55+1151.59 = 2571.14（万元）

A 项目的建设投资 = 14195.52+2571.14 = 16766.66（万元）

问题 3：

解：估算 A 项目的总投资

1. 流动资金 = 30×33.67 = 1010.10（万元）

2. 建设期贷款利息计算：

第 1 年贷款利息 = (0+8000×30%÷2)×8% = 96（万元）

第 2 年贷款利息 = [(8000×30%+96)+(8000×50%÷2)]×8%
$$= (2400+96+4000÷2)×8% = 359.68（万元）$$

第 3 年贷款利息 = [(2400+96+4000+359.68)+(8000×20%÷2)]×8%
$$= (6855.68+1600÷2)×8% = 612.45（万元）$$

建设期贷款利息 = 96+359.68+612.45 = 1068.13（万元）

3. 拟建项目总投资 = 建设投资+建设期贷款利息+流动资金
$$= 16766.66+1068.13+1010.10 = 18844.89（万元）$$

问题 4：

解：对于 B 项目，建筑工程造价综合差异系数为：

18.26%×1.25+57.63%×1.32+9.98%×1.15+14.13%×1.2 = 1.27

B 项目的建筑工程费用为：

3000×5000×1.27 = 1905.00（万元）

问题 5：

解：B 项目进口设备的购置费 = 设备原价+设备国内运杂费，见表 1-3。

表 1-3   进口设备原价计算表   单位：万元

费用名称	计算公式	费用
货价	货价 = 800.00×6.60 = 5280.00	5280.00
国外运输费	国外运输费 = 5280.00×6% = 316.80	316.80

续表

费用名称	计算公式	费用
国外运输保险费	国外运输保险费＝（5280.00+316.80）×3.5‰/（1-3.5‰）= 19.66	19.66
关税	关税＝（5280.00+316.80+19.66）×17%=5616.46×17%=954.80	954.80
增值税	增值税＝（5280.00+316.80+19.66+954.80）×13%=6571.26×13%=854.26	854.26
银行财务费	银行财务费=5280.00×5‰=26.40	26.40
外贸手续费	外贸手续费＝（5280.00+316.80+19.66）×1.5%=84.25	84.25
进口设备原价	合计	7536.17

由表得知，进口设备的原价为：7536.17 万元

国内供销、运输、装卸和包装费＝进口设备原价×费率

$$=7536.17×（0.4\%+0.1\%）= 37.68（万元）$$

设备采保费＝（进口设备原价+国内供销、运输、装卸和包装费）×采保费率

$$=（7536.17+37.68）×1\%=75.74（万元）$$

进口设备国内运杂费＝国内供销、运输、装卸和包装费+引进设备采保费

$$=37.68+75.74=113.42（万元）$$

进口设备购置费=7536.17+113.42=7649.59（万元）

设备的安装费＝设备原价×安装费率

$$=7536.17×10\%=753.62（万元）$$

【案例二】

背景：

某公司拟投资建设一家生产智能电子产品的生产厂，根据项目可行性研究资料，项目的相关基础数据如下：

1. 项目占地规模 100 亩，建设生产厂房 68000m²，自动化生产线 2 条，企业配套管理、生活等附属用房 6000m²，项目建设期 2 年。

2. 项目生产厂房的设计标准、规模与该企业 2 年前在另一地区已建的同类项目相同。已建同类项目的生产厂房单位建筑工程费用为 3100 元/m²，建筑工程的综合用工量为 5 工日/m²，工日平均单价为 155 元/工日，建筑工程费用中的材料费占比为 50%，施工机具使用费占比为 8%，考虑建设地区和时间差异，拟建项目的工日平均单价估计为 170 元/工日，材料费修正系数为 1.1，施工机具使用费的修正系数为 1.05，人、材、机以外

的其他费用修正系数为 1.08。根据市场多方面询价比选，项目每条生产线设备投资估算为 19000 万元，设备安装工程费为设备投资的 15%。

3. 项目附属用房当地目前工程费用综合造价指标为 3000 元/m²。厂区总图及室外配套工程费用估算额为 2300 万元。

4. 项目土地相关费用按 20 万元/亩计算，除土地外的工程建设其他费用为项目工程费用的 12%，项目的基本预备费率为 5%，不考虑价差预备费。

5. 项目建设投资来源于自有资金和贷款。贷款总额为 30000 万元，在建设期第 2 年初一次性投入，贷款年利率为 4%（按月计息）。

6. 该项目设计定员为 750 人，工资及福利费按照每人每年 11.80 万元估算；每年其他费用为 780 万元（其中：其他制造费用为 650 万元）；年外购原材料、燃料动力费估算为 16500 万元；年经营成本为 28000 万元，年销售收入为 45000 万元，年修理费为年经营成本的 10%；年预付账款为 1200 万元；年预收账款为 1500 万元。各类流动资产与流动负债最低周转天数分别为：应收账款 30d，现金 45d，应付账款 30d，外购原材料、燃料动力 45d，在产品 12d，产成品 40d，预付账款为 30d，预收账款为 30d。

问题：

1. 估算拟建项目的建设投资。
2. 估算建设期贷款利息。
3. 用分项详细估算法估算拟建项目的流动资金，编制流动资金估算表。
4. 估算拟建项目的总投资。

分析要点：

本案例考核建设项目总投资、建设投资的构成，投资估算方法，并考核建设期贷款利息计算中名义利率和实际利率的换算以及流动资金的分项详细估算法。

计算项目的建设投资时，需要根据题意分清楚生产厂房与附属用房，分清楚建筑工程费用和安装工程费用、建安工程费用、工程费用，根据题意确认各项费用计算的基数。

由于本案例贷款按月计息，计息期与利率和支付期的时间单位不一致，故所给年利率为名义利率。计算建设期贷款利息前，应先将名义利率换算为实际利率，才能计算。将名义利率换算为实际利率的公式如下：

实际利率 =（1+名义利率/年计息次数）^年计息次数 −1

此外，计算建设期贷款利息时，如果已知条件未明确具体贷款投入的时点，仅表述为"当年或某年投入多少"，则假定贷款在全年内均衡投入或年中投入。但是如果明确了贷款投入时点，则应该按照具体时点计算建设期贷款利息。

本案例流动资金采用分项详细估算法估算。分项详细估算法是根据周转额与周转速度之间的关系，对构成流动资金的各项流动资产和流动负债分别进行估算来计算流动资金需要量的方法。分项详细估算法计算流动资金需要准确界定流动资产和流动负债的范围，合理确定各项流动资产和流动负债的周转天数，正确计算各项流动资产和流动负债的年周转次数，充分考虑成本费用的构成和取值。流动资产一般包括应收账款、现金、存货和预付账款，流动负债包括应付账款和预收账款，流动资金等于流动资产减去流动负债。周转天数是影响流动资金估算准确性的关键因素，应根据项目的特点、行业惯例、企业实际运营情况以及市场环境等综合确定。年周转次数 = 360÷周转天数。

最后，将建设投资、建设期贷款利息和全部流动资金求和即可得到建设项目的总投资。

答案：

问题1：

解：与拟建生产厂房类似项目的建筑工程费中的人工费占比：$\dfrac{5 \times 155}{3100} = 25\%$

材料费占比为：50%

施工机具使用费占比为：8%

其他费用占比为：$1-25\%-50\%-8\% = 17\%$

建筑工程综合修正系数：

$$25\% \times \dfrac{170}{155} + 50\% \times 1.1 + 8\% \times 1.05 + 17\% \times 1.08 = 1.0918$$

生产厂房单位建筑工程费用：$3100 \times 1.0918 = 3384.58$（元/m²）

生产厂房建筑工程费用：$3384.58 \times 68000 \div 10000 = 23015.14$（万元）

项目生产线设备投资：$19000 \times 2 = 38000.00$（万元）

生产线安装工程费：$38000 \times 0.15 = 5700.00$（万元）

附属用房建筑与安装工程费用：$3000 \times 6000 \div 10000 = 1800.00$（万元）

生产厂房及附属用房建安工程费：

$$23015.14 + 5700 + 1800 = 30515.14$$（万元）

厂区总图及室外配套工程费用：2300万元

项目工程费用：$38000 + 30515.14 + 2300 = 70815.14$（万元）

土地费用：$100 \times 20 = 2000$（万元）

工程建设其他费用（不含土地）：$70815.14 \times 12\% = 8497.82$（万元）

基本预备费：（70815.14+2000+8497.82）×5%＝4065.65（万元）

项目建设投资：70815.14+2000+8497.82+4065.65＝85378.61（万元）

问题2：

解：年贷款实际利率$=\left(1+\dfrac{4\%}{12}\right)^{12}-1=4.074\%$

建设期利息：30000×4.074%＝1222.20（万元）

问题3：

解：

1. 用分项详细估算法估算流动资金。

流动资金＝流动资产−流动负债

式中：流动资产＝应收账款+现金+存货+预付账款

流动负债＝应付账款+预收账款

（1）应收账款＝年经营成本÷年周转次数＝28000÷（360÷30）＝2333.33（万元）

（2）现金＝（年工资福利费+年其他费用）÷年周转次数

＝（750×11.8+780）÷（360÷45）＝1203.75（万元）

（3）存货：

外购原材料、燃料动力＝年外购原材料、燃料动力费÷年周转次数

＝16500÷（360÷45）＝2062.50（万元）

在产品＝（年工资福利费+年其他制造费+年外购原材料、燃料动力费+年修理费）÷年周转次数＝（750×11.80+650+16500+28000×10%）÷（360÷12）＝960（万元）

产成品＝年经营成本÷年周转次数＝28000÷（360÷40）＝3111.11（万元）

存货＝外购原材料、燃料动力+在产品+产成品

＝2062.50+960+3111.11＝6133.61（万元）

（4）预付账款＝年预付账款÷年周转次数＝1200÷（360÷30）＝100（万元）

（5）应付账款＝年外购原材料、燃料动力费÷年周转次数＝16500÷（360÷30）

＝1375（万元）

（6）预收账款＝年预收账款÷年周转次数＝1500÷（360÷30）＝125.00（万元）

由此求得：流动资产＝应收账款+现金+存货+预付账款

＝2333.33+1203.75+6133.61+100＝9770.69（万元）

流动负债＝应付账款+预收账款＝1375+125.00＝1500（万元）

流动资金＝流动资产−流动负债＝9770.69−1500＝8270.69（万元）

2. 编制流动资金估算表：见表1-4。

表 1-4　　　　　　　　　　　　流动资金估算表

序号	项目	最低周转天数/d	周转次数	金额/万元
1	流动资产			9770.69
1.1	应收账款	30	12	2333.33
1.2	存货			6133.61
1.2.1	外购原材料、燃料动力	45	8	2062.50
1.2.2	在产品	12	30	960
1.2.3	产成品	40	9	3111.11
1.3	现金	45	8	1203.75
1.4	预付账款	30	12	100
2	流动负债			1500
2.1	应付账款	30	12	1375
2.2	预收账款	30	12	125.00
3	流动资金（1-2）			8270.69

问题 4：

解：根据建设项目总投资的构成内容，计算拟建项目的总投资。

总投资＝建设投资＋建设期贷款利息＋流动资金

＝85378.61＋1222.20＋8270.69

＝94871.50（万元）

【案例三】

背景：

某企业拟建一条生产线。设计使用同规模标准化设计资料。类似工程的工程费用造价指标，见表 1-5；类似工程造价指标中主要材料价格（除税）表，见表 1-6。拟建工程当地现行市场价格（除税）信息及指数，见表 1-7。

表 1-5　　　　　　　　　　类似工程造价指标

序号	工程和费用名称	工程结算价值/万元					备注
		建筑工程	设备购置	安装工程	其他费用	合　计	
一	厂区内工程	13411.00	19205.00	5225.00		37841.00	

续表

序号	工程和费用名称	工程结算价值/万元					备注
		建筑工程	设备购置	安装工程	其他费用	合　计	
1	原料准备	3690.00	5000.00	990.00		9680.00	
2	熟料烧成及储存	2620.00	5110.00	1720.00		9450.00	
3	粉磨、储存、包装	3096.00	5050.00	666.00		8812.00	
4	全厂辅助及公用设施	2555.00	3585.00	929.00		7069.00	
5	总图运输及综合管网	1450.00	460.00	920.00		2830.00	
二	厂区外工程	6485.00	3005.00	1231.00		10721.00	
1	石灰石矿	4560.00	2100.00	190.00		6850.00	
2	黏土矿	125.00	380.00	12.00		517.00	汽车运输
3	石灰石矿长皮带廊	430.00	460.00	152.00		1042.00	1.5km
4	水源地及输水管线	160.00	20.00	31.00		211.00	
5	厂外铁路、公路	1210.00	45.00	26.00		1281.00	
6	厂外电力及通信线路			820.00		820.00	
	工程费合计	19896.00	22210.00	6456.00		48562.00	

表 1-6　　　　　类似工程材料价格（除税）表

序号	材料名称	单位	单价/元	权重/%	备注
1	水泥	t	397.00	19.74	综合
2	钢筋	t	3571.00	39.27	综合
3	型钢	t	3124.00	20.10	综合
4	木材	m^3	1375.00	3.56	综合
5	砖	千块	273.00	4.45	标准
6	砂	m^3	43.00	3.54	
7	石子	m^3	72.00	9.34	
	合　计			100	

表 1-7　　　　　　　　　拟建工程市场价格（除税）信息及指数

序号	项目名称	单位	单价/元	备注
一	材料			
1	水泥	t	536.00	综合
2	钢筋	t	4250.00	综合
3	型钢	t	3780.00	综合
4	木材	m³	1788.00	综合
5	砖	千块	410.00	标准
6	砂	m³	62.00	
7	石子	m³	79.00	
二	人工费			综合上调 43%
三	施工机具使用费			综合上调 17.5%
四	综合税费			综合上调 3.6%

问题：

1. 拟建工程与类似工程在外部建设条件有以下不同之处：

（1）拟建工程生产所需黏土原料按外购考虑，不自建黏土矿山；

（2）拟建工程石灰石矿采用 2.5km 长皮带廊输送，类似工程采用具有同样输送能力的 1.5km 长皮带廊。

根据上述资料及内容分别计算调整类似工程造价指标中的建筑工程费、设备购置费和安装工程费。

2. 类似工程造价指标中建筑工程费用所含的材料费（除税）、人工费、施工机具使用费、综合税费占建筑工程费用的比例分别为 58.64%、14.58%、9.46%、17.32%。

根据已有资料和条件，列表计算建筑工程费用中的材料综合调整系数，计算拟建工程建筑工程费用。

3. 行业部门测定的拟建工程设备购置费与类似工程设备购置费相比下降 2.91%，拟建工程安装工程费与类似工程安装工程费相比增加 8.91%。根据已有资料和条件计算拟建工程设备购置费、安装工程费和工程费用。

分析要点：

本案例主要考核以下内容：

1. 按照《建设项目经济评价方法与参数》（第三版）关于建设项目投资构成，并根据已建成的类似工程项目的各项费用，对拟建项目工程费进行估算的另一种方法；

2. 如何根据价格指数和权重的概念，计算拟建工程的综合调价系数，并对拟建项目的工程费进行修正。

答案：

问题 1：

解：类似工程造价指标中建筑工程费、设备购置费和设备安装费的调整：

1. 类似工程建筑工程费的调整：

不建黏土矿应减建筑工程费 125 万元；

运矿长皮带廊加长 1km，应增加建筑工程费：$430 \div 1.5 \times 1.0 = 286.67$（万元）；

∴ 类似工程建筑工程费应调整为：$19896.00 - 125 + 286.67 = 20057.67$（万元）。

2. 类似工程设备购置费的调整：

不建黏土矿应减设备购置费 380 万元；

运矿长皮带廊加长 1km，应增加设备购置费：$460 \div 1.5 \times 1.0 = 306.67$（万元）；

∴ 类似工程设备购置费应调整为：$22210.00 - 380 + 306.67 = 22136.67$（万元）。

3. 类似工程设备安装费的调整：

不建黏土矿应减设备安装费 12 万元；

运矿长皮带廊加长 1km，应增加设备安装费：$152 \div 1.5 \times 1 = 101.33$（万元）；

∴ 类似工程设备安装费应调整为：$6456 - 12 + 101.33 = 6545.33$（万元）。

问题 2：

解：类似工程造价指标中建筑工程费用中所含材料费、人工费、施工机具使用费、综合税费占建筑工程费的比例分别为：58.64%、14.58%、9.46%、17.32%。在表 1-8 中计算建筑工程费的材料综合调价系数，并计算拟建工程的建筑工程费。

表 1-8 　　　　　　　　**材料价（除税）差调整系数计算表**　　　　　　　单位：元

序号	材料名称	单位	指标单价	采购单价	调价系数	权重/%	综合调价系数/%
1	水泥	t	397.00	536.00	1.35	19.74	26.65
2	钢筋	t	3571.00	4250.00	1.19	39.27	46.73
3	型钢	t	3124.00	3780.00	1.21	20.10	24.32
4	木材	m³	1375.00	1788.00	1.3	3.56	4.63
5	砖	千块	273.00	410.00	1.5	4.45	6.68
6	砂	m³	43.00	62.00	1.44	3.54	5.10
7	石子	m³	72.00	79.00	1.10	9.34	10.27
合　计							124.38

拟建工程的建筑工程费 = 20057. 67×（1 + 58. 64%×24. 38% + 14. 58%×43% + 9. 46%×17. 5%+17. 32%×3. 6%）= 24639. 82（万元）

问题 3：

解：根据所给条件计算拟建工程设备购置费、安装工程费和工程费

1. 拟建工程设备购置费 = 22136. 67×（1−2. 91%）= 21492. 49（万元）

2. 拟建工程设备安装费 = 6545. 33×（1+8. 91）= 7128. 52（万元）

3. 拟建工程的工程费 = 24639. 82+21492. 49+7128. 52 = 53260. 83（万元）

【案例四】

背景：

某企业拟投资建设一个生产市场急需产品的工业项目。该项目建设期 1 年，运营期 6 年。项目投产第一年可获得当地政府扶持该产品生产的补贴收入 100 万元。项目建设的其他基本数据如下：

1. 项目建设投资估算 1000 万元，预计全部形成固定资产（包含可抵扣固定资产进项税额 80 万元），固定资产使用年限 10 年，按直线法折旧，期末净残值率 4%，固定资产余值在项目运营期末收回；投产当年需要投入运营期流动资金 200 万元；

2. 正常年份年营业收入为 678 万元（其中销项税额为 78 万元），经营成本为 350 万元（其中进项税额为 25 万元）；税金附加按应纳增值税的 10% 计算，所得税税率为 25%；行业所得税后基准收益率为 10%，基准投资回收期为 6 年，企业投资者可接受的最低所得税后收益率为 15%；

3. 投产第一年仅达到设计生产能力的 80%，预计这一年的营业收入及其所含销项税额、经营成本及其所含进项税额均为正常年份的 80%；以后各年均达到设计生产能力；

4. 运营第 4 年，需要花费 50 万元（无可抵扣进项税额）更新新型自动控制设备配件，维持以后的正常运营，该维持运营投资按当期费用计入年度总成本。

问题：

1. 编制拟建项目投资现金流量表；

2. 计算项目的静态投资回收期、财务净现值和财务内部收益率；

3. 评价项目的财务可行性；

4. 若该项目的初步融资方案为：贷款 400 万元用于建设投资，贷款年利率为 10%（按年计息），还款方式为运营期前 3 年等额还本、利息照付。剩余建设投资及流动资金来源于项目资本金。试编制拟建项目的资本金现金流量表，并根据该表计算项目的资本金财务内部收益率，评价项目资本金的盈利能力和融资方案下的财务可行性。

分析要点：

建设项目财务分析可分为融资前分析和融资后分析，一般宜先进行融资前分析，在融资前分析结论满足要求的情况下，初步设定融资方案，再进行融资后分析。

融资前分析与融资条件无关，其依赖数据少，报表编制简单，但其分析结论可满足方案比选和初步投资决策的需要。如果分析结果表明项目效益符合要求，再考虑融资方案，继续进行融资后分析；如果分析结果不能满足要求，可以通过修改以完善项目方案，必要时甚至可据此做出放弃项目的建议。在项目建议书阶段，可只进行融资前分析。融资前财务分析应以动态分析为主，静态分析为辅。编制项目投资现金流量表，计算项目财务净现值、投资内部收益率等动态盈利能力分析指标；计算项目静态投资回收期。

融资后分析是指以设定的融资方案为基础进行的财务分析，它以融资前分析和初步的融资方案为基础，考察项目在拟定融资条件下的盈利能力、偿债能力和财务生存能力，判断项目方案在融资条件下的可行性。融资后分析是比选融资方案，进行融资决策和投资者最终决定出资的依据。

本案例较为全面地考核了建设项目融资前财务分析，要求编制项目投资现金流量表，计算项目财务净现值、投资内部收益率和静态投资回收期指标，并评价项目的财务可行性。基于对比的需要，进一步考核了融资后财务分析的相关基础知识。融资后财务分析涉及面广，知识点多，本案例只要求编制项目的资本金现金流量表，计算项目的资本金财务内部收益率，更多的知识点参见教材后续案例题。

本案例主要解决以下概念性问题和知识点：

1. 增值税是以商品（含应税劳务）在流转过程中产生的增值额作为计税依据而征收的一种流转税，实行价外税。增值税应纳税额按照如下公式计算：

增值税应纳税额＝当期销项税额－当期进项税额

当期销项税额＝销售额×税率，其中，销售额中未含增值税。如果销售额中包括增值税，则当期销项税额＝销售额×税率/（1+税率）

当期进项税额为纳税人当期购进货物或者接受应税劳务支付或者负担的增值税额。

当期销项税额小于当期进项税额不足抵扣时，其不足部分可以结转下期继续抵扣。

此外，工程项目投资构成中的建筑安装工程费、设备及工器具购置费、工程建设其他费用中所含增值税进项税额，可以根据国家增值税相关规定予以抵扣，该可抵扣固定资产进项税额不得计入固定资产原值。

客观地讲，无论是建设期发生的建筑安装工程费、设备及工器具购置费、工程建设其他费用中所含的可抵扣增值税进项税额，还是生产经营期发生的各项成本开支中的可抵扣增值税进项税额都无法在建设项目的前期经济评价阶段准确估计。就建设期投资估算而言，为了满足筹资的需要，应该足额估算，即按照含增值税进项税额的价格估算建设投资，因此需要将可抵扣固定资产进项税额单独列示，以便财务分析中正确计算固定资产原值和应纳增值税。就运营期而言，增值税由最终消费者负担，没有建设期建设投资进项税额抵扣时，现金流入中的当期销项税额，等于现金流出中的当期进项税额和当期增值税应纳税额之和，因此仅就此而言，可以在现金流入、流出中同时不考虑增值税，并不会影响各年的净现金流量。但是由于增值税应纳税额的大小会影响城市维护建设税、教育费附加等附加税费，进而也会影响项目现金流量，故建设项目经济评价时应对运营期各年的销项税额和进项税额进行科学测算，以使评价更准确、更符合实际。

当然，鉴于在项目投资决策阶段准确测算增值税的困难，且增值税由最终消费者负担，受增值税影响的城市维护建设税、教育费附加等附加税费占投资、收入的比例很小，对经济评价的影响不大，故对拟建项目开展初步评价或者评价精度要求不高时，也可不考虑增值税的影响。

2. 融资前财务分析只进行盈利能力分析，并以项目投资现金流量分析为主要手段。为了体现固定资产进项税抵扣导致企业应纳增值税的降低进而致使净现金流量增加，应在现金流入中增加销项税额，同时在现金流出中增加进项税额（指营运投入的进项税额）以及应纳增值税。

3. 项目投资现金流量表中，固定资产原值应扣除可抵扣固定资产进项税额。另外回收固定资产余值的计算，可能出现两种情况：

营运期等于固定资产使用年限，则固定资产余值＝固定资产残值；

营运期小于固定资产使用年限，则固定资产余值＝（使用年限－营运期）×年折旧费＋残值。

4. 所得税是现金流量表的主要现金流出项目，编制现金流量表，计算净现值、内部收益率等财务评价指标均需要正确计算项目各年的所得税。笼统而言，所得税的计税基础（应纳税所得额）是按规定弥补以前年度亏损后的税前利润，其中税前利润＝营业收入－总成本费用。由于总成本费用中包含有因融资产生的利息支出，同一个建设项目不同的融资方案会有不同的利息支出，进而有不同的总成本费用、税前利润和所得税。

融资前分析与融资条件无关，因此对项目投资现金流量表中的"所得税"应进行调整，引入"调整所得税"的概念，调整的目的就是为了不受融资方案的影响。调整所得税以息税前利润（$EBIT$）为基础，按以下公式计算：

$$调整所得税＝息税前利润（EBIT）×所得税率$$

式中，息税前利润＝利润总额＋利息支出

或　息税前利润＝营业收入－增值税附加－总成本费用＋利息支出＋补贴收入

总成本费用=经营成本+折旧费+摊销费+利息支出

或　　息税前利润=营业收入–增值税附加–经营成本–折旧费–摊销费+补贴收入

此外，计算息税前利润时，除了剔除总成本费用中的利息支出的影响外，建设期利息对折旧的影响（因为折旧的变化会对利润总额产生影响，进而影响息税前利润）也应被排除，即在融资前分析中，固定资产总额中不应包括建设期利息，而在融资后分析中，建设期贷款利息则需要计入固定资产投资。

当然，如此将会出现两个折旧和两个息税前利润（用于计算融资前所得税的息税前利润和利润与利润分配表中的息税前利润）。为简化起见，根据《建设项目经济评价方法与参数（第三版）》，当建设期利息占总投资比例不是很大时，也可按利润表中的息税前利润计算调整所得税。

5. 财务净现值是指把项目计算期内各年的财务净现金流量，按照基准收益率折算到建设期初的现值之和。各年的财务净现金流量均为当年各种现金流入和流出在年末的差值合计。不管当年各种现金流入和流出发生在期末、期中还是期初，当年的财务净现金流量均按期末发生考虑。

6. 等额还本、利息照付是常用的还款方式之一。等额还本、利息照付是在每年等额还本的同时，支付逐年相应减少的利息。等额还本、利息照付的计算公式如下：

$$A_t = \frac{I_c}{n} + I_c \times \left(1 - \frac{t-1}{n}\right) \times i$$

式中：A_t——第 t 年还本付息额；

$\dfrac{I_c}{n}$——每年偿还本金额；

$I_c \times \left(1 - \dfrac{t-1}{n}\right) \times i$——第 t 年支付利息额。

需要注意的是公式中的 I_c 并不仅仅只是项目建设期的贷款额，还应当包括建设期贷款利息累计，即建设期末的贷款本息累计额。

7. 项目投资财务内部收益率反映了项目占用的尚未回收资金的获利能力，它取决于项目内部，反映项目自身的盈利能力，是考核项目盈利能力的主要动态评价指标。在财务评价中，将求出的项目投资财务内部收益率 $FIRR$ 与行业基准收益率 i_c 比较。当 $FIRR \geq i_c$ 时，可认为项目盈利能力已满足要求，在财务上是可行的。

注意区别利用静态投资回收期与动态投资回收期判断项目是否可行的不同。当静态投资回收期小于等于基准投资回收期时，项目可行；只要动态投资回收期不大于项目寿命期，项目就可行。

项目的资本金财务内部收益率反映了项目资本金的获利水平，其表达式和计算方法同项目投资财务内部收益率，只是所依据的表格和净现金流量的内涵不同，判断的基础参数也可能不同。项目资本金财务内部收益率的基准参数应该体现项目发起人（代表项目所有权益投资者）对投资获利的最低期望值（最低可接受收益率）。当项目资本金财务内部收益率大于或等于该最低可接受收益率时，说明在该融资方案下，项目资本金获利水平超过或者达到了要求，该融资方案是可以接受的。

8. 一些项目在运营期需要投入一定的固定资产投资才能得以维持正常运营，这类投资称为维持运营投资。对维持运营投资，根据实际情况有两种处理方式：一种是予以资本化，即计入固定资产原值；另一种是费用化，列入年度总成本。维持运营投资是否能予以资本化，取决于其是否能够增加企业潜在的经济利益，且该固定资产的成本是否能够可靠地计量。如果该投资投入后延长了固定资产的使用寿命，或者使产品质量实质性提高，或者成本实质性降低等，那么应予以资本化，并计提折旧。否则该投资只能费用化，列入年度总成本。根据题意，本题的维持运营投资按当期费用计入年度总成本。

答案：

问题 1：

解：编制拟建项目投资现金流量表

编制现金流量表之前需要计算以下数据，并将计算结果填入表 1-9 中。

（1）计算固定资产折旧费（融资前，固定资产原值不含建设期利息）

固定资产原值 = 形成固定资产的费用 - 可抵扣固定资产进项税额

固定资产折旧费 = $(1000-80) \times (1-4\%) \div 10 = 88.32$（万元）

（2）计算固定资产余值

固定资产使用年限 10 年，运营期末只用了 6 年还有 4 年未折旧，所以，运营期末固定资产余值为：

固定资产余值 = 年固定资产折旧费 $\times 4$ + 残值

$$= 88.32 \times 4 + (1000-80) \times 4\% = 390.08（万元）$$

（3）计算调整所得税

增值税应纳税额 = 当期销项税额 - 当期进项税额 - 可抵扣固定资产进项税额

故：

第 2 年（投产第 1 年）的当期销项税额 - 当期进项税额 - 可抵扣固定资产进项税额 = $78 \times 0.8 - 25 \times 0.8 - 80 = -37.6$（万元）$< 0$，故第 2 年应纳增值税额为 0。

第 3 年的当期销项税额 - 当期进项税额 - 可抵扣固定资产进项税额 = $78 - 25 - 37.6 = 15.4$（万元），故第 3 年应纳增值税额为 15.4 万元。

第 4 年、第 5 年、第 6 年、第 7 年的应纳增值税 = $78 - 25 = 53$（万元）

调整所得税＝［营业收入−当期销项税额−（经营成本−当期进项税额）−折旧费−维持运营投资+补贴收入−增值税附加］×25%

故：

第 2 年（投产第 1 年）调整所得税＝［（678−78）×80%−（350−25）×80%−88.32−0+100−0］×25%＝57.92（万元）

第 3 年调整所得税＝（600−325−88.32−0+0−15.4×10%）×25%＝46.29（万元）

第 4 年调整所得税＝（600−325−88.32−0+0−53×10%）×25%＝45.35（万元）

第 5 年调整所得税＝（600−325−88.32−50+0−53×10%）×25%＝32.85（万元）

第 6 年、第 7 年调整所得税＝（600−325−88.32−0+0−53×10%）×25%＝45.35（万元）

表 1-9 　　　　　　　　　项目投资现金流量表　　　　　　　　单位：万元

序号	项目	建设期	运营期					
		1	2	3	4	5	6	7
1	现金流入	0.00	642.40	678.00	678.00	678.00	678.00	1268.08
1.1	营业收入（不含销项税额）		480.00	600.00	600.00	600.00	600.00	600.00
1.2	销项税额		62.40	78.00	78.00	78.00	78.00	78.00
1.3	补贴收入		100.00					
1.4	回收固定资产余值							390.08
1.5	回收流动资金							200.00
2	现金流出	1000.00	537.92	413.23	453.65	491.15	453.65	453.65
2.1	建设投资	1000.00						
2.2	流动资金投资		200.00					
2.3	经营成本（不含进项税额）		260.00	325.00	325.00	325.00	325.00	325.00
2.4	进项税额		20.00	25.00	25.00	25.00	25.00	25.00
2.5	应纳增值税		0.00	15.40	53.00	53.00	53.00	53.00
2.6	增值税附加			1.54	5.30	5.30	5.30	5.30
2.7	维持运营投资					50.00		
2.8	调整所得税		57.92	46.29	45.35	32.85	45.35	45.35
3	所得税后净现金流量	−1000.00	104.48	264.77	224.35	186.85	224.35	814.43
4	累计税后净现金流量	−1000.00	−895.52	−630.75	−406.40	−219.55	4.80	819.23
5	折现系数（10%）	0.9091	0.8264	0.7513	0.6830	0.6209	0.5645	0.5132
6	折现后净现金流	−909.10	86.34	198.92	153.23	116.02	126.65	417.97
7	累计折现净现金流量	−909.10	−822.76	−623.84	−470.61	−354.59	−227.94	190.03

问题 2：

解：

（1）计算项目的静态投资回收期

静态投资回收期

$$= (累计净现金流量出现正值的年份 - 1) + \frac{|出现正值年份上年累计净现金流量|}{出现正值年份当年净现金流量}$$

$$= (6-1) + \frac{|-219.55|}{224.35} = 5.98 \text{ 年}$$

故，项目静态投资回收期为：5.98 年。

（2）计算项目财务净现值

项目财务净现值是把项目计算期内各年的净现金流量，按照基准收益率折算到建设期初的现值之和。也就是计算期末累计折现后净现金流量 190.03 万元，见表 1-9。

（3）计算项目的财务内部收益率

编制项目财务内部收益率试算表 1-10。

首先确定 $i_1 = 15\%$，以 i_1 作为设定的折现率，计算出各年的折现系数。利用财务内部收益率试算表，计算出各年的折现净现金流量和累计折现净现金流量，从而得到财务净现值 $FNPV_1 = 7.80$（万元），见表 1-10。

再设定 $i_2 = 17\%$，以 i_2 作为设定的折现率，计算出各年的折现系数。同样，利用财务内部收益率试算表，计算各年的折现净现金流量和累计折现净现金流量，从而得到财务净现值 $FNPV_2 = -49.28$（万元），见表 1-10。

表 1-10　　　　　　　　　　　**财务内部收益率试算表**　　　　　　　　　单位：万元

序号	项目	建设期	运营期					
		1	2	3	4	5	6	7
1	现金流入	0.00	642.40	678.00	678.00	678.00	678.00	1268.08
2	现金流出	1000.00	537.92	413.23	453.65	491.15	453.65	453.65
3	净现金流量	-1000.00	104.48	264.77	224.35	186.85	224.35	814.43
4	折现系数（$i = 15\%$）	0.8696	0.7561	0.6575	0.5718	0.4972	0.4323	0.3759
5	折现后现金流量	-869.60	79.00	174.09	128.28	92.90	96.99	306.14
6	累计折现净现金流量	-869.60	-790.60	-616.51	-488.23	-395.33	-298.34	7.80
7	折现系数（$i = 17\%$）	0.8547	0.7305	0.6244	0.5337	0.4561	0.3898	0.3332
8	折现后净现金流量	-854.70	76.32	165.32	119.74	85.22	87.45	271.37
9	累计折现净现金流量	-854.70	-778.38	-613.06	-493.32	-408.10	-320.65	-49.28

试算结果满足：$FNPV_1>0$，$FNPV_2<0$，且满足精度要求，可采用插值法计算出拟建项目的财务内部收益率 $FIRR$。

由表 1-10 可知：

$$i_1 = 15\%时，\quad FNPV_1 = 7.80$$

$$i_2 = 17\%时，\quad FNPV_2 = -49.28$$

用插值法计算拟建项目的内部收益率 $FIRR$，即：

$$FIRR = i_1 + (i_2 - i_1) \times \frac{FNPV_1}{|FNPV_1| + |FNPV_2|} = 15\% + (17\% - 15\%) \times \frac{7.80}{7.80 + |-49.28|}$$

$$= 15\% + 0.27\% = 15.27\%$$

问题 3：

答：评价项目的财务可行性

该项目的静态投资回收期为 5.98 年，小于基准投资回收期 6 年；累计财务净现值为 190.03 万元>0；财务内部收益率 $FIRR=15.27\%$>行业基准收益率 10%，所以，从财务角度分析该项目可行。

问题 4：

解：

1. 编制拟建项目资本金现金流量表

编制资本金现金流量表之前需要计算以下数据，并将计算结果填入表 1-11 中。

表 1-11 项目资本金现金流量表 单位：万元

序号	项目	建设期	运营期					
		1	2	3	4	5	6	7
1	现金流入	0.00	642.40	678.00	678.00	678.00	678.00	1276.56
1.1	营业收入（不含销项税额）		480.00	600.00	600.00	600.00	600.00	600.00
1.2	销项税额		62.40	78.00	78.00	78.00	78.00	78.00
1.3	补贴收入		100.00					
1.4	回收固定资产余值							398.56
1.5	回收流动资金							200.00
2	现金流出	600.00	708.94	573.75	603.67	490.67	453.17	453.17
2.1	项目资本金	600.00						
2.2	借款本金偿还		140.00	140.00	140.00			
2.3	借款利息支付		42.00	28.00	14.00			

续表

序号	项目	建设期	运营期						
		1	2	3	4	5	6	7
2.4	流动资金投资		200.00					
2.5	经营成本（不含进项税额）		260.00	325.00	325.00	325.00	325.00	325.00
2.6	进项税额		20.00	25.00	25.00	25.00	25.00	25.00
2.7	应纳增值税		0.00	15.40	53.00	53.00	53.00	53.00
2.8	增值税附加		0.00	1.54	5.30	5.30	5.30	5.30
2.9	维持运营投资					50.00		
2.10	所得税		46.94	38.81	41.37	32.37	44.87	44.87
3	所得税后净现金流量	−600.00	−66.54	104.25	74.33	187.33	224.83	823.39
4	累计税后净现金流量	−600.00	−666.54	−562.29	−487.96	−300.63	−75.8	747.59
5	折现系数（10%）	0.9091	0.8264	0.7513	0.683	0.6209	0.5645	0.5132
6	折现后净现金流量	−545.46	−54.99	78.32	50.77	116.31	126.92	422.56
7	累计折现净现金流量	−545.46	−600.45	−522.13	−471.36	−355.05	−228.13	194.44

（1）项目建设期贷款利息

项目建设期贷款利息为：400×0.5×10%＝20（万元）

（2）固定资产年折旧费与固定资产余值

固定资产年折旧费＝（1000−80+20）×（1−4%）÷10＝90.24（万元）

固定资产余值＝年固定资产折旧费×4+残值＝90.24×4+（1000−80+20）×4%＝398.56（万元）

（3）各年应偿还的本金和利息

项目第 2 年期初累计借款为 420 万元，运营期前 3 年等额还本，利息照付，则计算期第 2 至第 4 年等额偿还的本金＝第 2 年年初累计借款÷还款期＝420÷3＝140（万元）；计算期第 2 至第 4 年应偿还的利息为：

第 2 年：420×10%＝42.00（万元）

第 3 年：（420−140）×10%＝28.00（万元）

第 4 年：（420−140−140）×10%＝14.00（万元）

（4）计算所得税

第 2 年的所得税＝[（678−78）×80%−（350−25）×80%−90.24−42+100]×25%＝46.94（万元）

第 3 年的所得税 = (600−325−90.24−28−15.4×10%)×25% = 38.81 (万元)

第 4 年的所得税 = (600−325−90.24−14−53×10%)×25% = 41.37 (万元)

第 5 年的所得税 = (600−325−90.24−50−53×10%)×25% = 32.37 (万元)

第 6 年、第 7 年的所得税 = (600−325−90.24−53×10%)×25% = 44.87 (万元)

2. 计算项目的资本金财务内部收益率

编制项目资本金财务内部收益率试算表 1−12。

表 1−12 　　　　　　　　　**项目资本金财务内部收益率试算表** 　　　　　　　单位：万元

序号	项目	建设期	运营期					
		1	2	3	4	5	6	7
1	现金流入	0.00	642.40	678.00	678.00	678.00	678.00	1276.56
2	现金流出	600.00	708.94	573.75	603.67	490.67	453.17	453.17
3	净现金流量	−600.00	−66.54	104.25	74.33	187.33	224.83	823.39
4	折现系数 $i=15\%$	0.8696	0.7561	0.6575	0.5718	0.4972	0.4323	0.3759
5	折现后净现金流量	−521.76	−50.31	68.54	42.50	93.14	97.19	309.51
6	累计折现净现金流量	−521.76	−572.07	−503.53	−461.03	−367.89	−270.70	38.81
7	折现系数 $i=17\%$	0.8547	0.7305	0.6244	0.5337	0.4561	0.3898	0.3332
8	折现后净现金流量	−512.82	−48.61	65.09	39.67	85.44	87.64	274.35
9	累计折现净现金流量	−512.82	−561.43	−496.34	−456.67	−371.23	−283.59	−9.24

由表 1−12 可知：

$i_1 = 15\%$ 时，$FNPV_1 = 38.81$

$i_2 = 17\%$ 时，$FNPV_2 = -9.24$

用插值法计算拟建项目的资本金财务内部收益率 $FIRR$，即：

$$FIRR = i_1 + (i_2 - i_1) \times \frac{FNPV_1}{|FNPV_1| + |FNPV_2|} = 15\% + (17\% - 15\%) \times \frac{38.81}{38.81 + |-9.24|}$$

$$= 16.62\%$$

3. 评价项目资本金的盈利能力和融资方案下财务可行性

该项目的资本金财务内部收益率为 16.62%，大于企业投资者期望的最低可接受收益率 15%，说明项目资本金的获利水平超过了要求，从项目权益投资者整体角度看，在该融资方案下项目的财务效益是可以接受的。

【案例五】

背景：

1. 某拟建项目建设期 2 年，运营期 6 年。建设投资总额 3540 万元，建设投资预计形成无形资产 540 万元，其余形成固定资产。固定资产使用年限 10 年，残值率为 4%，固定资产余值在项目运营期末收回。无形资产在运营期 6 年中，均匀摊入成本。

2. 项目的投资、收益、成本等基础测算数据见表 1-13。

表 1-13　　　　　　　**某建设项目资金投入、收益及成本表**　　　　　单位：万元

序号	项　目	年　份				
		1	2	3	4	5~8
1	建设投资 其中：资本金 贷款本金	1200	340 2000			
2	流动资金 其中：资本金 贷款本金			300 100	400	
3	年产销量（万件）			60	120	120
4	年经营成本 其中：可抵扣进项税			1850 170	3560 330	3560 330

3. 建设投资借款合同规定的还款方式为：运营期的前 4 年等额还本，利息照付。借款利率为 6%（按年计息）；流动资金借款利率、短期临时借款利率均为 4%（按年计息）。

4. 流动资金为 800 万元，在项目的运营期末全部收回。

5. 设计生产能力为年产量 120 万件某产品，产品不含税售价为 36 元/件，增值税税率为 13%，增值税附加综合税率为 12%，所得税率为 25%，行业基准收益率为 8%。

6. 行业平均总投资收益率为 10%，资本金净利润率为 15%。

7. 应付投资者各方股利按股东会事先约定计取：运营期头两年按可供投资者分配利润 10% 计取，以后各年均按 30% 计取，亏损年份不计取。各年剩余利润转为下年期初未分配利润。

8. 该项目不考虑计提任意盈余公积金。

9. 假定建设投资中无可抵扣固定资产进项税额，不考虑增值税对固定资产投资、建

设期利息计算、建设期现金流量的可能影响。

问题：

1. 编制借款还本付息计划表、总成本费用估算表和利润与利润分配表。

2. 计算项目总投资收益率和资本金净利润率。

3. 编制项目资本金现金流量表。计算项目的动态投资回收期和财务净现值。

4. 从财务角度评价项目的可行性。

分析要点：

本案例全面考核了建设项目融资后的财务分析。主要考核了借款还本付息计划表、总成本费用估算表、利润与利润分配表、项目资本金现金流量表的编制方法和总投资收益率、资本金净利润率等静态盈利能力指标的计算。试题考核了等额还本利息照付的建设期贷款偿还方式，重点考核了流动资金借款、临时短期借款的利息计算、资金偿还方式；考核了经营期第一年亏损状态下的所得税计算、亏损弥补、利润分配等问题；考核了未分配利润、法定盈余公积金和应付投资者各方股利之间的分配关系；考核了经营期增值税及其附加税费的计算等。

本案例主要解决以下概念性问题和知识点：

1. 经营成本是总成本费用的组成部分，即：

总成本费用＝经营成本＋折旧费＋摊销费＋利息支出

2. 增值税应纳税额＝当期销项税额－当期进项税额

当期销项税额＝销售额×税率

当期进项税额为纳税人当期购进货物或者接受应税劳务支付或者负担的增值税额。

当期销项税额小于当期进项税额不足抵扣时，其不足部分可以结转下期继续抵扣。

3. 净利润＝该年利润总额－应纳税所得额×所得税率

式中：应纳税所得额＝该年利润总额－弥补以前年度亏损

4. 可供分配利润＝净利润＋期初未分配利润

式中：期初未分配利润＝上年度期末的剩余利润（*LR*）

5. 可供投资者分配利润＝可供分配利润－法定盈余公积金

6. 法定盈余公积金＝净利润×10%

法定盈余公积金累计额为资本金的50%以上的，可不再提。

7. 应付各投资方的股利＝可供投资者分配利润×约定的分配比例（亏损年份不计取）。

8. 未分配利润一部分用于偿还本金，另一部分作为企业的积累。

未分配利润＝可供投资者分配利润－应付各投资方的股利

式中：未分配利润按借款合同规定的还款方式，编制等额还本利息照付的利润与利润分配表时，可能会出现以下两种情况：

（1）（未分配利润+折旧费+摊销费）<该年应还本金，则该年的未分配利润全部用于还款，不足部分为该年的资金亏损，并需用临时借款来弥补偿还本金的不足部分；

（2）（未分配利润+折旧费+摊销费）>该年应还本金。则该年为资金盈余年份，用于还款的未分配利润按以下公式计算：

该年用于还款的未分配利润=该年应还本金−折旧费−摊销费

9. 项目总投资收益率：是指项目正常年份息税前利润或营运期内年平均息税前利润（$EBIT$）与项目总投资（TI）的比率。只有在正常年份中各年的息税前利润差异较大时，才采用营运期内年平均息税前利润计算。按以下公式计算：

总投资收益率=正常生产年份息税前利润或营运期内年平均息税前利润÷总投资×100%

10. 项目资本金净利润率：是指正常生产年份的年净利润或营运期内年平均净利润与项目资本金的比率。按以下公式计算：

资本金净利润率=正常生产年份年净利润或营运期内年平均净利润÷资本金×100%

11. 流动资金借款投入当年按照年初投入，全年计息，在生产经营期内只计算每年所支付的利息，本金在运营期末一次性偿还。流动资金借款利息应纳入总成本费用和其后的计算。

12. 建设项目各年累计盈余资金不出现负值是财务上可持续的必要条件。在整个运营期间允许个别年份的净现金流量出现负值，但是不能容许任一年份的累计盈余资金出现负值。一旦出现负值时应适时进行短期融资。短期融资利息的计算与流动资金借款利率相同，短期融资本金的偿还按照随借随还的原则处理，即一般按照当年年末借款，尽可能于下年偿还。同样，短期融资利息也应纳入总成本费用和其后的计算。关于建设项目各年累计盈余和资金来源与运用的相关知识请参照本章案例九的项目财务计划现金流量表的相关知识。

答案：

问题 1：

解：

1. 项目建设期第二年贷款 2000 万元，则建设期利息为 2000×0.5×6% = 60（万元），第 3 年初累计借款（建设投资借款及建设期利息）为 2000+60 = 2060（万元），运营期前四年等额还本，利息照付；则各年等额偿还本金=第 3 年初累计借款÷还款期=2060÷4 = 515（万元）。

其余计算结果，见表 1−14。

表 1-14　　　　　　　　　某项目借款还本付息计划表　　　　　　　单位：万元

序号	项目	计算期							
		1	2	3	4	5	6	7	8
1	借款1（建设投资借款）								
1.1	期初借款余额			2060.00	1545.00	1030.00	515.00		
1.2	当期还本付息			638.60	607.70	576.80	545.90		
	其中：还本			515.00	515.00	515.00	515.00		
	付息（6%）			123.60	92.70	61.80	30.90		
1.3	期末借款余额		2060.00	1545.00	1030.00	515.00			
2	借款2（流动资金借款）								
2.1	期初借款余额			100.00	500.00	500.00	500.00	500.00	500.00
2.2	当期还本付息			4.00	20.00	20.00	20.00	20.00	520.00
	其中：还本								500.00
	付息（4%）			4.00	20.00	20.00	20.00	20.00	20.00
2.3	期末借款余额			100.00	500.00	500.00	500.00	500.00	
3	借款3（临时借款）								
3.1	期初借款余额				175.90				
3.2	当期还本付息				182.94				
	其中：还本				175.90				
	付息（4%）				7.04				
3.3	期末借款余额			175.90					
4	借款合计								
4.1	期初借款余额			2160.00	2220.90	1530.00	1015.00	500.00	500.00
4.2	当期还本付息			642.60	810.64	596.80	565.90	20.00	520.00
	其中：还本			515.00	690.90	515.00	515.00	0.00	500.00
	付息			127.60	119.74	81.80	50.90	20.00	20.00
4.3	期末借款余额		2060.00	1820.90	1530.00	1015.00	500.00	500.00	0.00

2. 根据总成本费用的构成列出总成本费用估算表的费用名称，见表 1-15。计算固定资产折旧费和无形资产摊销费，并将折旧费、摊销费、年经营成本和借款还本付息表中的第 3 年贷款利息与该年流动资金贷款利息等数据，一并填入总成本费用估算表 1-15 中，计算出该年的总成本费用。

（1）计算固定资产折旧费和无形资产摊销费

折旧费=［（建设投资+建设期利息-无形资产）×（1-残值率）］÷使用年限

　　　＝［（3540+60-540）×（1-4%）］÷10＝293.76（万元）

摊销费=无形资产÷摊销年限＝540÷6＝90（万元）

（2）计算各年的营业收入、增值税、增值税附加，并将各年的总成本逐一填入利润与利润分配表 1-16 中。

第 3 年　　营业收入＝60×36×1.13＝2440.80（万元）

第 4~8 年　营业收入＝120×36×1.13＝4881.60（万元）

第 3 年　　增值税＝60×36×13%-170＝110.80（万元）

第 4~8 年　增值税＝120×36×13%-330＝231.60（万元）

第 3 年　　增值税附加＝110.80×12%＝13.30（万元）

第 4~8 年　增值税附加＝231.60×12%＝27.79（万元）

表 1-15　　　　　　　　　　　　某项目总成本费用估算表　　　　　　　　　　　单位：万元

序号	项目	计算期					
		3	4	5	6	7	8
1	经营成本	1850.00	3560.00	3560.00	3560.00	3560.00	3560.00
2	折旧费	293.76	293.76	293.76	293.76	293.76	293.76
3	摊销费	90.00	90.00	90.00	90.00	90.00	90.00
4	建设投资借款利息	123.60	92.70	61.80	30.90		
5	流动资金借款利息	4.00	20.00	20.00	20.00	20.00	20.00
6	短期借款利息		7.04				
7	总成本费用	2361.36	4063.50	4025.56	3994.66	3963.76	3963.76
	其中可抵扣进项税	170.00	330.00	330.00	330.00	330.00	330.00

3. 将第 3 年总成本计入该年的利润与利润分配表中，并计算该年的其他费用：利润总额、应纳税所得额、所得税、净利润、可供分配利润、法定盈余公积金、可供投资者

分配利润、应付各投资方股利、还款未分配利润以及下年期初未分配利润等，均按利润与利润分配表中的公式逐一计算求得，见表1-16。

表1-16　　　　　　　　　　　　某项目利润与利润分配表　　　　　　　　　　单位：万元

序号	项目	计算期					
		3	4	5	6	7	8
1	营业收入	2440.80	4881.60	4881.60	4881.60	4881.60	4881.60
2	总成本费用	2361.36	4063.50	4025.56	3994.66	3963.76	3963.76
3	增值税	110.80	231.60	231.60	231.60	231.60	231.60
3.1	销项税	280.80	561.60	561.60	561.60	561.60	561.60
3.2	进项税	170.00	330.00	330.00	330.00	330.00	330.00
4	增值税附加	13.30	27.79	27.79	27.79	27.79	27.79
5	补贴收入						
6	利润总额（1-2-3-4+5）	-44.66	558.71	596.65	627.55	658.45	658.45
7	弥补以前年度亏损		44.66				
8	应纳税所得额（6-7）	0.00	514.05	596.65	627.55	658.45	658.45
9	所得税（8×25%）	0.00	128.51	149.16	156.89	164.61	164.61
10	净利润（6-9）	-44.66	430.20	447.49	470.66	493.84	493.84
11	期初未分配利润		0.00	41.32	179.60	290.99	514.81
12	可供分配利润（10+11）	0.00	430.20	488.81	650.26	784.83	1008.65
13	法定盈余公积金（10×10%）	0.00	43.02	44.75	47.07	49.38	49.38
14	可供投资者分配利润（12-13）	0.00	387.18	444.06	603.19	735.45	959.27
15	应付投资者各方股利	0.00	38.72	133.22	180.96	220.64	287.78
16	未分配利润（14-15）	0.00	348.46	310.84	422.23	514.81	671.49
16.1	用于还款未分配利润		307.14	131.24	131.24		
16.2	剩余利润（转下年度期初未分配利润）	0.00	41.32	179.60	290.99	514.81	671.49
17	息税前利润（6+当年利息支出）	82.94	678.45	678.45	678.45	678.45	678.45

第3年利润为负值，是亏损年份。该年不计所得税、不提取盈余公积金和可供投资者分配的股利，并需要临时借款。

借款额＝（515－293.76－90）＋44.66＝175.90（万元）。见借款还本付息表1-14。

4. 第4年期初累计借款额＝2060－515＋500＋175.9＝2220.90（万元），将应计利息计入总成本分析表1-15，汇总得该年总成本。将总成本计入利润与利润分配表1-16中，计算第4年利润总额、应纳税所得额、所得税和净利润。该年净利润430.20万元，大于还款未分配利润与上年临时借款之和。故为盈余年份。可提法定取盈余公积金和可供投资者分配的利润等。

第4年应还本金＝515＋175.90＝690.90（万元）

第4年还款未分配利润＝690.90－293.76－90＝307.14（万元）

第4年法定盈余公积金＝净利润×10%＝430.20×10%＝43.02（万元）

第4年可供分配利润＝净利润＋期初未分配利润

$$＝430.20＋0＝430.20（万元）$$

第4年可供投资者分配利润＝可供分配利润－盈余公积金

$$＝430.20－43.02＝387.18（万元）$$

第4年应付各投资方的股利＝可供投资者分配股利×10%

$$＝387.18×10%＝38.72（万元）$$

第4年剩余的未分配利润＝387.18－38.72－307.14＝41.32（万元）（为下年度的期初未分配利润），见表1-16。

5. 第5年期初累计欠款额＝1545＋500＋175.90－690.90＝1530（万元），见表1-14，用以上方法计算出第5年的利润总额、应纳税所得额、所得税、净利润、可供分配利润和法定盈余公积金。该年期初无亏损，期初未分配利润为41.32万元。

第5年可供分配利润＝净利润＋期初未分配利润

$$＝447.49＋41.32＝488.81（万元）$$

第5年法定盈余公积金＝447.49×10%＝44.75（万元）

第5年可供投资者分配利润＝可供分配利润－法定盈余公积金

$$＝488.81－44.75＝444.06（万元）$$

第5年应付各投资方的股利＝可供投资者分配股利×30%

$$＝444.06×30%＝133.22（万元）$$

第5年还款未分配利润＝515－293.76－90＝131.24（万元）

第5年剩余未分配利润＝444.06－133.22－131.24＝179.60（万元）（为第6年度的期初未分配利润）

6. 第 6 年各项费用计算同第 5 年。

以后各年不再有建设投资贷款本息偿还和还款未分配利润，只有下年度积累的期初未分配利润。

问题 2：

解：项目的总投资收益率、资本金净利润率等静态盈利能力指标，按以下计算：

1. 计算总投资收益率 = 正常年份的息税前利润÷总投资

总投资收益率 = [678.45÷(3540+60+800)]×100% = 15.42%

2. 计算资本金净利润率

由于正常年份净利润差异较大，故用运营期的年平均净利润计算：

年平均净利润 = (−44.66+430.20+447.49+470.66+493.84+493.84)÷6

= 2291.37÷6 = 381.90（万元）

资本金利润率 = [381.90÷(1540+300)]×100% = 20.76%

问题 3：

解：

1. 根据背景资料、借款还本付息表中的利息、利润与利润分配表中的增值税、所得税等数据编制拟建项目资本金现金流量表 1−17。

2. 计算回收固定资产余值，填入项目资本金现金流量表 1−17 内。

固定资产余值 = 293.76×4+3060×4% = 1297.44（万元）

3. 计算回收全部流动资金，填入资本金现金流量表 1−17 内。

全部流动资金 = 300+100+400 = 800（万元）

4. 根据项目资本金现金流量表 1−17。计算项目的动态投资回收期。

表 1-17　　　　　　　　　某项目资本金现金流量表　　　　　　　　单位：万元

序号	项目	年份							
		1	2	3	4	5	6	7	8
1	现金流入			2440.80	4881.60	4881.60	4881.60	4881.60	6979.04
1.1	营业收入			2440.80	4881.60	4881.60	4881.60	4881.60	4881.60
1.2	回收固定资产余值								1297.44
1.3	回收流动资金								800.00
2	现金流出	1200.00	340.00	2916.70	4758.54	4565.35	4542.18	4004.00	4504.00
2.1	项目资本金	1200.00	340.00	300.00					

续表

序号	项目	年份							
		1	2	3	4	5	6	7	8
2.2	借款本金偿还			515.00	690.90	515.00	515.00	0.00	500.00
2.3	借款利息支付			127.60	119.74	81.80	50.90	20.00	20.00
2.4	经营成本			1850.00	3560.00	3560.00	3560.00	3560.00	3560.00
2.5	增值税及附加			124.10	259.39	259.39	259.39	259.39	259.39
2.6	所得税			0.00	128.51	149.16	156.89	164.61	164.61
3	净现金流量	-1200.00	-340.00	-475.90	123.06	316.25	339.42	877.60	2475.04
4	累计净现金流量	-1200.00	-1540.00	-2015.90	-1892.84	-1576.59	-1237.17	-359.57	2115.47
5	折现系数 $i_c = 8\%$	0.9259	0.8573	0.7938	0.7350	0.6806	0.6302	0.5835	0.5403
6	折现净现金流量	-1111.08	-291.48	-377.77	90.45	215.24	213.90	512.08	1337.26
7	累计折现净现金流量	-1111.08	-1402.56	-1780.33	-1689.88	-1474.64	-1260.74	-748.66	588.60

动态投资回收期 =（累计净现金流量现值出现正值的年份 -1）+（出现正值年份上

年累计净现金流量现值绝对值 ÷ 出现正值年份当年净现金流量现值）

= (8-1) + |-748.66| ÷ 1337.26 = 7.56（年）

项目的财务净现值就是计算期累计折现净现金流量值，即 $FNPV = 588.60$（万元）。

问题 4：

答：从财务评价角度评价该项目的可行性

因为：项目投资收益率为 15.42%>行业平均值 10%，项目资本金净利润率为 20.76%>行业平均值 15%，项目的自有资金财务净现值 $FNPV = 588.60$ 万元 >0，动态投资回收期 7.56 年，不大于项目寿命期 8 年。所以，表明项目的盈利能力大于行业平均水平。该项目可行。

【案例六】

背景：

某企业投资新建一项目，生产一种市场需求较大的产品。项目的基础数据如下：

1. 项目建设投资估算为 1600 万元（含固定资产可抵扣进项税 112 万元），建设期 1 年，运营期 8 年。建设投资（不含固定资产可抵扣进项税）全部形成固定资产，固定资产使用年限 8 年，残值率 4%，按直线法折旧。

2. 项目流动资金估算为 200 万元，运营期第 1 年年初投入，在项目的运营期末全部回收。

3. 项目资金来源为自有资金和贷款，建设投资贷款利率为 8%（按年计息），流动资金贷款利率为 5%（按年计息）。贷款合同约定运营期第 1 年按照项目的最大偿还能力还款，运营期第 2~4 年将未偿还款项等额本息偿还。建设投资自有资金和贷款在建设期内均衡投入。

4. 项目正常年份的设计产能为 10 万件，运营期第 1 年的产能为正常年份产能的 80%。根据目前市场同类产品价格估算的产品不含税销售价格为 65 元/件。

5. 项目资金投入、收益及成本等基础测算数据见表 1-18。

6. 该项目产品适用的增值税税率为 13%，增值税附加综合税率为 10%，所得税税率为 25%。

7. 在建设期贷款利息偿还完成之前，不计提盈余公积金，不分配投资者股利。

表 1-18　　　　　　　　　　　　项目资金投入、收益及成本表　　　　　　　　　单位：万元

序号	项目	年份					
		1	2	3	4	5	6~9
1	建设投资 其中：自有资金 　　　贷款本金	1600 600 1000					
2	流动资金 其中：自有资金 　　　贷款本金		200 100 100				
3	年产销量/万件		8	10	10	10	10
4	年经营成本 其中：可抵扣进项税		240 16	300 20	300 20	300 20	330 25

问题：

1. 列式计算项目的建设期贷款利息及年固定资产折旧额。

2. 列式计算项目运营期第 1 年的增值税、税后利润，项目运营期第 1 年偿还的建设投资贷款本金和利息。

3. 列式计算项目运营期第 2 年应偿还的建设投资贷款本息额，并通过计算说明项目能否满足还款要求。

4. 项目运营后期（建设期贷款偿还完成后），考虑到市场成熟和竞争，预估产品单价在 65 元的基础上下调 10%，列式计算运营后期正常年份的资本金净利润率。

5. 项目资本金现金流量表运营期第 1 年、第 2 年和最后 1 年的净现金流量分别是多少？

分析要点：

本案例考核了建设期贷款利息计算、固定资产折旧计算、增值税抵扣与计算、运营期总成本费用的构成与计算、建设项目还款资金的来源与应用、建设期贷款的等额本息偿还方法、流动资金借款利息计算、建设项目利润的计算与分配、所得税计算、建设项目现金流量的分析与计算等知识点。

在贷款偿还方式上，试题设定了运营期第 1 年按照项目的最大偿还能力还款，运营期第 2~4 年将未偿还款项等额本息偿还的还款方式，因此判定运营期第 1 年具有多大的贷款偿还能力是解题的关键。就项目自身收益而言，可用于偿还建设期贷款本金（包含已经本金化的建设期贷款利息）的资金来源包括回收的折旧、摊销和未分配利润。按照项目最大偿还能力还款，也就是将项目回收的所有折旧和摊销资金，以及税后利润均优先用于还款。

根据试题条件，从运营期第 2 年，项目需要在 3 年内用等额还本付息法偿还运营期第 2 年年初（运营期第 1 年年末）的借款余额。等额还本付息，或称为等额本息偿还，是在规定的还款年份每年偿还相同本息额的还款方式，是另外一种常用的建设投资贷款还款方式。在规定的还款年份每年等额还本付息金额按以下公式计算：

$$A = P \times \frac{(1+i)^n \times i}{(1+i)^n - 1} = P \times (A/P, i, n)$$

上式中，P 指的是等额本息偿还开始年份年初的借款余额，就本题而言，是指运营期第 1 年年末或者第 2 年年初的借款余额。

根据上式计算得到每年等额还本付息金额后，可计算每年需要偿还的利息和本金各是多少，其中，每年偿还利息等于该年期初借款余额乘以贷款利率，剩余为该年需要偿还的本金额（包含已经本金化的建设期贷款利息）。

由于运营期第 2~4 年，每年均需偿还固定的本息额，这就引出一个财务评价中需要关注的问题，即项目还款年份的还款能力是否满足还款要求。需要注意的是，由于运营期各年产生的贷款利息（包括流动资金贷款利息）已经计入相应年份的总成本费用，也就是说通过计入总成本费用，偿还运营期各年贷款利息所需资金已经得到了落实，因此，回收的折旧、摊销和未分配利润只需要考虑对本金（包含已经本金化的建设期贷款利息）的偿还。

判断项目还款年份的还款能力是否满足要求，有两种本质上相同的方法：一是计算具体年份的可用于还款的资金与应偿还的资金的差额，即若项目运营期某年回收的折旧、摊销和可用于还款的未分配利润之和大于等于当年应偿还的建设期贷款本金（含建设期贷款利息）金额，则该年度项目可满足还款要求，否则项目不能满足还款要求；二是计算运营期相应年度的偿债备付率，若偿债备付率大于等于1，则表明该年度项目可满足还款要求，否则项目不能满足还款要求，偿债备付率的具体计算公式如下：

$$偿债备付率 = \frac{可用于还本付息的资金}{当期应还本付息的金额}$$

$$= \frac{息税前利润加折旧和摊销（EBITDA）-企业所得税}{当期应还本付息的金额}$$

$$= \frac{折旧和摊销+可用于还款的未分配利润+总成本费用中列支的利息费用}{当期归还贷款本金（含建设期贷款利息）金额+总成本费用中列支的利息费用}$$

能够确定正确的现金流量是财务评价的基础。本题有目的的未像前述案例一样要求编制完整的项目投资现金流量表或者项目资本金现金流量表，也就未给出一个完整的空白现金流量表，但是掌握现金流量表以及其他主要财务报表的栏目内容和各栏目数据的来源或计算方法是造价工程师应该掌握的主要知识点，造价工程师应具备编制主要财务报表的能力，也应具备在没有财务报表的情况下能够列式计算特定年份现金流量的能力。

对于资本金现金流量表而言，现金流入通常包括营业收入、回收固定资产余值、回收流动资金，其中回收固定资产余值和回收流动资金通常只发生在运营期最后一年；现金流出通常包括项目资本金、借款本金偿还、借款利息支付、经营成本、增值税及增值税附加税、所得税。净现金流量则等于现金流入减去现金流出。

在计算本题运营期第1年的净现金流量时，若不存在建设期进项税抵扣的问题，由于运营期第1年按照最大偿还能力还款，因此第1年的净现金流量一定是流出的流动资金，从资本金现金流量表的角度，也就是以资本金投入的流动资金。其他流入和流出的现金流量可以相互抵消。但是由于有建设期可抵扣进项税的存在，运营期第1年的净现金流量要受到当年增值税销项税大于当年的进项税与增值税之和的影响。在计算运营期最后1年的净现金流量时，需要注意的是不要遗漏回收的固定资产余值和流动资金。

答案：

问题1：

解：

建设期贷款利息为：$1000 \times \frac{1}{2} \times 8\% = 40$（万元）

年固定资产折旧额为：$\frac{(1600-112+40) \times (1-4\%)}{8} = \frac{1528 \times 96\%}{8} = 183.36$（万元）

问题 2：

解：

运营期第 1 年的销项税为：8×65×13%＝67.6（万元）

运营期第 1 年经营成本中的进项税为 16 万元。

67.6－16－112＝－60.4（万元）<0，所以运营期第 1 年的增值税为 0。

运营期第 1 年的建设投资贷款利息为：（1000＋40）×8%＝83.2（万元）

运营期第 1 年流动资金贷款利息为：100×5%＝5（万元）

运营期第 1 年的总成本费用（不含可抵扣进项税）为：240－16＋183.36＋83.2＋5＝495.56（万元）

运营期第 1 年的税前利润为：65×80000/10000－495.56－0＝24.44（万元）

运营期第 1 年的税后利润为：24.44×（1－25%）＝18.33（万元）

运营期第 1 年年末可偿还建设投资贷款本金为：183.36＋18.33＝201.69（万元）

运营期第 1 年年末偿还建设投资贷款利息为：83.2 万元

问题 3：

解：

运营期第 2 年年初建设投资贷款余额为：1000＋40－201.69＝838.31（万元）

运营期第 2～4 年每年偿还建设投资贷款本息为：

$$838.31 \times \frac{8\% \times (1+8\%)^3}{(1+8\%)^3 - 1} = 325.29 （万元）$$

运营期第 2 年偿还建设投资贷款利息：838.31×8%＝67.06（万元）

运营期第 2 年偿还建设投资贷款本金：325.29－67.06＝258.23（万元）

运营期第 2 年的总成本费用（不含可抵扣进项税）：300－20＋183.36＋67.06＋5＝535.42（万元）

运营期第 2 年的销项税为：65×10×13%＝84.5（万元）

运营期第 2 年经营成本中的进项税为 20 万元，84.5－20－60.4＝4.1（万元）>0，

所以运营期第 2 年的增值税为 4.1 万元。

增值税附加为 4.1×10%＝0.41（万元）

运营期第 2 年的税前利润：65×10－0.41－535.42＝114.17（万元）

运营期第 2 年的所得税：114.17×25%＝28.54（万元）

运营期第 2 年的税后利润：114.17×（1－25%）＝85.63（万元）

运营期第 2 年可供还款资金为：

$$183.36＋85.63＝268.99（万元）>258.23（万元）$$

可满足还款要求。

亦可在求得运营期第 2 年的所得税后，再计算运营期第 2 年的偿债备付率，根据偿债备付率是否大于 1 判断可否满足还款要求。即：

运营期第 2 年的息税前利润加折旧和摊销＝营业收入－增值税附加－经营成本＝65×10－0.41－280＝369.59（万元）

$$运营期第 2 年的偿债备付率 = \frac{息税前利润加折旧和摊销－所得税}{应还本付息金额} = \frac{369.59-28.54}{325.29+5}$$

$$=1.03>1.0$$

可满足还款要求。

问题 4：

解：

项目的资本金净利润率

$$= \frac{（年销售收入－年总成本费用－增值税附加）×（1－所得税税率）}{项目资本金}$$

$$= \frac{[10×65×0.9-（330-25+183.36+5）-（10×65×0.9×13\%-25）×0.1]×75\%}{600+100}$$

$$= \frac{（585-493.36-51.05×0.1）×75\%}{700} = 9.27\%$$

问题 5：

解：

项目资本金现金流量表运营期第 1 年的现金流入为：含销项税营业收入 65×8×1.13＝587.60（万元）。

项目资本金现金流量表运营期第 1 年的现金流出为：流动资金资本金投入 100 万元，借款本金偿还 201.69 万元，借款利息支付 83.20＋5＝88.20（万元），含进项税经营成本 240 万元，企业所得税 6.11 万元。

故，第 1 年的净现金流量为：587.6－100－201.69－88.2－240－6.11＝－48.4（万元）。

或者，第 1 年的净现金流量为：－100＋（8×65×13\%－16）＝－48.4（万元）。

项目资本金现金流量表运营期第 2 年末的现金流入为：营业收入 65×10×1.13＝734.50（万元）；

项目资本金现金流量表运营期第 2 年末的现金流出为：借款本金偿还 258.23 万元、借款利息支付 67.06＋5＝72.06 万元、增值税 4.1 万元，增值税附加税 0.41 万元、经营成本（含进项税）300 万元、所得税 28.54 万元；

项目资本金现金流量表运营期第 2 年末的净现金流量为：734.50－258.23－72.06－4.1－0.41－300－28.54＝71.16（万元）。

项目资本金现金流量表运营期最后一年末的现金流入为：

营业收入 65×0.9×10×1.13＝661.05（万元）、回收固定资产余值（1600－112＋40）×4%＝61.12（万元）、回收流动资金 200 万元；

项目资本金现金流量表运营期最后一年末的现金流出为：流动资金借款本金偿还 100 万元、流动资金利息支付 5 万元、增值税 65×0.9×10×0.13－25＝51.05（万元）、增值税附加税 5.11 万元，经营成本 330 万元、所得税（661.05－51.05－5.11－330－183.36－5）×25%＝21.63（万元）；

项目资本金现金流量表运营期最后一年末的净现金流量为：661.05＋61.12＋200－100－5－51.05－5.11－330－21.63＝409.38（万元）。

【案例七】

背景：

某城市拟建设一条免费通行的道路工程，与项目相关的信息如下：

1. 根据项目的设计方案及投资估算，该项目建设投资为 100000 万元，建设期 2 年，建设投资全部形成固定资产。

2. 该项目拟采用 PPP（政府与社会资本合作）模式投资建设，政府与社会资本出资人合作成立了项目公司。项目资本金为项目建设投资的 30%，其中，社会资本出资人出资 90%，占项目公司股权 90%；政府出资 10%，占项目公司股权 10%。政府不承担项目公司亏损，不参与项目公司利润分配。

3. 除项目资本金外的项目建设投资由项目公司贷款，贷款年利率为 6%（按年计息），贷款合同约定的还款方式为项目投入使用后 10 年内等额还本付息。项目资本金和贷款均在建设期内均衡投入。

4. 该项目投入使用（通车）后，前 10 年年均支出费用 2500 万元，后 10 年年均支出费用 4000 万元，用于项目公司经营、项目维护和修理。道路两侧的广告收益权归项目公司所有，预计广告业务收益每年为 800 万元。

5. 固定资产采用直线法折旧；项目公司适用的企业所得税税率为 25%；为简化计算不考虑销售环节相关税费。

6. PPP 项目合同约定，项目投入使用（通车）后连续 20 年内，在达到项目运营绩效的前提下，政府每年给项目公司等额支付一定的金额作为项目公司的投资回报，项目通车 20 年后，项目公司需将该道路无偿移交给政府。

问题：

1. 列式计算项目建设期贷款利息和固定资产投资额。

2. 列式计算项目投入使用第 1 年项目公司应偿还银行的本金和利息。

3. 列式计算项目投入使用第 1 年的总成本费用。

4. 项目投入使用第 1 年，政府给予项目公司的款项至少达到多少万元时，项目公司才能除广告收益外不依赖其他资金来源，仍满足项目运营和还款要求？

5. 若社会资本出资人对社会资本的资本金净利润率的要求为：以通车后第 1 年的数据计算不低于 5%，且以贷款偿还完成后的正常年份的数据计算不低于 12%，则社会资本出资人能接受的政府各年应支付给项目公司的资金额最少应为多少万元？

（计算结果保留两位小数）

分析要点：

本案例结合模拟 PPP 项目考核建设项目财务评价基础知识。PPP 项目较传统的造价咨询工作而言更加重视、聚焦建设前期，通过本案例可使考生了解 PPP 项目物有所值评估、财政承受能力论证、实施方案的设计等工作都离不开基础的建设项目财务评价知识，造价工程师应当掌握这些知识，具备开展 PPP 项目财务与经济评价的能力。

根据项目建设方案、贷款方案、组织模式等，科学估算拟建 PPP 项目的固定资产投资额、建设运营期各年贷款偿还本息额、投入使用后的收益和成本，是政府与社会资本出资人确定项目运营周期、各自投资额和合理回报的基础。

就本案例而言，需要首先根据项目组织模式，判定项目公司的贷款金额，在计算建设期贷款利息后与建设投资汇总得到固定资产投资额。有了固定资产投资额，就可计算项目年折旧额，此时需要注意的是，因为项目通车 20 年后，项目公司需将该道路无偿移交给政府，因此站在项目公司的视角，该项目固定资产使用年限 20 年，残值为零。

项目投入使用第 1 年的总成本费用等于项目投入使用第 1 年经营成本、折旧额和利息支出之和。项目贷款偿还完成后的正常年份的总成本费用等于经营成本加折旧额。

项目投入使用第 1 年的总收入包括广告收益和政府付款，项目投入使用第 1 年的总收入减去总成本费用等于项目投入使用第 1 年的税前利润，税前利润减去应缴纳的所得税等于税后利润。就本案例问题 4 而言，只要项目投入使用第 1 年的税后利润大于等于项目投入使用第 1 年应偿还本金（不含利息）减去第一年回收折旧额，即可满足项目运营和还款要求。

本案例问题 5，设置了社会资本出资人对社会资本的资本金净利润率的两个要求：①以通车后第 1 年的数据计算不低于 5%；②以贷款偿还完成后的正常年份的数据计算不低于 12%。通过案例的测算，希望造价工程师理解，并非通车后第 1 年的资本金净利润率期望（5%）小于贷款偿还完成后的年资本金净利润率期望（12%），通车后第 1 年社会资本出资人所需要的政府补贴就小于贷款偿还完成后的所需要的年补贴金额，谈判时需要科学测算后才可做出准确的判定。

答案：

问题1：

解：

第1年贷款利息为：100000×70%×50%×6%×1/2＝35000×6%×1/2＝1050（万元）

第2年贷款利息为：（35000+1050+35000×1/2）×6%＝3213（万元）

建设期贷款利息为：1050+3213＝4263（万元）

项目固定资产投资为：100000+4263＝104263（万元）

问题2：

解：运营期第1年应偿还的本息为：

$A＝(100000×70\%+4263)×(A/P，6\%，10)$

$＝(100000×70\%+4263)×6\%×(1+6\%)^{10}/[(1+6\%)^{10}-1]＝10089.96$（万元）

其中利息为：74263×6%＝4455.78（万元）

本金为：10089.96-4455.78＝5634.18（万元）

问题3：

解：就项目公司而言，该道路固定资产使用年限为20年，残值为0，

故年折旧为：（100000+4263）/20＝5213.15（万元）

运营期第1年的总成本费用为 2500+5213.15+4455.78＝12168.93（万元）

问题4：

解：第1年需偿还本金的资金来源为折旧回收额和税后利润。

折旧回收金额-应偿还本金＝5213.15-5634.18＝-421.03（万元）

故项目第1年税后利润至少需达到 421.03万元，

税前利润需达到 421.03/(1-25%)＝561.37（万元）

第1年政府应支付的款项至少应为：

12168.93+561.37-800＝11930.30（万元）

或：运营期第1年项目资本金现金流出＝本金偿还+应付利息+经营成本+所得税

$＝10089.96+2500+561.37×25\%$

$＝12730.30$（万元）

项目资本金现金流入＝广告费收入+政府付费收入，应能够满足现金流出的需要

故第1年政府应支付的款项＝现金流出-广告费收入

$＝12730.30-800＝11930.30$（万元）

问题5：

解：设政府支付给项目公司款项为 x，

以通车第 1 年数据计算资本金净利润率，则：

$$\frac{(x+800-2500-5213.15-4455.78)\times(1-25\%)}{100000\times0.3\times0.9}=5\%$$

得：$x = 13168.93$（万元）

以贷款偿还完成后正常年份数据计算资本金净利润率，则：

$$\frac{(x+800-4000-5213.15)\times0.75}{100000\times0.3\times0.9}=12\%$$

得：$x = 12733.15$（万元）

因 13168.93>12733.15，故社会资本投资人能接受的政府各年支付给项目公司最少资金额为 13168.93 万元。

【案例八】

背景：

某企业投资建设的一个工业项目，生产运营期 10 年，于 5 年前投产。该项目固定资产投资总额 5000 万元（不含可抵扣进项税），全部形成固定资产，固定资产使用年限 10 年，残值率 5%，直线法折旧。目前，项目处于正常生产年份。正常生产年份的不含税销售收入为 2100 万元，不含可抵扣进项税的经营成本为 1200 万元，可抵扣进项税为 72 万元。

为了调整产品结构，提升产品市场竞争力，该企业拟对项目进行改建，方案如下：

1. 改建工程建设投资 1100 万元（含可抵扣进项税 100 万元），由企业自有资金投入，全部形成新增固定资产。新增固定资产使用年限同原固定资产剩余使用年限，残值率、折旧方式和原固定资产相同。

2. 改建工程在项目运营期第 6 年年初开工，用时两个月改建完成，投入使用。

3. 改建后，项目产品正常年份的产量规模不变，但原产量中 50% 的产品升级为新型号，产品单价较原单价提高 50%（原产量中另外 50% 的产品的型号和单价不变）。

4. 改建后，正常生产年份的不含可抵扣进项税的年经营成本比改建前提高 10%，年可抵扣进项税达到 110 万元。项目生产所需流动资金保持不变。

5. 改建当年项目原产品、新产品的产量均为改建后正常年份产量的 80%，相应的年经营成本及其可抵扣进项税亦为正常年份的 80%。

6. 项目产品适用的增值税税率为 13%，增值税附加税率为 12%，企业所得税税率为 25%。

问题：

1. 列式计算改建工程实施后项目的年折旧额。

2. 列式计算改建工程实施当年应缴纳的增值税。

3. 列式计算改建当年和改建后正常年份的年总成本费用、税前利润、所得税。

4. 完成项目改建前后经济数据表（表 1-20）的填写。

5. 遵循"有无对比"原则，列式计算改建工程的净现值（折现至改建工程开工时点，财务基准收益率为 12%），判断改建项目的可行性。

（改建工程建设投资按改建当年年初一次性投入考虑。改建当年固定资产折旧按整年考虑。相关资金时间价值系数见表 1-19，计算结果保留两位小数。）

表 1-19　　　　　　　　　　　　资金时间价值系数表

系数	n									
	1	2	3	4	5	6	7	8	9	10
$(P/F, 12\%, n)$	0.8929	0.7972	0.7118	0.6355	0.5674	0.5066	0.4523	0.4039	0.3606	0.3220
$(P/A, 12\%, n)$	0.8929	1.6901	2.4018	3.0373	3.6048	4.1114	4.5638	4.9676	5.3282	5.6502

分析要点：

本案例以改扩建项目为背景，考核改扩建项目的财务评价知识。主要考核了财务评价的"有无对比"原则，考核了增值税、固定资产折旧、经营成本、总成本费用、税前利润、所得税、净现值指标等的概念和计算方法。

1. "有无对比"是工程项目经济评价应遵循的基本原则。"有无对比"是指"有项目"相对于"无项目"的对比分析，通过比较有无项目两种情况下项目的投入物和产出物可获量的差异，识别项目的增量费用和效益。

就本案例而言，"无项目"状态是指不实施改建工程，在计算期内，与项目有关的资产、费用与收益的预计发展情况；"有项目"状态是指实施改建工程后，在计算期内，资产、费用与收益的预计情况。"有无对比"求出项目的增量效益，排除了改建项目实施前各种条件的影响，突出了改建项目活动的效果。

由于既有企业不实施改扩建项目的"无项目"数据是固有的且是非零的，在进行既有企业改扩建项目的盈利能力分析时，要将"有项目"的现金流量减去"无项目"的现金流量，得出"增量"现金流量，依据"增量"现金流量判别项目的盈利能力。"增量"

现金流量包括"增量投资""增量营业收入""增量经营成本""增量所得税""增量增值税及附加"等。既有企业改扩建项目的盈利能力分析是"增量分析"的最好体现。

2. 需要注意的是，"有项目"与"无项目"两种情况下，效益和费用的计算范围应口径一致，计算期应保持一致，具有可比性。就本案例而言，试题中特别强调"新增固定资产使用年限同原固定资产剩余使用年限"，就是为了保证计算期具有可比性。改建后项目的年折旧额等于改建前固定资产投资的剩余年份年折旧额与根据改建新增固定资产投资额计算的增量年折旧额之和。

3. 项目改建后的获益方式有很多，常见的包括新增产品或服务、产量增加、产品功能提升及售价提升、生产成本降低等一项或多项。这需要根据试题背景材料确定，并据以计算出改建后项目的营业收入、经营成本及相关税费，在此基础上与改建前的收入、成本数据开展"有无对比"。

4. 改建工程建设投资投入方式、建设工期长短、改建年固定资产形成时点等对改建项目的财务评价均会产生影响，需要根据背景材料按照建设项目财务评价方法据实分析计算。本案例为了简化计算，给出了改建工程建设投资按改建当年年初一次性投入考虑，改建当年固定资产折旧按整年考虑的假定。

答案：

问题1：

解：

改建后项目年折旧额：

$$\frac{5000\times(1-5\%)}{10}+\frac{(1100-100)\times(1-5\%)}{5}=475+190=665.00\text{（万元）}$$

问题2：

解：

改建当年不含税销售收入：$(0.5+0.5\times1.5)\times2100\times80\%=2625\times80\%=2100$（万元）

改建当年增值税：$2100\times0.13-110\times80\%-100=85$（万元）

问题3：

解：

（1）改建当年总成本费用：$1200\times1.1\times80\%+665=1721$（万元）

改建当年税前利润：$2100-1721-85\times0.12=368.80$（万元）

改建当年所得税：$368.80\times25\%=92.20$（万元）

（2）改建后正常年份总成本费用：$1200\times1.1+665=1985$（万元）

改建后正常年份税前利润：$2625-1985-(2625\times0.13-110)\times0.12=612.25$（万元）

改建后正常年份所得税：612.25×25%＝153.06（万元）

问题 4：

解：

表 1-20　　　　　　　　　　　　**项目改建前后经济数据表**　　　　　　　　单位：万元

经济指标	不实施改建			改建后			"有无"差额
	年份	金额	计算依据或公式	年份	金额	计算依据或公式	
年销售收入	正常年份	2100	已知	改建当年	2100	（0.5+0.5×1.5）×2100×0.8	0
				改建后正常年份	2625	（0.5+0.5×1.5）×2100	525
年经营成本	正常年份	1200	已知	改建当年	1056	1200×1.1×0.8	−144
				改建后正常年份	1320	1200×1.1	120
年折旧额	正常年份	475	5000×0.95/10	改建当年	665	5000×0.95/10+1000×0.95/5	190
				改建后正常年份	665		
年应纳增值税额	正常年份	201	2100×0.13−72	改建当年	85	2100×0.13−110×0.8−100	−116
				改建后正常年份	231.25	2625×0.13−110	30.25
年增值税附加	正常年份	24.12	201×0.12	改建当年	10.2	85×0.12	−13.92
				改建后正常年份	27.75	231.25×0.12	3.63
年所得税	正常年份	100.22	（2100−24.12−1200−475）×0.25	改建当年	92.2	（2100−10.2−1056−665）×0.25	−8.02
				改建后正常年份	153.06	（2625−27.75−1320−665）×0.25	52.84
改建建设投资	—			改建当年年初	1100	已知	1100
回收固定资产余值	运营期最后一年	250	5000×0.05	运营期最后一年	300	5000×0.05+1000×0.05	50

问题 5：

遵循"有无对比"原则：

（1）改建项目运营第 1 年的净现金流量（不含建设投资）为：

$(2100-2100)-[(1056-1200)+(85-201)+(10.2-24.12)+(92.2-100.22)]$

$=281.94$（万元）

改建项目运营第 2 年、第 3 年、第 4 年各年的净现金流量为：

$(2625-2100)-[(1320-1200)+(231.25-201)+(27.75-24.12)+$

$(153.06-100.22)]=318.28$（万元）

改建项目运营第 5 年的净现金流量为：

$(2625-2100+50)-[(1320-1200)+(231.25-201)+(27.75-24.12)+$

$(153.06-100.22)]=368.28$（万元）

（2）$NPV=-1100+281.94\times0.8929+318.28\times0.7972+318.28\times$

$0.7118+318.28\times0.6355+368.28\times0.5674=43.26$（万元）

因为 $NPV>0$，改建项目可行。

【案例九】

背景：

某拟建工业项目的基础数据如下：

1. 固定资产投资估算总额为 5263.90 万元（其中包括无形资产 600 万元）。建设期 2 年，运营期 8 年。

2. 该项目固定资产投资来源为自有资金和贷款。自有资金在建设期内均衡投入；贷款总额为 2000 万元，在建设期内每年贷入 1000 万元。贷款年利率 10%（按年计息）。贷款合同规定的还款方式为：运营期的前 4 年等额还本付息。无形资产在运营期 8 年中均匀摊入成本。固定资产残值 300 万元，按直线法折旧，折旧年限 12 年。

3. 企业适用的增值税税率为 13%，增值税附加税税率为 12%，企业所得税税率为 25%。

4. 项目流动资金全部为自有资金。

5. 股东会约定正常年份按可供投资者分配利润 50% 比例，提取应付投资者各方的股利。营运期的头两年，按正常年份的 70% 和 90% 比例计算。

6. 项目的资金投入、收益、成本费用，见表 1-21。

7. 假定建设投资中无可抵扣固定资产进项税额。

表 1-21　　　　　　　　**建设项目资金投入、收益、成本费用表**　　　　　单位：万元

序号	项目	计算期							
		1	2	3	4	5	6	7	8 ~10
1	建设投资 其中：资本金 贷款本金	1529.45 1000.00	1529.45 1000.00						
2	营业收入（不含销项税）			3300	4250	4700	4700	4700	4700
3	经营成本（不含进项税）			2490.84	3202.51	3558.34	3558.34	3558.34	3558.34
4	经营成本中的进项税			230	290	320	320	320	320
5	流动资产（现金+应收账款+预付账款+存货）			532.00	684.00	760.00	760.00	760.00	760.00
6	流动负债（应付账款+预收账款）			89.83	115.50	128.33	128.33	128.33	128.33
7	流动资金（5-6）			442.17	568.50	631.67	631.67	631.67	631.67

问题：

1. 计算建设期贷款利息和运营期年固定资产折旧费、年无形资产摊销费；

2. 编制项目的借款还本付息计划表、总成本费用估算表和利润与利润分配表；

3. 编制项目的财务计划现金流量表；

4. 编制项目的资产负债表；

5. 从清偿能力角度，分析项目的可行性。

分析要点：

本案例重点考核融资后投资项目财务分析中，还款方式为等额还本付息情况下，借款还本付息表、总成本费用估算表和利润与利润分配表的编制方法。为了考察拟建项目计算期内各年的财务状况和清偿能力，还必须掌握项目财务计划现金流量表以及资产负债表的编制方法。

1. 根据背景材料所给数据，按以下公式计算利润与利润分配表的各项费用：

增值税应纳税额 = 当期销项税额 - 当期进项税额 = 营业收入×增值税率 - 当期进项税额

增值税附加税 = 增值税应纳税额×增值税附加税税率

利润总额 = 营业收入 - 总成本费用 - 增值税附加税额

所得税 = （利润总额 - 弥补以前年度亏损）×所得税率

在未分配利润+折旧费+摊销费>该年应还本金的条件下：

用于还款的未分配利润 = 应还本金 - 折旧费 - 摊销费

2. 编制财务计划现金流量表应掌握净现金流量的计算方法：

该表的净现金流量等于经营活动、投资活动和筹资活动三个方面的净现金流量之和。

（1）经营活动的净现金流量=经营活动的现金流入-经营活动的现金流出

式中：经营活动的现金流入包括营业收入、增值税销项税额、补贴收入以及与经营活动有关的其他流入。

经营活动的现金流出包括经营成本、增值税进项税额、增值税及附加、所得税以及与经营活动有关的其他流出。

（2）投资活动的净现金流量=投资活动的现金流入-投资活动的现金流出

式中：对于新设法人项目，投资活动的现金流入为0。

投资活动的现金流出：包括建设投资、维持运营投资、流动资金以及与投资活动有关的其他流出。

（3）筹资活动的净现金流量=筹资活动的现金流入-筹资活动的现金流出

式中：筹资活动的现金流入包括项目资本金投入、建设投资借款、流动资金借款、债券、短期借款以及与筹资活动有关的其他流入。

筹资活动的现金流出包括各种利息支出、偿还债务本金、应付利润（股利分配）以及与筹资活动有关的其他流出。

3. 累计盈余资金=Σ净现金流量（即各年净现金流量之和）

4. 编制资产负债表应掌握以下各项费用的计算方法：

资产：指流动资产总额（货币资金、应收账款、预付账款、存货、其他之和）、在建工程、固定资产净值、无形及其他资产净值；其中货币资金包括现金和累计盈余资金。

负债：指流动负债、建设投资借款和流动资金借款。

所有者权益：指资本金、资本公积金、累计盈余公积金和累计未分配利润。以上费用大多可直接从利润与利润分配表和财务计划现金流量表中取得。

5. 清偿能力分析：包括资产负债率和财务比率。

（1）资产负债率$=\dfrac{负债总额}{资产总额}\times100\%$

（2）流动比率$=\dfrac{流动资产总额}{流动负债总额}\times100\%$

答案：

问题1：

解：

1. 建设期贷款利息计算：

第 1 年贷款利息 = (0+1000÷2) ×10% = 50（万元）

第 2 年贷款利息 = [(1000+50) +1000÷2] ×10% = 155（万元）

建设期贷款利息总计 = 50+155 = 205（万元）

2. 年固定资产折旧费 = (5263.9−600−300) ÷12 = 363.66（万元）

3. 年无形资产摊销费 = 600÷8 = 75（万元）

问题 2：

解：

1. 根据贷款利息公式列出借款还本付息表中的各项费用，并填入建设期两年的贷款利息，见表 1-22。第 3 年年初累计借款额为 2205 万元，则运营期的前 4 年应偿还的等额本息：

$$A = P \times \left[\frac{(1+i)^n \times i}{(1+i)^n - 1} \right] = 2205 \times \left[\frac{(1+10\%)^4 \times 10\%}{(1+10\%)^4 - 1} \right] = 2205 \times 0.31547 = 695.61（万元）$$

表 1-22　　　　　　　　　　　　　借款还本付息计划表　　　　　　　　　　单位：万元

项　目	计　算　期					
	1	2	3	4	5	6
借款（建设投资借款）						
期初借款余额		1050.00	2205.00	1729.89	1207.27	632.39
当期还本付息			695.61	695.61	695.61	695.63
其中：还本			475.11	522.62	574.88	632.39
付息			220.50	172.99	120.73	63.24
期末借款余额	1050.00	2205.00	1729.89	1207.27	632.39	

2. 根据总成本费用的组成，列出总成本费用中的各项费用。将借款还本付息表中第 3 年应计利息 = 2205×10% = 220.50 万元和年经营成本、年折旧费、摊销费一并填入总成本费用表中，汇总得出第 3 年的总成本费用为 3150 万元，见表 1-23。

表 1-23　　　　　　　　　　　　　总成本费用估算表　　　　　　　　　　单位：万元

序号	费用名称	计算期							
		3	4	5	6	7	8	9	10
1	经营成本（不含进项税）	2490.84	3202.51	3558.34	3558.34	3558.34	3558.34	3558.34	3558.34
2	折旧费	363.66	363.66	363.66	363.66	363.66	363.66	363.66	363.66

续表

序号	费用名称	计算期							
		3	4	5	6	7	8	9	10
3	摊销费	75.00	75.00	75.00	75.00	75.00	75.00	75.00	75.00
4	利息支出	220.50	172.99	120.73	63.24				
5	总成本费用（不含进项税）	3150.00	3814.16	4117.73	4060.24	3997.00	3997.00	3997.00	3997.00
6	经营成本中的进项税	230	290	320	320	320	320	320	320
7	总成本费用（含进项税）	3380	4104.16	4437.73	4380.24	4317	4317	4317	4317

3. 计算各年的增值税附加税。

增值税应纳税额等于当期销项税额减去当期进项税额，当期销项税额等于不含销项税额的营业收入乘以增值税率，故：

项目第 3 年的增值税应纳税额＝3300×13%－230＝199（万元）

项目第 3 年的增值税附加税＝199×12%＝23.88（万元）

项目其他各年的增值税应纳税额、增值税附加税计算结果见表 1-24。

表 1-24 　　　　　　　　　　　　增值税及其附加税计算表 　　　　　　　　单位：万元

序号	项目	计算期					
		3	4	5	6	7	8~10
1	营业收入（不含销项税）	3300	4250	4700	4700	4700	4700
2	销项税额（1×13%）	429	552.5	611	611	611	611
3	进项税额	230	290	320	320	320	320
4	增值税应纳税额（2-3）	199	262.5	291	291	291	291
5	增值税附加税（4×12%）	23.88	31.5	34.92	34.92	34.92	34.92

4. 将各年的营业收入、增值税附加税和第 3 年的总成本费用 3150 万元一并填入利润与利润分配表 1-25 的该年份内，并按以下公式计算出该年利润总额、所得税及净利润。

（1）第 3 年利润总额＝3300－3150－23.88＝126.12（万元）

第 3 年应交纳所得税＝126.12×25%＝31.53（万元）

第 3 年净利润＝126.12－31.53＝94.59（万元）

期初未分配利润和弥补以前年度亏损为 0，本年净利润＝可供分配利润。

第 3 年提取法定盈余公积金＝94.59×10%＝9.46（万元）

第 3 年可供投资者分配利润＝94.59－9.46＝85.13（万元）

第 3 年应付投资者各方股利 = 85.13×50%×70% = 29.80（万元）

第 3 年未分配利润 = 85.13-29.80 = 55.33（万元）

第 3 年用于还款的未分配利润 = 475.11-363.66-75 = 36.45（万元）

第 3 年剩余未分配利润 = 55.33-36.45 = 18.88（万元）（为下年度期初未分配利润）

（2）第 4 年初尚欠贷款本金 = 2205-475.11 = 1729.89（万元），应计利息 172.99 万元，填入总成本费用估算表 1-23 中，汇总得出第 4 年的总成本费用为 3814.16 万元。

将总成本带入利润与利润分配表 1-25 中，计算出净利润 303.25 万元。

第 4 年可供分配利润 = 303.25+18.88 = 322.13（万元）

第 4 年提取法定盈余公积金 = 303.25×10% = 30.33（万元）

第 4 年可供投资者分配利润 = 322.13-30.33 = 291.80（万元）

第 4 年应付投资者各方股利 = 291.80×50%×90% = 131.31（万元）

第 4 年未分配利润 = 291.80-131.31 = 160.49（万元）

第 4 年用于还款的未分配利润 = 522.62-363.66-75 = 83.96（万元）

第 4 年剩余未分配利润 = 160.49-83.96 = 76.53（万元）（为下年度期初未分配利润）

（3）第 5 年初尚欠贷款本金 = 1729.89-522.62 = 1207.27（万元），应计利息 120.73 万元，填入总成本费用估算表 1-23 中，汇总得出第 5 年的总成本费用为 4117.73 万元。将总成本带入利润与利润分配表 1-25 中，计算出净利润为 410.51 万元。

第 5 年可供分配利润 = 410.51+76.53 = 487.04（万元）

第 5 年提取法定盈余公积金 = 410.51×10% = 41.05（万元）

第 5 年可供投资者分配利润 = 487.04-41.05 = 445.99（万元）

第 5 年应付投资者各方股利 = 445.99×50% = 223.00（万元）

第 5 年未分配利润 = 445.99-223.00 = 222.99（万元）

第 5 年用于还款的未分配利润 = 574.88-363.66-75 = 136.22（万元）

第 5 年剩余未分配利润 = 222.99-136.22 = 86.77（万元）（为下年度期初未分配利润）

（4）第 6 年初尚欠贷款本金 = 1207.27-574.88 = 632.39（万元），应计利息 63.24 万元，填入总成本费用估算表 1-23 中，汇总得出第 6 年的总成本费用为 4060.24 万元。将总成本带入利润与利润分配表 1-25 中，计算出净利润为 453.63 万元。

本年的可供分配利润、提取法定盈余公积金、可供投资者分配利润、用于还款的未分配利润、剩余未分配利润的计算方法均与第 5 年相同。

（5）第 7、8、9 年和第 10 年已还清贷款。所以，总成本费用表中，不再有固定资产贷款利息，总成本均为 3997 万元；利润与利润分配表中用于还款的未分配利润也均为 0；

净利润只用于提取盈余公积金 10% 和应付投资者各方股利 50%，剩余的未分配利润转下年期初未分配利润。

表 1-25　　　　　　　　　　　　　利润与利润分配表　　　　　　　　　　　单位：万元

序号	费用名称	计算期							
		3	4	5	6	7	8	9	10
1	营业收入（含销项税）	3729.00	4802.50	5311.00	5311.00	5311.00	5311.00	5311.00	5311.00
2	增值税	199.00	262.50	291.00	291.00	291.00	291.00	291.00	291.00
3	增值税附加税	23.88	31.50	34.92	34.92	34.92	34.92	34.92	34.92
4	总成本费用（含进项税）	3380.00	4104.16	4437.73	4380.24	4317.00	4317.00	4317.00	4317.00
5	补贴收入								
6	利润总额（1-2-3-4+5）	126.12	404.34	547.35	604.84	668.08	668.08	668.08	668.08
7	弥补以前年度亏损								
8	应纳税所得额（6-7）	126.12	404.34	547.35	604.84	668.08	668.08	668.08	668.08
9	所得税（8×25%）	31.53	101.09	136.84	151.21	167.02	167.02	167.02	167.02
10	净利润（6-9）	94.59	303.25	410.51	453.63	501.06	501.06	501.06	501.06
11	期初未分配利润		18.88	76.53	86.77	53.79	252.37	351.66	401.30
12	可供分配利润（10+11）	94.59	322.13	487.04	540.40	554.85	753.43	852.72	902.36
13	提取法定盈余公积金（10×10%）	9.46	30.33	41.05	45.36	50.11	50.11	50.11	50.11
14	可供投资者分配的利润（12-13）	85.13	291.80	445.99	495.04	504.74	703.32	802.61	852.25
15	应付投资者各方股利	29.80	131.31	223.00	247.52	252.37	351.66	401.31	426.13
16	未分配利润（14-15）	55.33	160.49	222.99	247.52	252.37	351.66	401.30	426.12
16.1	用于还款利润	36.45	83.96	136.22	193.73				
16.2	剩余利润转下年期初未分配利润	18.88	76.53	86.77	53.79	252.37	351.66	401.30	426.12
17	息税前利润（6+利息支出）	346.62	577.33	668.08	668.08	668.08	668.08	668.08	668.08

问题 3：

解：编制项目的财务计划现金流量表，见表 1-26。表中各项数据均取自于借款还本付息表、总成本费用估算表、利润与利润分配表。

表 1-26 　　　　　　　　　　　　财务计划现金流量表　　　　　　　　　　单位：万元

序号	项　目	计算期									
		1	2	3	4	5	6	7	8	9	10
1	经营活动净现金流量			753.75	914.90	969.90	955.53	939.72	939.72	939.72	939.72
1.1	现金流入			3729.00	4802.50	5311.00	5311.00	5311.00	5311.00	5311.00	5311.00
1.1.1	营业收入			3300.00	4250.00	4700.00	4700.00	4700.00	4700.00	4700.00	4700.00
1.1.2	增值税销项税额			429.00	552.50	611.00	611.00	611.00	611.00	611.00	611.00
1.2	现金流出			2975.25	3887.60	4341.10	4355.47	4371.28	4371.28	4371.28	4371.28
1.2.1	经营成本			2490.84	3202.51	3558.34	3558.34	3558.34	3558.34	3558.34	3558.34
1.2.2	增值税进项税额			230.00	290.00	320.00	320.00	320.00	320.00	320.00	320.00
1.2.3	增值税			199.00	262.50	291.00	291.00	291.00	291.00	291.00	291.00
1.2.4	增值税附加税			23.88	31.50	34.92	34.92	34.92	34.92	34.92	34.92
1.2.5	所得税			31.53	101.09	136.84	151.21	167.02	167.02	167.02	167.02
2	投资活动净现金流量	-2529.45	-2529.45	-442.17	-126.33	-63.17					
2.1	现金流入										
2.2	现金流出	2529.45	2529.45	442.17	126.33	63.17					
2.2.1	建设投资	2529.45	2529.45								
2.2.2	流动资金			442.17	126.33	63.17					
3	筹资活动净现金流量	2529.45	2529.45	-283.24	-700.59	-855.44	-943.15	-252.37	-351.66	-401.31	-426.13
3.1	现金流入	2529.45	2529.45	442.17	126.33	63.17					
3.1.1	项目资本金投入	1529.45	1529.45	442.17	126.33	63.17					
3.1.2	建设投资借款	1000.00	1000.00								
3.1.3	流动资金借款										

续表

序号	项目	计算期								
		1	2	3	4	5	6	7	8	9	10
3.2	现金流出			725.41	826.92	918.61	943.15	252.37	351.66	401.31	426.13
3.2.1	各种利息支出			220.50	172.99	120.73	63.24				
3.2.2	偿还债务本金			475.11	522.62	574.88	632.39				
3.2.3	应付利润			29.80	131.31	223.00	247.52	252.37	351.66	401.31	426.13
4	净现金流量（1+2+3）	0.00	0.00	28.34	87.98	51.29	12.38	687.35	588.06	538.41	513.59
5	累计盈余资金	0.00	0.00	28.34	116.32	167.61	179.99	867.34	1455.40	1993.81	2507.40

问题 4：

解：编制项目的资产负债表，见表 1-27。表中各项数据均取自背景资料、财务计划现金流量表、借款还本付息计划表、利润与利润分配表。

表 1-27   资产负债表   单位：万元

序号	费用名称	计算期								
		1	2	3	4	5	6	7	8	9	10
1	资产	2579.45	5263.90	5385.58	5186.90	4875.53	4449.25	4697.94	4847.34	4947.09	5022.02
1.1	流动资产总额			560.34	800.32	927.61	939.99	1627.34	2215.40	2753.81	3267.40
1.1.1	流动资产			532.00	684.00	760.00	760.00	760.00	760.00	760.00	760.00
1.1.2	累计盈余资金	0.00	0.00	28.34	116.32	167.61	179.99	867.34	1455.40	1993.81	2507.40
1.2	在建工程	2579.45	5263.90	0.00	0.00						
1.3	固定资产净值			4300.24	3936.58	3572.92	3209.26	2845.60	2481.94	2118.28	1754.62
1.4	无形资产净值			525.00	450.00	375.00	300.00	225.00	150.00	75.00	0.00
2	负债及所有者权益	2579.45	5263.90	5385.58	5186.90	4875.53	4449.25	4697.94	4847.34	4947.09	5022.02
2.1	负债	1050.00	2205.00	1819.72	1322.77	760.72	128.33	128.33	128.33	128.33	128.33

序号	费用名称	计算期									
		1	2	3	4	5	6	7	8	9	10
2.1.1	流动负债			89.83	115.5	128.33	128.33	128.33	128.33	128.33	128.33
2.1.2	贷款负债	1050.00	2205.00	1729.89	1207.27	632.39					
2.2	所有者权益	1529.45	3058.90	3565.86	3864.13	4114.81	4320.92	4569.61	4719.01	4818.76	4893.69
2.2.1	资本金	1529.45	3058.90	3501.07	3627.40	3690.57	3690.57	3690.57	3690.57	3690.57	3690.57
2.2.2	累计盈余公积金	0.00	0.00	9.46	39.79	80.84	126.20	176.31	226.42	276.53	326.64
2.2.3	累计未分配利润	0.00	0.00	55.33	196.94	343.40	504.15	702.73	802.02	851.66	876.48
计算指标	资产负债率（%）	40.71	41.89	33.79	25.50	15.60	2.88	2.73	2.65	2.59	2.56
	流动比率（%）			623.78	692.92	722.84	732.48	1268.10	1726.34	2145.89	2546.10

问题 5：

解：资产负债表中：

1. 资产

（1）流动资产总额：指流动资产和累计盈余资金额之和。流动资产取自背景材料中表 1-21；累计盈余资金取自财务计划现金流量表 1-26。

（2）在建工程：指建设期各年的累计固定资产投资额。取自背景材料中表 1-21。

（3）固定资产净值：指投产期逐年从固定资产投资中扣除折旧费后的固定资产余值。

（4）无形资产净值：指投产期逐年从无形资产中扣除摊销费后的无形资产余值。

2. 负债

（1）流动负债：取自背景材料表 1-21 中的应付账款+预收账款。

（2）贷款负债：取自借款还本付息计划表 1-22。

3. 所有者权益

（1）资本金：取自背景材料中表 1-21。

（2）累计盈余公积金：根据利润与利润分配表 1-25 中盈余公积金的累计计算。

（3）累计未分配利润：根据利润与利润分配表 1-25 中未分配利润的累计计算。

表中，各年的资产与各年的负债和所有者权益之间应满足以下条件：

资产=负债+所有者权益

评价：根据利润与利润分配表计算出该项目的借款能按合同规定在运营期前 4 年内等额还本付息还清贷款，并自投产年份开始就为盈余年份。还清贷款后，每年的资产负债率，均在 3% 以内，流动比率大，说明偿债能力强。该项目可行。

【案例十】

背景：

某新建项目正常年份的设计生产能力为 100 万件某产品，年固定成本为 580 万元（不含可抵扣进项税），单位产品不含税销售价预计为 56 元，单位产品不含税可变成本估算额为 40 元。企业适用的增值税税率为 13%，增值税附加税税率为 12%，单位产品平均可抵扣进项税预计为 5 元。

问题：

1. 对项目进行盈亏平衡分析，计算项目的产量盈亏平衡点。

2. 在市场销售良好情况下，正常生产年份的最大可能盈利额多少？

3. 在市场销售不良情况下，企业欲保证年利润 120 万元的年产量应为多少？

4. 在市场销售不良情况下，企业将产品的市场价格由 56 元降低 10% 销售，则欲保证年利润 60 万元的年产量应为多少？

5. 从盈亏平衡分析角度，判断该项目的可行性。

分析要点：

在建设项目的经济评价中，所研究的问题都是发生于未来，所引用的数据也都来源于预测和估计，从而使经济评价不可避免地带有不确定性。因此，对于工程建设项目除进行财务评价外，一般还需进行不确定性分析。盈亏平衡分析是项目不确定性分析中常用的一种方法。

盈亏平衡分析又称本量利分析，它通过分析企业或项目的成本、产量（假定与销售量相等）和利润三者之间的关系，帮助企业进行投资决策、生产决策、成本规划和利润预测等。对于一个拟建项目而言，随着运营期产销量的变化，盈利与亏损之间一般至少有一个转折点，我们称这个转折点为盈亏平衡点 BEP（Break Even Point），在这点上，销售收入与成本费用相等，既不亏损也不盈利。盈亏平衡分析就是要找出项目方案的盈亏平衡点。一般来说，对项目的生产能力而言，盈亏平衡点越低，项目的盈利可能性就越大，对不确定性因素变化带来的风险的承受能力就越强。

鉴于增值税实行价外税，由最终消费者负担，增值税对企业利润的影响表现在增值税会影响城市维护建设税、教育费附加、地方教育附加的大小，故若题目中已知了增值税的相关信息，盈亏平衡分析需要考虑增值税附加税对成本的影响。当然由于在项目财务评价阶段，企业的可抵扣进项税并不易获得，进而增值税、增值税附加税亦无法准确确定，这种情况下，从简化计算的角度，亦可不考虑增值税的影响，采用不含税价格，或者直接按照不含税营业收入的特定比例估算增值税附加税。

盈亏平衡分析的基本公式及其推导过程如下：

盈亏平衡状态时，"收入＝成本"，并假定"产量＝销量"，则有：

（不含税产品单价＋单位产品销项税额）×产量＝年固定成本＋（不含税单位产品可变成本＋单位产品进项税额）×产量＋单位产品增值税×（1+增值税附加税率）×产量

（不含税产品单价＋单位产品销项税额）×产量＝年固定成本＋（不含税单位产品可变成本＋单位产品进项税额）×产量＋（单位产品销项税额−单位产品进项税额）×（1+增值税附加税率）×产量

不含税产品单价×产量＝年固定成本＋不含税单位产品可变成本×产量＋单位产品增值税×增值税附加税率×产量

故，可得：

产量盈亏平衡点＝

$$\dfrac{年固定成本}{不含税产品单价-不含税单位产品可变成本-单位产品增值税×增值税附加税率}$$

同理，产品单价盈亏平衡点、可变成本的盈亏平衡点等，可根据上述等式推导，此处就不再一一介绍。

答案：

问题1：

解：项目产量盈亏平衡点计算如下：

$$产量盈亏平衡点=\dfrac{580}{56-40-(56×13\%-5)×12\%}=36.88（万件）$$

问题2：

解：在市场销售良好情况下，正常年份最大可能盈利额为：

最大可能盈利额 R ＝正常年份总收益额−正常年份总成本

R ＝设计生产能力×单价−年固定成本−设计生产能力

　　×（单位产品可变成本＋单位产品增值税×增值税附加税率）

＝100×56−580−100×[40+（56×13%−5）×12%]

＝992.64（万元）

问题3：

解：在市场销售不良情况下，每年欲获120万元利润的最低年产量为：

$$产量盈亏平衡点=\dfrac{120+580}{56-40-(56×13\%-5)×12\%}=44.51（万件）$$

问题 4：

解：在市场销售不良情况下，为了促销，产品的市场价格由 56 元降低 10% 时，还要维持每年 60 万元利润额的年产量应为：

$$产量盈亏平衡点=\frac{60+580}{50.4-40-(50.4\times13\%-5)\times12\%}=62.66（万件）$$

问题 5：

解：根据上述计算结果分析如下：

1. 该项目产量盈亏平衡点 36.88 万件，而项目的设计生产能力为 100 万件，远大于盈亏平衡产量，可见，项目盈亏平衡产量为设计生产能力 36.88%，所以，该项目盈利能力和抗风险能力强；

2. 在市场销售良好情况下，按照设计正常年份生产的最大可能盈利额为 992.64 万元；在市场销售不良情况下，只要年产量和年销售量达到设计能力的 44.51%，每年仍能盈利 120 万元；

3. 在不利的情况下，单位产品价格即使压低 10%，只要年产量和年销售量达到设计能力的 62.66%，每年仍能盈利 60 万元。所以，该项目获利的机会大。

综上所述，从盈亏平衡分析角度判断该项目可行。

【案例十一】

背景：

某投资项目的设计生产能力为年产 10 万台某种设备，主要经济参数的估算值为：初始投资额为 1200 万元，预计产品价格为 40 元/台，年经营成本 170 万元，运营年限 10 年，运营期末残值为 100 万元，基准收益率 12%，现值系数见表 1-28。

不考虑增值税及其相关影响。

表 1-28　　　　　　　　　　　　现值系数表

系数	n			
	1	3	7	10
$(P/A, 12\%, n)$	0.8929	2.4018	4.5638	5.6502
$(P/F, 12\%, n)$	0.8929	0.7118	0.4523	0.3220

问题：

1. 以财务净现值为分析对象，就项目的投资额、产品价格和年经营成本等因素进行敏感性分析；

2. 绘制财务净现值随投资、产品价格和年经营成本等因素的敏感性曲线图；

3. 保证项目可行的前提下，计算该产品价格下浮临界百分比。

分析要点：

本案例属于不确定性分析的又一种方法——敏感性分析的案例。它较为全面地考核了有关项目的投资额、单位产品价格和年经营成本发生变化时，项目投资效果变化情况分析的内容。本案例主要解决以下两个问题：

1. 掌握各因素变化对财务评价指标影响的计算方法，并找出其中最敏感的因素；

2. 利用平面直角坐标系描述投资额、单位产品价格和年经营成本等影响因素对财务评价指标影响的敏感程度。

答案：

问题1：

解：

1. 计算初始条件下项目的净现值：

$$NPV_0 = -1200 + (40 \times 10 - 170)(P/A, 12\%, 10) + 100(P/F, 12\%, 10)$$
$$= -1200 + 230 \times 5.6502 + 100 \times 0.3220$$
$$= -1200 + 1299.55 + 32.20 = 131.75 \text{（万元）}$$

2. 分别对投资额、单位产品价格和年经营成本，在初始值的基础上按照±10%、±20%的幅度变动，逐一计算出相应的净现值。

（1）投资额在±10%、±20%范围内变动

$$NPV_{10\%} = -1200(1+10\%) + (40 \times 10 - 170)(P/A, 12\%, 10) + 100 \times (P/F, 12\%, 10)$$
$$= -1320 + 230 \times 5.6502 + 100 \times 0.3220 = 11.75 \text{（万元）}$$

$$NPV_{20\%} = -1200(1+20\%) + 230 \times 5.6502 + 100 \times 0.3220 = -108.25 \text{（万元）}$$

$$NPV_{-10\%} = -1200(1-10\%) + 230 \times 5.6502 + 100 \times 0.3220 = 251.75 \text{（万元）}$$

$$NPV_{-20\%} = -1200(1-20\%) + 230 \times 5.6502 + 100 \times 0.3220 = 371.75 \text{（万元）}$$

（2）单位产品价格±10%、±20%变动

$$NPV_{10\%} = -1200 + [40(1+10\%) \times 10 - 170](P/A, 12\%, 10) + 100 \times (P/F, 12\%, 10)$$
$$= -1200 + 270 \times 5.6502 + 100 \times 0.3220 = 357.75 \text{（万元）}$$

$$NPV_{20\%} = -1200 + [40(1+20\%) \times 10 - 170](P/A, 12\%, 10) + 100 \times (P/F, 12\%, 10)$$
$$= -1200 + 310 \times 5.6502 + 100 \times 0.3220 = 583.76 \text{（万元）}$$

$$NPV_{-10\%} = -1200 + [40(1-10\%) \times 10 - 170](P/A, 12\%, 10) + 100 \times (P/F, 12\%, 10)$$
$$= -1200 + 190 \times 5.6502 + 100 \times 0.3220 = -94.26 \text{（万元）}$$

$$NPV_{-20\%} = -1200 + [40(1-20\%) \times 10 - 170](P/A, 12\%, 10) + 100 \times (P/F, 12\%, 10)$$

$$= -1200 + 150 \times 5.6502 + 100 \times 0.3220 = -320.27 \text{（万元）}$$

（3）年经营成本±10%、±20%变动

$$NPV_{10\%} = -1200 + [40 \times 10 - 170(1+10\%)](P/A, 12\%, 10) + 100 \times (P/F, 12\%, 10)$$

$$= -1200 + 213 \times 5.6502 + 100 \times 0.3220 = 35.69 \text{（万元）}$$

$$NPV_{20\%} = -1200 + [40 \times 10 - 170(1+20\%)](P/A, 12\%, 10) + 100 \times (P/F, 12\%, 10)$$

$$= -1200 + 196 \times 5.6502 + 100 \times 0.3220 = -60.36 \text{（万元）}$$

$$NPV_{-10\%} = -1200 + [40 \times 10 - 170(1-10\%)](P/A, 12\%, 10) + 100 \times (P/F, 12\%, 10)$$

$$= -1200 + 247 \times 5.6502 + 100 \times 0.3220 = 227.80 \text{（万元）}$$

$$NPV_{-20\%} = -1200 + [40 \times 10 - 170(1-20\%)](P/A, 12\%, 10) + 100 \times (P/F, 12\%, 10)$$

$$= -1200 + 264 \times 5.6502 + 100 \times 0.3220 = 323.85 \text{（万元）}$$

将计算结果列于表1-29中。

表 1-29　　　　　　　　　　　　单因素敏感性分析表

因素	变化幅度						
	−20%	−10%	0	+10%	+20%	平均+1%	平均−1%
投资额	371.75	251.75	131.75	11.75	−108.25	−9.11%	+9.11%
单位产品价格	−320.27	−94.26	131.75	357.75	583.76	+17.15%	−17.15%
年经营成本	323.85	227.80	131.75	35.69	−60.36	−7.29%	+7.29%

由表1-29可以看出，在变化率相同的情况下，单位产品价格的变动对净现值的影响最大。当其他因素均不发生变化时，单位产品价格每下降1%，净现值下降17.15%；对净现值影响第二大的因素是投资额。当其他因素均不发生变化时，投资额每上升1%，净现值将下降9.11%；对净现值影响最小的因素是年经营成本。当其他因素均不发生变化时，年经营成本每增加1%，净现值将下降7.29%。由此可见，净现值对各个因素敏感程度的排序是：单位产品价格、投资额、年经营成本，最敏感的因素是产品价格。因此，从方案决策角度来讲，应对产品价格进行更准确的测算。使未来产品价格发生变化的可能性尽可能地减少，以降低投资项目的风险。

问题2：

解：财务净现值对各因素的敏感曲线，如图1-1所示。

由图1-1可知财务净现值对单位产品价格最敏感，其次是投资和年经营成本。

问题3：

计算产品价格的临界百分比

图 1-1　净现值对各因素的敏感曲线

解 1：由图 1-1 所示可知，用几何方法求解

$357.75 : 131.75 = (X+10\%) : X$

$131.75X + 131.75 \times 10\% = 357.75X$

$X = \dfrac{131.75 \times 10\%}{(357.75 - 131.75)} = 0.0583 = 5.83\%$

∴ 该项目产品价格的临界值为：-5.83%，即：最多下浮 5.83%。

解 2：用代数方法求解

设财务净现值 $=0$ 时，产品价格的下浮率为 X，则 X 便是产品价格下浮临界百分比。

$-1200 + [40(1+X) \times 10 - 170](P/A, 12\%, 10) + 100 \times (P/F, 12\%, 10) = 0$

$-1200 + (400 + 400X - 170) \times 5.6502 + 100 \times 0.322 = 0$

$-1200 + 2260.08X + 1299.55 + 32.20 = 0$

$2260.08X = 1200 - 1299.55 - 32.20 = -131.75$

$X = -131.75 \div 2260.08 = -0.0583 = -5.83\%$

∴ 该项目产品价格下浮临界百分比为：-5.83%，即：最多下浮 5.83%。

第二章 工程设计、施工方案技术经济分析

本章基本知识点：

1. 设计方案评价指标与评价方法；

2. 施工方案评价指标与评价方法；

3. 综合评价法在设计、施工方案评价中的应用；

4. 价值工程在设计、施工方案评价中的应用；

5. 寿命周期费用理论在方案评价中的应用；

6. 决策树法的基本概念及其在投资方案决策中的运用；

7. 工程网络进度计划时间参数的计算，进度计划的调整与优化。

【案例一】

背景：

某市拟建设集科研和办公于一体的建筑节能综合楼，其主体工程结构和外墙外保温设计方案及其相应造价对比如下：

A方案：结构方案为大柱网框架剪力墙轻墙体系，采用预应力大跨度叠合楼板，外墙体采用多孔砖，外墙保温材料为聚氨酯发泡板（B1级，阻燃），窗户采用中空玻璃断桥铝合金窗，面积利用系数为93%，造价为1520元/m^2；

B方案：结构方案同A方案，墙体采用内浇外砌，外墙保温材料为阻燃型聚苯挤塑板，窗户采用双玻塑钢窗，面积利用系数为87%，造价为1326元/m^2；

C方案：结构方案采用框架结构，采用全现浇楼板，墙体材料采用标准黏土砖，外墙保温采用无机活性墙体保温砂浆，窗户采用双玻铝合金窗，面积利用系数为79%，造价为1380元/m^2。

方案各功能的权重及各方案的功能得分，见表2-1。

表 2-1　　　　　　　　　　各方案功能的权重及得分表

功能项目	功能权重	各方案功能得分		
		A	B	C
结构体系	0.25	10	10	8
楼板类型	0.05	10	10	9
墙体材料	0.25	8	9	7
面积系数	0.35	9	8	7
窗户类型	0.10	9	7	8

问题：

1. 试应用价值工程方法选择最优设计方案。

2. 为控制工程造价和进一步降低费用，拟针对所选的最优设计方案的土建工程部分，以分部分项工程费用为对象开展价值工程分析。将土建工程划分为四个功能项目，各功能项目得分值及其目前成本，见表2-2。按限额和优化设计要求，目标成本额应控制在12170万元。

表 2-2　　　　　　　　　　功能项目得分及目前成本表

功能项目	功能得分	目前成本/万元
A. 桩基围护工程	10	1535
B. 地下室工程	11	1482
C. 主体结构工程	35	4705
D. 装饰工程	38	5105
合　计	94	12827

试分析各功能项目的目标成本及其可能降低的额度，并确定功能改进顺序。

3. 若某承包商以表2-2中的总成本加3.98%的利润报价（不含税）中标并与业主签订了固定总价合同，而在施工过程中该承包商的实际成本为12170万元，则该承包商在该工程的实际利润率为多少？

4. 若要使实际利润率达到10%，成本降低额应为多少？

分析要点：

问题1考核运用价值工程进行设计方案评价的方法、过程和原理。

问题2考核运用价值工程进行设计方案优化和工程造价控制的方法。

价值工程要求方案满足必要功能，清除不必要功能。在运用价值工程对方案的功能进行分析时，各功能的价值指数有以下三种情况：

（1）$VI=1$，说明该功能的重要性与其成本的比重大体相当，是合理的，无须再进行价值工程分析；

（2）$VI<1$，说明该功能不太重要，而目前成本比重偏高，可能存在过剩功能，应作为重点分析对象，寻找降低成本的途径；

（3）$VI>1$，出现这种结果的原因较多，其中较常见的是：该功能较重要，而目前成本偏低，可能未能充分实现该重要功能，应适当增加成本，以提高该功能的实现程度。

各功能目标成本的数值为总目标成本与该功能的功能指数的乘积。

问题3考核预期利润率与实际利润率之间的关系。由本题的计算结果可以看出，若承包商能有效地降低成本，就可以大幅度提高利润率。在本题计算中需注意的是，成本降低额亦即利润的增加额，实际利润为预期利润与利润增加额之和。

答案：

问题1：

解：分别计算各方案的功能指数、成本指数和价值指数，并根据价值指数选择最优方案。

1. 计算各方案的功能指数，见表2-3。

表2-3　　　　　　　　　　　功能指数计算表

方案功能	功能权重	方案功能加权得分		
		A	B	C
结构体系	0.25	10×0.25=2.50	10×0.25=2.50	8×0.25=2.00
楼板类型	0.05	10×0.05=0.50	10×0.05=0.50	9×0.05=0.45
墙体材料	0.25	8×0.25=2.00	9×0.25=2.25	7×0.25=1.75
面积系数	0.35	9×0.35=3.15	8×0.35=2.80	7×0.35=2.45
窗户类型	0.10	9×0.10=0.90	7×0.10=0.70	8×0.10=0.80
合计		9.05	8.75	7.45
功能指数		9.05/25.25=0.3584	8.75/25.25=0.3465	7.45/25.25=0.2950

注：表2-3中各方案功能加权得分之和为：9.05+8.75+7.45=25.25。

2. 计算各方案的成本指数，见表 2-4。

表 2-4　　　　　　　　　成本指数计算表

指标	方案			合计
	A	B	C	
单方造价/（元/m²）	1520	1326	1380	4226
成本指数	0.3597	0.3138	0.3265	1.000

3. 计算各方案的价值指数，见表 2-5。

表 2-5　　　　　　　　　价值指数计算表

指标	方案		
	A	B	C
功能指数	0.3584	0.3465	0.295
成本指数	0.3597	0.3138	0.3265
价值指数	0.9964	1.1042	0.9035

由表 2-5 的计算结果可知，B 方案的价值指数最高，为最优方案。

问题 2：

解：根据表 2-2 所列数据，分别计算桩基围护工程、地下室工程、主体结构工程和装饰工程的功能指数、成本指数和价值指数；再根据给定的总目标成本额，计算各工程内容的目标成本额，从而确定其成本降低额度。具体计算结果汇总，见表 2-6。

表 2-6　　　　功能指数、成本指数、价值指数和目标成本降低额计算表

功能项目	功能评分	功能指数	目前成本/万元	成本指数	价值指数	目标成本/万元	成本降低额/万元
桩基围护工程	10	0.1064	1535	0.1197	0.8889	1294.89	240.11
地下室工程	11	0.1170	1482	0.1155	1.0130	1423.89	58.11
主体结构工程	35	0.3723	4705	0.3668	1.0150	4530.89	174.11
装饰工程	38	0.4043	5105	0.3980	1.0158	4920.33	184.67
合计	94	1.0000	12827	1.0000		12170	657

由表 2-6 的计算结果可知，桩基围护工程、地下室工程、主体结构工程和装饰工程均应通过适当方式降低成本。根据成本降低额的大小，功能改进顺序依次为：桩基围护

工程、装饰工程、主体结构工程、地下室工程。

问题3：

解1：该承包商在该工程上的实际利润率＝实际利润额÷实际成本额

＝（12827×3.98%＋12827－12170）÷12170＝9.59%

解2：该承包商在该工程上的实际利润率＝［12827×（1＋3.98%）－12170］÷12170＝9.59%

问题4：

解：设成本降低额为 X 万元，则：

$$（12827×3.98%＋X）÷（12827－X）＝10%$$

解得：$X＝701.987$ （万元）

因此，若要使实际利润率达到10%，成本降低额应为701.987万元。

【案例二】

背景：

某市城市投资有限公司参与所在地城市基础设施建设，为改善该市越江交通状况，拟定了以下两个投资方案。

方案1：在原桥基础上加固、扩建。该方案预计投资40000万元，建成后可通行20年。这期间每年需维护费用1000万元。每10年需进行一次大修，每次大修费用为3000万元，运营20年后报废时没有残值。

方案2：拆除原桥，在原址建一座新桥。该方案预计投资120000万元，建成后可通行60年。这期间每年需维护费用1500万元。每20年需进行一次大修，每次大修费用为5000万元，运营60年后报废时可回收残值5000万元。

不考虑两方案建设期的差异，基准收益率为6%。

该城市投资有限公司聘请专家对越江大桥应具备的功能进行了深入分析，从 F_1、F_2、F_3、F_4、F_5 共5个方面对功能进行评价。F_1 和 F_2 同样重要，F_4 和 F_5 同样重要，F_1 相对于 F_4 很重要，F_1 相对于 F_3 较重要。专家对两个方案的5个功能的评分结果见表2-7；资金时间价值系数表见表2-8。

表2-7　　　　　　　　　各方案功能评分表

功能项目	方案1	方案2
F_1	6	10
F_2	7	9

续表

功能项目	方案 1	方案 2
F_3	6	7
F_4	9	8
F_5	9	9

表 2-8　　　　　　　　　　　　资金时间价值系数表

系数	n					
	10	20	30	40	50	60
$(P/F, 6\%, n)$	0.5584	0.3118	0.1741	0.0972	0.0543	0.0303
$(A/P, 6\%, n)$	0.1359	0.0872	0.0726	0.0665	0.0634	0.0619

问题：

1. 价值工程简称 VE，也称价值分析，其中价值 V 的概念表达式为（　　　）。

A. $V=FC$
B. $V=F-C$

C. $V=C/F$
D. $V=F/C$

2. 根据题意，若已知 5 个功能中，$F_1=13$，$F_5=3$，则 F_2、F_3、F_4 三个功能得分应分别是（　　）、（　　）、（　　）。

A. 4　　　　　　　B. 13　　　　　　　C. 8　　　　　　　D. 3

3. 计算各功能的权重得分，已知 $F_1=0.325$，$F_5=0.075$，各功能得分合计为 40，则 F_3 的功能权重得分应是（　　　）。

A. 0.325
B. 0.200

C. 0.160
D. 0.075

4. 若基准收益率为 6%，方案 1 的年费用为（　　　）。

A. 4200 万元
B. 4634.08 万元

C. 4715.64 万元
D. 4755.12 万元

5. 列式计算方案 2 的年费用，基准收益率为 6%。

6. 若不考虑两方案建设期的差异，根据两方案年费用数值，计算两方案的成本指数分别是（　　）、（　　）。

A. 0.339　　　　B. 0.387　　　　C. 0.661　　　　D. 0.613

7. 计算各方案功能的综合得分，分别是（　　）、（　　）。

A. 5.886　　　　B. 6.775　　　　C. 8.850　　　　D. 8.991

8. 计算方案 1 的功能指数 F_1 为（　　），方案 2 的功能指数 F_2 为（　　）。

A. 0.463　　　　　　　　　　B. 0.434

C. 0.537　　　　　　　　　　D. 0.566

9. 若经计算方案 1 的价值指数 V_1 为 1.280，计算方案 2 的价值指数 V_2 为（　　），并根据计算结果确定最终入选的方案是（　　）。

A. 0.856　　　　　　　　　　B. 1.312

C. 方案 1　　　　　　　　　　D. 方案 2

10. 若未来将通过收取车辆通行费的方式收回该桥梁投资和维持运营，预计机动车年通行量不会少于 1500 万辆，计算两方案每辆机动车的平均最低收费额分别为（　　）、（　　）。

A. 3.09（元/辆）　　　　　　B. 3.35（元/辆）

C. 6.03（元/辆）　　　　　　D. 6.57（元/辆）

分析要点：

问题 1 考核价值工程中 V 的概念公式表达式。

问题 2、问题 3 主要考核 0-4 评分法的运用。本案例给出各功能因素重要性之间的关系，各功能因素的权重需要根据 0-4 评分法的计分办法进行计算。按 0-4 评分法的规定，两个功能因素比较时，其相对重要程度有以下三种基本情况：

（1）很重要的功能因素得 4 分，另一很不重要的功能因素得 0 分；

（2）较重要的功能因素得 3 分，另一较不重要的功能因素得 1 分；

（3）同样重要或基本同样重要时，则两个功能因素各得 2 分。

问题 4、问题 5 主要考核寿命周期成本的计算。计算过程中需要注意，本案例寿命周期成本由初始投资、大修费和年维护费三部分组成，计算时需要将每次大修费折算成现值与初始投资汇总然后再分摊到整个寿命期各年，最后与年维护费汇总。

问题 6~问题 9 考核的是在不考虑两方案建设期的差异条件下，采用价值工程方法对两方案进行评价，分别计算两方案的成本指数（以年费用为基础）、功能指数和价值指数，并根据计算结果确定最终应入选的方案。

问题 10 考核的是计算各方案每辆机动车的最低收费。

答案：

问题 1：D

问题 2：B、C、D

问题 3：B

解析：根据背景资料所给出的条件，各功能指标权重的计算结果，见表 2-9。

表 2-9　　　　　　　　　　　　　各功能权重计算表

功能项目	F_1	F_2	F_3	F_4	F_5	得分	权重
F_1	×	2	3	4	4	13	0.325
F_2	2	×	3	4	4	13	0.325
F_3	1	1	×	3	3	8	0.200
F_4	0	0	1	×	2	3	0.075
F_5	0	0	1	2	×	3	0.075
合　　计						40	1.000

问题 4：B

解析：计算方案 1 的年费用

$1000+40000×(A/P，6\%，20)+3000×(P/F，6\%，10)×(A/P，6\%，20)$

$=1000+40000×0.0872+3000×0.5584×0.0872=4634.08（万元）$

问题 5：方案 2 的年费用：

$1500+120000×(A/P，6\%，60)+5000×(P/F，6\%，20)×(A/P，6\%，60)+5000×(P/F，6\%，40)×(A/P，6\%，60)-5000×(P/F，6\%，60)×(A/P，6\%，60)$

$=1500+120000×0.0619+5000×0.3118×0.0619+5000×0.0972×0.0619-5000×0.0303×0.0619=9045.21（万元）$

问题 6：A、C

解析：计算各方案成本指数

方案 1：$C_1=4634.08÷(4634.08+9045.21)=0.339$

方案 2：$C_2=9045.21÷(4638.08+9045.21)=0.661$

问题 7：B、C

解析：各方案功能的综合得分

方案 1：$6×0.325+7×0.325+6×0.200+9×0.075+9×0.075=6.775$

方案 2：$10×0.325+9×0.325+7×0.200+8×0.075+9×0.075=8.850$

问题 8：B、D

解析：各方案的功能指数

方案 1：$F_1=6.775÷(6.775+8.850)=0.434$

方案 2：$F_2=8.850÷(6.775+8.850)=0.566$

问题 9：A、C

解析：计算各方案价值指数

方案 1：$V_1 = F_1/C_1 = 0.434 \div 0.339 = 1.280$

方案 2：$V_2 = F_2/C_2 = 0.566 \div 0.661 = 0.856$

由于方案 1 的价值指数大于方案 2 的价值指数，故应选择方案 1。

问题 10：A、C

解析：

方案 1 的最低收费：$4634.08 \div 1500 = 3.09$（元/辆）

方案 2 的最低收费：$9045.20 \div 1500 = 6.03$（元/辆）。

【案例三】

背景：

某大型综合楼建设项目，现有 A、B、C 三个设计方案，经造价工程师估算的基础资料见表 2-10。

表 2-10　　　　　　　　　　　**各设计方案的基础资料**

指标	方案		
	A	B	C
初始投资/万元	4000	3000	3500
维护费用/（万元/年）	30	80	50
使用年限/年	70	50	60

经专家组确定的评价指标体系为①初始投资；②年维护费用；③使用年限；④结构体系；⑤墙体材料；⑥面积系数；⑦窗户类型。各指标的重要程度系数依次为 5、3、2、4、3、6、1，各专家对指标打分的算术平均值见表 2-11。

表 2-11　　　　　　　　　　　**各设计方案的评价指标得分**

指标	方案		
	A	B	C
初始投资	8	10	9
年维护费用	10	8	9
使用年限	10	8	9
结构体系	10	6	8
墙体材料	6	7	7
面积系数	10	5	6
窗户类型	8	7	8

问题：

1. 如果不考虑其他评审要素，使用最小年费用法选择最佳设计方案（折现率按 10% 考虑）。

2. 如果按上述 7 个指标组成的指标体系对 A、B、C 三个设计方案进行综合评审，确定各指标的权重，并采用综合评分法选择最佳设计方案。

3. 如果上述 7 个评价指标的后 4 个指标定义为功能项目，寿命期年费用作为成本，试用价值工程方法优选最佳设计方案。

（除问题 1 保留 2 位小数外，其余计算结果均保留 3 位小数）

分析要点：

对设计方案的优选可以从不同的角度（或指标）进行分析与评价。如果侧重于经济角度考虑，可采用最小费用法或最大效益法；如果侧重于技术角度考虑，可采用综合评分法或加权打分法；如果从技术与经济相结合的角度进行分析与评价，则可采用价值工程法和费用效率法等。

答案：

问题 1：

解：计算各方案的寿命期年费用

A 方案：$4000 \times (A/P, 10\%, 70) + 30 = 4000 \times 0.1 \times 1.1^{70} \div (1.1^{70} - 1) + 30 = 430.51$（万元）

B 方案：$3000 \times (A/P, 10\%, 50) + 80 = 3000 \times 0.1 \times 1.1^{50} \div (1.1^{50} - 1) + 80 = 382.58$（万元）

C 方案：$3500 \times (A/P, 10\%, 60) + 50 = 3500 \times 0.1 \times 1.1^{60} \div (1.1^{60} - 1) + 50 = 401.15$（万元）

由于 B 方案的寿命期年费用最小，故选择 B 方案为最佳设计方案。

问题 2：

解：

1. 计算各指标的权重

各指标重要程度的系数之和：$5 + 3 + 2 + 4 + 3 + 6 + 1 = 24$

初始投资的权重：$5 \div 24 = 0.208$

年维护费用的权重：$3 \div 24 = 0.125$

使用年限的权重：$2 \div 24 = 0.083$

结构体系的权重：$4 \div 24 = 0.167$

墙体材料的权重：$3 \div 24 = 0.125$

面积系数的权重：$6 \div 24 = 0.250$

窗户类型的权重：$1 \div 24 = 0.042$

2. 计算各方案的综合得分

A 方案：$8×0.208+10×0.125+10×0.083+10×0.167+6×0.125+10×0.250+8×0.042=9.000$

B 方案：$10×0.208+8×0.125+8×0.083+6×0.167+7×0.125+5×0.250+7×0.042=7.165$

C 方案：$9×0.208+9×0.125+9×0.083+8×0.167+7×0.125+6×0.250+8×0.042=7.791$

由于 A 方案的综合得分最高，故选择 A 方案为最佳设计方案。

问题 3：

解：

1. 确定各方案的功能指数

（1）计算各功能项目的权重

功能项目重要程度系数为 4：3：6：1，系数之和为 $4+3+6+1=14$

结构体系的权重：$4÷14=0.286$

墙体材料的权重：$3÷14=0.214$

面积系数的权重：$6÷14=0.429$

窗户类型的权重：$1÷14=0.071$

（2）计算各方案的功能综合得分

A 方案：$10×0.286+6×0.214+10×0.429+8×0.071=9.002$

B 方案：$6×0.286+7×0.214+5×0.429+7×0.071=5.856$

C 方案：$8×0.286+7×0.214+6×0.429+8×0.071=6.928$

（3）计算各方案的功能指数

功能合计得分：$9.002+5.856+6.928=21.786$

$F_A=9.002÷21.786=0.413$

$F_B=5.856÷21.786=0.269$

$F_C=6.928÷21.786=0.318$

2. 确定各方案的成本指数

各方案的寿命期年费用之和：$430.51+382.58+401.15=1214.24$（万元）

$C_A=430.51÷1214.24=0.355$

$C_B=382.58÷1214.24=0.315$

$C_C=401.15÷1214.24=0.330$

3. 确定各方案的价值指数

$V_A=F_A/C_A=0.413÷0.355=1.163$

$V_B=F_B/C_B=0.269÷0.315=0.854$

$V_C = F_C / C_C = 0.318 \div 0.330 = 0.964$

由于 A 方案的价值指数最大，故选择 A 方案为最佳设计方案。

【案例四】

背景：

承包商 B 在某高层住宅楼的现浇楼板施工中，拟采用钢木组合模板体系或小钢模体系施工。经有关专家讨论，决定从模板总摊销费用（F_1）、楼板浇筑质量（F_2）、模板人工费（F_3）、模板周转时间（F_4）、模板装拆便利性（F_5）等五个技术经济指标对这两个方案进行评价，并采用 0-1 评分法对各技术经济指标的重要程度进行评分，其部分结果见表 2-12，两方案各技术经济指标的得分见表 2-13。

经造价工程师估算，钢木组合模板在该工程的总摊销费用为 40 万元，每平方米楼板的模板人工费为 8.5 元；小钢模在该工程的总摊销费用为 50 万元，每平方米楼板的模板人工费为 6.8 元。该住宅楼的现浇楼板模板工程量为 2.5 万 m^2。

表 2-12   指标重要程度评分表

指标	F_1	F_2	F_3	F_4	F_5
F_1	×	0	1	1	1
F_2		×	1	1	1
F_3			×	0	1
F_4				×	1
F_5					×

表 2-13   两方案技术经济指标得分表

指标	方案	
	钢木组合模板	小钢模
总摊销费用	10	8
楼板浇筑质量	8	10
模板人工费	8	10
模板周转时间	10	7
模板装拆便利性	10	9

问题：

1. 试确定各技术经济指标的权重。（计算结果保留 3 位小数）

2. 若以楼板工程的单方模板费用作为成本比较对象,试用价值指数法选择较经济的模板体系。(功能指数、成本指数、价值指数的计算结果均保留3位小数)

3. 若该承包商准备参加另一幢高层办公楼的投标,为提高竞争能力,公司决定模板总摊销费用仍按本住宅楼考虑,其他有关条件均不变。该办公楼的现浇楼板工程量至少要达到多少平方米才应采用小钢模体系?(计算结果保留2位小数)

分析要点:

本案例主要考核0-1评分法的运用和成本指数的确定。

问题1需要根据0-1评分法的计分办法将表2-12中的空缺部分补齐后再计算各技术经济指标的得分,进而确定其权重。0-1评分法的特点是:两指标(或功能)相比较时,不论两者的重要程度相差多大,较重要的得1分,较不重要的得0分。在运用0-1评分法时还需注意,采用0-1评分法确定指标重要程度得分时,会出现合计得分为零的指标(或功能),需要将各指标合计得分分别加1进行修正后再计算其权重。

问题2需要根据背景资料所给出的数据计算两方案楼板工程量的单方模板费用,再计算其成本指数。

问题3应从建立单方模板费用函数入手,再令两模板体系的单方模板费用之比与其功能指数之比相等,然后求解该方程。

答案:

问题1:

解:根据0-1评分法的计分办法,两指标(或功能)相比较时,较重要的指标得1分,另一较不重要的指标得0分。例如,在表2-12中,F_1 相对于 F_2 较不重要,故得0分(已给出),而 F_2 相对于 F_1 较重要,故应得1分(未给出)。各技术经济指标得分和权重的计算结果见表2-14。

表2-14　　　　　　　　　各技术经济指标权重计算表

指标	F_1	F_2	F_3	F_4	F_5	得分	修正得分	权重
F_1	×	0	1	1	1	3	4	4÷15＝0.267
F_2	1	×	1	1	1	4	5	5÷15＝0.333
F_3	0	0	×	0	1	1	2	2÷15＝0.133
F_4	0	0	1	×	1	2	3	3÷15＝0.200
F_5	0	0	0	0	×	0	1	1÷15＝0.067
合　计						10	15	1.000

问题 2：

解：

1. 计算两方案的功能指数，结果见表 2-15。

表 2-15　　　　　　　　　　功能指数计算表

技术经济指标	权重	钢木组合模板	小钢模
总摊销费用	0.267	10×0.267＝2.67	8×0.267＝2.14
楼板浇筑质量	0.333	8×0.333＝2.66	10×0.333＝3.33
模板人工费	0.133	8×0.133＝1.06	10×0.133＝1.33
模板周转时间	0.200	10×0.200＝2.00	7×0.200＝1.40
模板装拆便利性	0.067	10×0.067＝0.67	9×0.067＝0.60
合计	1.000	9.06	8.80
功能指数		9.06÷（9.06+8.80）＝0.507	8.80÷（9.06+8.80）＝0.493

2. 计算两方案的成本指数。

钢木组合模板的单方模板费用为：$40÷2.5+8.5＝24.5$（元/m²）

小钢模的单方模板费用为：$50÷2.5+6.8＝26.8$（元/m²）

则

钢木组合模板的成本指数为：$24.5÷（24.5+26.8）＝0.478$

小钢模的成本指数为：$26.8÷（24.5+26.8）＝0.522$

3. 计算两方案的价值指数。

钢木组合模板的价值指数为：$0.507÷0.478＝1.061$

小钢模的价值指数为：$0.493÷0.522＝0.944$

因为钢木组合模板的价值指数高于小钢模的价值指数，故应选用钢木组合模板体系。

问题 3：

解：单方模板费用函数为：$C＝C_1÷Q+C_2$

式中：C——单方模板费用（元/m²）；

C_1——模板总摊销费用（万元）；

C_2——每平方米楼板的模板人工费（元/m²）；

Q——现浇楼板工程量（万 m²）。

则：

钢木组合模板的单方模板费用为：$C_z = 40 \div Q + 8.5$

小钢模的单方模板费用为：$C_x = 50 \div Q + 6.8$

令 $V_{小钢} = V_{钢木}$，即

$F_{小钢} \div C_{小钢} = F_{钢} \div C_{钢木}$，则

$0.493 \div (50 \div Q + 6.8) = 0.507 \div (40 \div Q + 8.5)$

故该两模板体系的单方模板费用之比（即成本指数之比）等于其功能指数之比，

$(40 \div Q + 8.5) \div (50 \div Q + 6.8) = 0.507 \div 0.493$

即：

$0.507 \times (50 + 6.8Q) - 0.493 \times (40 + 8.5Q) = 0$

所以，$Q = 7.58$（万 m^2）

因此，该办公楼的现浇楼板工程量至少达到 7.58 万 m^2 才应采用小钢模体系。

【案例五】

背景：

某分包商承包了某专业分项工程，分包合同中规定：工程量为 2400m^3；合同工期为 30d，6 月 11 日开工，7 月 10 日完工；逾期违约金为 1000 元/d。

该分包商根据企业定额规定：正常施工情况下（按计划完成每天安排的工作量），采用计日工资的日工资标准为 300 元/工日（折算成小时工资为 37.5 元/h）；延时加班，每小时按小时工资标准的 120% 计；夜间加班，每班按日工资标准的 130% 计。

该分包商原计划每天安排 20 人（按 8h 计算）施工，由于施工机械调配出现问题，致使该专业分项工程推迟到 6 月 18 日才开工。为了保证按合同工期完工，分包商可采取延时加班（每天延长工作时间，不超过 4h）或夜间加班（每班按 8h 计算）两种方式赶工。延时加班和夜间加班的人数与正常作业的人数相同。

经造价工程师分析，在采取每天延长工作时间方式赶工的情况下，延时加班时间内平均降效 10%；在采取夜间加班方式赶工的情况下，加班期内白天施工平均降效 5%，夜间施工平均降效 15%。

问题：

1. 若该分包商不采取赶工措施，试分析该分项工程的工期延误对该工程总工期的影响。

2. 若该分项工程的工期延误 7d，而采取每天延长工作时间方式赶工，每天需增加多少工作时间（按小时计算，计算结果保留 2 位小数）？每天需额外增加多少费用？若延时

加班时间按四舍五入取整计算并支付费用，应如何安排延时加班？增加的总费用为多少元？

3. 若该分项工程的工期延误 7d，而采取夜间加班方式赶工，需加班多少天？（计算结果四舍五入取整）

4. 若工期延误 7d 期间，夜间施工每天增加其他费用 100 元，由此增加的总费用为多少元？

5. 从经济角度考虑，该分包商是否应该采取赶工措施？说明理由。假设分包商需赶工，应采取哪一种赶工方式？

分析要点：

本案例考核分项工程工期延误对工程总工期的影响和以加班方式组织施工的经济问题。

问题 1 其实很简单，若给出具体数据，通过定量计算容易得出正确的结果，但本题是定性分析，却未必能回答完整。

以加班方式组织施工，既降低工效又增加成本，与正常施工相比，肯定是不经济的。但是，在由于承包商自己原因工期已经延误的情况下，若不能按合同工期完工，承包商将承担逾期违约金。因此，是否采取赶工措施以及采取什么赶工措施，应当通过定量分析才能得出结论。

问题 2 至问题 5 就是通过对延时加班和夜间加班效率降低及所增加的成本与逾期违约金的比较得出相应的结论。其中，问题 2 需要注意的是，在实际工作中，延时加班并不是纯粹的数学问题，不可能精确到分或秒来安排和支付费用，而通常是按整数计算加班时间并支付费用。因此，如果充分利用每天的延时加班时间（如本题中用足 3h），并不需要在剩余的 23d 中每天都安排延时加班。

答案：

问题 1：

解：若该分包商不采取赶工措施，该分项工程的工期延误对该工程总工期的影响有以下三种情况：

（1）若该分项工程在总进度计划的关键线路上，则该工程的总工期需要相应延长 7d；

（2）若该分项工程在总进度计划的非关键线路上且其总时差大于或等于 7d，则该工程的总工期不受影响；

（3）若该分项工程在总进度计划的非关键线路上，但其总时差小于 7d，则该工程的总工期会延长；延长的天数为 7d 与该分项工程总时差天数之差。

问题2：

解：

1. 若该分项工程的工期延误7d，则每天需增加的工作时间为：

解1：计划工效为：$2400 \div 30 = 80 (\mathrm{m^3/d}) = 80 \div 8 = 10 \; (\mathrm{m^3/h})$

设每天延时加班需增加的工作时间为Xh，则：

$(30-7) \times [80 + 10X(1-10\%)] = 2400$

解得$X = 2.71$，则每天需延时加班2.71h。

解2：$7 \times 8 \div (1-10\%) \div 23 = 2.71 \; (\mathrm{h/d})$

2. 每天需额外增加的费用为：

$20 \times 2.71 \times 37.5 \times 20\% = 406.5 \; （元）$

3. 若每天延时加班取整，则实际安排延时加班的天数为：

$23 \times 2.71 \div 3 = 20.78 \approx 21 \; （d）$

故实际安排21d延时加班，每天加班3h。

4. 增加实际延时加班费用为：

$20 \times 3 \times 37.5 \times 120\% \times 21 - 20 \times 300 \times (30-23) = 14700 \; （元）$

问题3：

解：若工期延误7d，需要夜间加班赶工的天数为：

解1：设需夜间加班Y天，则：

$80 \times (23-Y) + 80Y \times (1-5\%) + 80Y \times (1-15\%) = 2400$

解得$Y = 8.75 \approx 9 \; （d）$，需夜间加班9d。

解2：$(30-23) \div (1-5\%-15\%) = 8.75 \approx 9 \; （d）$

解3：$1 \times (1-5\%) + 1 \times (1-15\%) - 1 = 0.8 \; （工日）$

$7 \div 0.8 = 8.75 \approx 9 \; （d）$

问题4：

解：因夜间加班赶工，而增加的总费用为：

$(20 \times 300 \times 130\% + 100) \times 9 - 20 \times 300 \times (30-23) = 29100 \; （元）$

问题5：

答：

（1）采取每天延长工作时间3h的方式赶工，需额外增加费用共14700元；

（2）采取夜间加班9d的方式赶工，需额外增加总费用29100元；

（3）因为两种赶工方式所需增加的费用均小于逾期违约金$1000 \times 7 = 7000$（元），所以该分包商应采取赶工措施。因采取延长工作时间方式费用最低，所以应采取每天延长工作时间的方式赶工。

【案例六】

背景：

某市城市投资公司拟投资建设大数据中心综合楼的智能安保系统（包括地下车库管理），为此委托甲工程项目咨询公司拟订了两个备选方案，对两个方案的相关费用和收入进行了测算，有关数据见表 2-16。若不考虑期末残值，购置费、安装费及其他收支费用均发生在年末，基准折现率为 6%，现值系数见表 2-17。

表 2-16　　　　　　　　　　两个备选方案基础数据表

方案	购置、安装费/万元	使用年限/年	大修理周期/年	每次大修理费/万元	年运行收入/万元	年运行维护费/万元
方案一	1600	45	15	140	260	60
方案二	1800	40	10	100	280	75

表 2-17　　　　　　　　　　现值系数表

系数	n								
	1	10	15	20	30	40	41	45	46
$(P/A, 6\%, n)$	0.9434	7.3584	9.7087	11.4679	13.7741	15.0376	15.1286	15.4560	15.5280
$(P/F, 6\%, n)$	0.9434	0.5584	0.4173	0.3118	0.1741	0.0972	0.0917	0.0727	0.0685

乙设备安装承包商通过公开招标方式中标，承包综合楼智能安保系统的施工，建设期为 1 年，合同价格为 3000 万元（不含税），其中利润为 270 万元。

问题：

1. 若采用净年值法计算分析，城市投资公司应选择哪个智能安保系统方案？

2. 若承包商在当期市场价格水平下制定了将目标成本额控制在 2600 万元的成本管理方案，且能保障得以实施。预测施工过程中占工程成本 55% 的材料费可能上涨，上涨 10% 的概率为 0.6，上涨 5% 的概率为 0.3，计算该承包商的期望成本利润率应为多少？

（计算过程和结果均保留 3 位小数）

分析要点：

本案例问题 1 考核不同计算周期方案之间的比选，采用净年值法计算分析进行方案的选取。

问题 2 考核期望成本利润率的计算。根据承包商设定的目标成本计算分析，确定其期望成本以及期望利润，计算期望成本利润率。

答案：

问题 1：

选择智能安保系统方案

（1）方案一

1）年效益：$260 \times (P/A, 6\%, 45) \times (P/F, 6\%, 1) \times (A/P, 6\%, 46)$

$= 260 \times 15.4560 \times 0.9434 \div 15.5280 = 244.147$（万元）

2）年费用：$[1600 + 140 \times (P/F, 6\%, 15) + 140 \times (P/F, 6\%, 30) + 60 \times (P/A, 6\%, 45)] \times (P/F, 6\%, 1) \times (A/P, 6\%, 46)$

$= (1600 + 140 \times 0.4173 + 140 \times 0.1741 + 60 \times 15.456) \times 0.9434 \div 15.528 = 158.579$（万元）

3）净年值：$244.147 - 158.579 = 85.568$（万元）

（2）方案二

1）年效益：$280 \times (P/A, 6\%, 40) \times (P/F, 6\%, 1) \times (A/P, 6\%, 41)$

$= 280 \times 15.0376 \times 0.9434 \div 15.1286 = 262.563$（万元）

2）年费用：$\{1800 + 100 \times [(P/F, 6\%, 10) + (P/F, 6\%, 20) + (P/F, 6\%, 30)] + 75 \times (P/A, 6\%, 40)\} \times (P/F, 6\%, 1) \times (A/P, 6\%, 41)$

$= [1800 + 100 \times (0.5584 + 0.3118 + 0.1741) + 75 \times 15.0376] \times 0.9434 \div 15.1286 = 189.087$（万元）

3）净年值：$262.563 - 189.087 = 73.476$（万元）

可见，方案一净年值较大，故城市投资公司应选择方案一。

问题 2：

（1）期望成本

$2600 + (2600 \times 55\% \times 10\%) \times 0.6 + (2600 \times 55\% \times 5\%) \times 0.3 + (2600 \times 55\% \times 0) \times 0.1$

$= 2600 + 2600 \times 55\% \times (10\% \times 0.6 + 5\% \times 0.3) = 2600 + 107.250 = 2707.250$（万元）

（2）期望利润

$3000 - 2707.250 = 292.750$（万元）

故，承包商期望成本利润率：

$292.750 \div 2707.250 = 0.108136 \approx 10.814\%$

【案例七】

背景：

某智能大厦的一套设备系统有 A、B、C 三个采购方案，其有关数据见表 2-18。折现率 8% 的现值系数见表 2-19。

表 2-18   **设备系统各采购方案数据**

指标	方案		
	A	B	C
购置费和安装费/万元	520	600	700
年度使用费/(万元/年)	65	60	55
使用年限/年	16	18	20
大修周期/年	8	10	10
大修费/(万元/次)	100	100	110
残值/万元	17	20	25

表 2-19   **现值系数表**

系数	n				
	8	10	16	18	20
$(P/A, 8\%, n)$	5.747	6.710	8.851	9.372	9.818
$(P/F, 8\%, n)$	0.540	0.463	0.292	0.250	0.215

问题：

1. 拟采用加权评分法选择采购方案，对购置费和安装费、年度使用费、使用年限三个指标进行打分评价，打分规则为：购置费和安装费最低的方案得 10 分，每增加 10 万元扣 0.1 分；年度使用费最低的方案得 10 分，每增加 1 万元扣 0.1 分；使用年限最长的方案得 10 分，每减少 1 年扣 0.5 分；以上三个指标的权重依次为 0.5、0.4 和 0.1。应选择哪种采购方案较合理？（计算过程和结果直接填入表 2-20 中）

表 2-20 综合得分计算表

指标名称	权重	A	B	C
购置费和安装费	0.5			
年度使用费	0.4			
使用年限	0.1			
综合得分				

2. 若各方案年费用仅考虑年度使用费、购置费和安装费，且已知 A 方案和 C 方案相应的年费用分别为 123.75 万元和 126.30 万元，列式计算 B 方案的年费用，并按照年费用法做出采购方案比选。

3. 若各方案年费用需进一步考虑大修费和残值，且已知 A 方案和 C 方案相应的年费用分别为 130.41 万元和 132.03 万元，列式计算 B 方案的年费用，并按照年费用法做出采购方案比选。

（计算结果均保留 2 位小数）

分析要点：

本案例主要考核运用综合评分法和最小年费用法对方案进行评价分析。

问题 1 考核综合评分法方案得分的计算，需要注意的是，问题当中并没有明确说明运用哪种方法对方案进行评价分析，但背景已知各功能指标的权重和评分准则，根据已知条件，我们可以计算出各方案综合得分，所以可以推定出考核的是综合评分法。

问题 2 和问题 3 考核寿命周期年费用的计算，考核的费用项目不同，最后得出的结论可能不同。计算过程中要注意，残值在寿命周期年费用中要折现后减掉。

答案：

问题 1：

解：根据背景已知条件计算各方案各指标得分，然后乘以权重得出各方案各指标综合得分，汇总后得到方案的综合得分（表 2-21）。

表 2-21 综合得分计算表

指标名称	权重	A	B	C
购置费和安装费	0.5	10.00	$10-(600-520) \div 10 \times$ $0.1 = 9.20$	$10-(700-520) \div 10 \times$ $0.1 = 8.20$
年度使用费	0.4	$10-(65-55) \times 0.1 = 9.00$	$10-(60-55) \times 0.1 = 9.50$	10.00

指标名称	权重	A	B	C
使用年限	0.1	10-(20-16)×0.5=8.00	10-(20-18)×0.5=9.00	10.00
综合得分		10×0.5+9×0.4+8×0.1=9.40	9.2×0.5+9.5×0.4+9×0.1=9.30	8.2×0.5+10×0.4+10×0.1=9.10

根据表 2-21 可以得出结论，方案 A 综合得分最高，故选择采购方案 A 较合理。

问题 2：

解：考虑年度使用费、购置费和安装费根据资金时间价值理论计算 B 方案的寿命周期年费用，并比较三方案年费用选择年费用最小的采购方案。

B 方案的年费用：$60+600×(A/P，8\%，18)=60+600÷9.372=124.02$（万元）

在 A、B、C 三个方案中，方案 A 的年费用最低，故应选择方案 A。

问题 3：

解：进一步考虑大修费和残值，根据资金时间价值理论计算 B 方案的寿命周期年费用，并比较三方案年费用，选择年费用最小的采购方案。

B 方案的年费用：$60+[600+100×(P/F，8\%，10)-20×(P/F，8\%，18)]×(A/P，8\%，18)$
$$=60+(600+100×0.463-20×0.250)÷9.372=128.43（万元）$$

若考虑大修费和残值，方案 B 的年费用最低，故应选择方案 B。

【案例八】

背景：

某机械化施工公司承包了某大厦工程项目的土方施工任务，坑深为-4.0m，土方工程量为 9800m³，平均运土距离为 8km，合同工期为 10d。该公司现有 WY50、WY75、WY100 液压挖掘机各 4 台、2 台、1 台及 5t、8t、15t 自卸汽车 10 台、20 台、10 台，其主要参数见表 2-22 和表 2-23。

表 2-22   挖掘机主要参数

指标	型号		
	WY50	WY75	WY100
斗容量/m³	0.50	0.75	1.00
台班产量/m³	401	549	692
台班单价/（元/台班）	880	1060	1420

表 2-23　　　　　　　　　　　　自卸汽车主要参数

指标	载重能力		
	5t	8t	15t
运距 8km 时台班产量/m³	28	45	68
台班单价/(元/台班)	318	458	726

问题：

考虑施工机械的经济组合，完成下列选择题。

1. 若已知 WY50、WY75、WY100 三种型号挖掘机每立方米土方的挖土直接费，分别为：2.19 元/m³、1.93 元/m³、2.05 元/m³，应选取（　　）。

A. WY50 挖掘机　　B. WY75 挖掘机　　C. WY100 挖掘机

2. 根据计算三种型号自卸汽车每立方米土方的运土直接费，应选取（　　）。

A. 5t 自卸汽车　　B. 15t 自卸汽车　　C. 8t 自卸汽车

3. 若挖掘机和自卸汽车按表中型号只能各取一种，且数量没有限制，应选择（　　）组合最经济。

A. WY50 挖掘机和 5t 自卸汽车　　　　B. WY75 挖掘机和 8t 自卸汽车

C. WY100 挖掘机和 15t 自卸汽车　　　D. WY150 挖掘机和 10t 自卸汽车

4. 接上题，最经济组合相应的每立方米土方的挖运直接费为（　　）元/m³。

A. 13.76　　　　B. 13.55　　　　C. 12.11　　　　D. 12.73

5. 若该工程只允许白天一班施工，确定每天需 WY75 挖掘机的数量为（　　）台。

A. 1　　　　B. 1.79　　　　C. 2　　　　D. 2.2

6. 按问题 3 的组合，每天需要的挖掘机和自卸汽车的台数比例为：549÷45 = 12.2，则每天应安排 8t 自卸汽车（　　）台。由于该公司目前仅有 20 台 8t 自卸汽车，故若超出只能另选其他型号自卸汽车。

A. 12.2　　　　B. 13　　　　C. 24.4　　　　D. 25

7. 若按照问题 5 选定每天安排 WY75 挖掘机的数量，则挖完该工程土方的天数为（　　）d。（不考虑土方回填和人工清底）

A. 9　　　　B. 8.93　　　　C. 8　　　　D. 10

8. 若已选自卸汽车每天不能运完的土方量为 189m³，为每天运完这些土方量，可选择其他型号自卸汽车组合完成。假如相应的综合费用最低为 2088 元，则应另外安排（　　）组合。

A. 7 台 5t 自卸汽车

B. 3 台 15t 自卸汽车

C. 2 台 15t 自卸汽车和 2 台 5t 自卸汽车

D. 1 台 15t 自卸汽车和 5 台 5t 自卸汽车

9. 按上述安排的挖掘机和自卸汽车的数量，每立方米土方相应的挖运直接费为
（　　）元/m³。

A. 12.28　　　　　B. 12.37　　　　　C. 12.06　　　　　D. 12.08

分析要点：

本案例考核施工机械的经济组合。通常每种型号的施工机械都有其适用的范围，需
要根据工程的具体情况通过技术经济比较来选择。另外，企业的机械设备数量总是有限
的，因而理论计算的最经济组合不一定能实现，只能在现有资源条件下选择相对最经济
的组合。

本案例中挖掘机的选择比较简单，只有一种可能性，而由于企业资源条件的限制，
自卸汽车的选择则较为复杂，在充分利用最经济的 8t 自卸汽车之后，还要选择次经济的
15t 自卸汽车（必要时，还可能选择最不经济的 5t 自卸汽车）。

在解题过程中需注意以下几点：

第一，挖掘机与自卸汽车的配比若有小数，不能取整，应按实际计算数值继续进行
其他相关计算。

第二，计算出的机械台数若有小数，不能采用四舍五入的方式取整，而应取其整数
部分的数值加 1。

第三，不能按总的土方工程量分别独立地计算挖掘机和自卸汽车的需要量。例如，
仅就运土而言，每天安排 20 台 8t 自卸汽车和 3 台 5t 自卸汽车亦可满足背景资料所给定的
条件，且按有关参数计算比本案例的答案稍经济。但是，这样安排机械组合使得挖掘机
的挖土能力与自卸汽车的运土能力不匹配，由此可能产生以下两种情况：一是挖掘机充
分发挥其挖土能力，9d 完成后退场。由于自卸汽车需 10d 才能运完所有土方，这意味着
每天现场都有多余土方不能运出，从而必将影响运土效率，导致 10d 运不完所有土方。二
是挖掘机按运土进度适当放慢挖掘进度，10d 挖完所有土方，则 2 台 WY75 挖掘机均要增
加 1 个台班，挖土方费用增加，亦不经济。如果考虑到提前一天挖完土方可能带来的收
益，显然 10d 挖完土方更不经济。

答案：

问题 1：B

解析：计算三种型号挖掘机每立方米土方的挖土直接费

WY50 挖掘机的挖土直接费为：$880 \div 401 = 2.19$（元/m³）

WY75 挖掘机的挖土直接费为：1060÷549＝1.93（元/m³）

WY100 挖掘机的挖土直接费为：1420÷692＝2.05（元/m³）

故，取单价为 1.93 元/m³ 的 WY75 挖掘机。

问题 2：C

解析：计算三种型号自卸汽车每立方米土方的运土直接费

5t 自卸汽车的运土直接费为：318÷28＝11.36（元/m³）

8t 自卸汽车的运土直接费为：458÷45＝10.18（元/m³）

15t 自卸汽车的运土直接费为：726÷68＝10.68（元/m³）

故，取单价为 10.18 元/m³ 的 8t 自卸汽车。

问题 3：B

解析：见问题 1，问题 2 的结果。

问题 4：C

解析：相应的每立方米土方的挖运直接费为：1.93＋10.18＝12.11（元/m³）

问题 5：C

解析：确定每天需 WY75 挖掘机的数量为：

9800÷（549×10）＝1.79（台）

故，取每天安排 WY75 挖掘机 2 台。

问题 6：D

解析：按问题 3 的组合，每天需要的挖掘机和自卸汽车的台数比例为：549÷45＝12.2
则每天应安排 8t 自卸汽车 2×12.2＝24.4（台）。

故，取每天安排 8t 自卸汽车 25 台。

问题 7：A

解析：由于已选定每天安排 2 台 WY75 挖掘机，则挖完该工程土方的天数为：

9800÷（549×2）＝8.93（天）≈9（d）

问题 8：C

解析：由于该公司目前仅有 20 台 8t 自卸汽车，故超出部分（24.4-20）台只能另选
其他型号自卸汽车。

因此，20 台 8t 自卸汽车每天不能运完的土方量为：

9800÷9-45×20＝189（m³）

为每天运完以上土方量，可选择以下 A、B、C、D 四种 15t 和 5t 自卸汽车的组合：

A. 3 台 15t 自卸汽车

运土量为：68×3＝204m³>189m³，

相应的费用为：726×3＝2178（元）；

B．2 台 15t 自卸汽车和 2 台 5t 自卸汽车

运土量为：（68+28）×2＝192m³>189m³，

相应的费用为：（726+318）×2＝2088（元）；

C．1 台 15t 自卸汽车和 5 台 5t 自卸汽车

运土量为：68+28×5＝208m³>189m³，

相应的费用为：726+318×5＝2316（元）；

D．7 台 5t 自卸汽车

运土量为：28×7＝196m³>189m³，

相应的费用为：318×7＝2226（元）。

在上述四种组合中，B 组合费用最低，故应另外再安排 2 台 15t 自卸汽车和 2 台 5t 自卸汽车。

综上所述，为完成该工程的土方施工任务，每天需安排 WY75 挖掘机 2 台，8t 自卸汽车 20 台，15t 自卸汽车和 5t 自卸汽车各 2 台。

问题 9：A

解析：按上述安排的挖掘机和自卸汽车的数量，每立方米土方相应的挖运直接费为：

（1060×2+458×20+726×2+318×2）×9÷9800＝12.28（元/m³）

【案例九】

背景：

为加快城市更新，改善市区主干道的交通状况，某市规划局提出建设交通设施项目，拟定有地铁、轻轨和高架道路三个方案。该三个方案的使用寿命均按 50 年计算，分别需每 15 年、10 年、20 年大修一次。单位时间价值为 10 元/h，基准折现率为 8%，其他有关数据见表 2-24、表 2-25。

表 2-24　　　　　　　　　　各方案基础数据表

指　标	方　案		
	地　铁	轻　轨	高架道路
建设投资/万元	1000000	500000	300000
年维修和运行费/（万元/年）	10000	8000	3000
每次大修费/（万元/次）	40000	30000	20000

续表

指　标	方　案		
	地　铁	轻　轨	高架道路
日均客流量/(万人/d)	50	30	25
人均节约时间/(h/人)	0.7	0.6	0.4
运行收入/(元/人)	3	3	0
土地升值/(万元/年)	50000	40000	30000

表 2-25　　　　　　　　　　现值系数表

系数	n						
	10	15	20	30	40	45	50
$(P/A, 8\%, n)$	6.710	8.559	9.818	11.258	11.925	12.108	12.233
$(P/F, 8\%, n)$	0.463	0.315	0.215	0.099	0.046	0.031	0.021

不考虑建设工期的差异，即建设投资均按期初一次性投资考虑，不考虑动拆迁工作和建设期间对交通的影响，三个方案均不计残值，每年按 360d 计算。

寿命周期成本和系统效率计算结果取整数，系统费用效率计算结果保留 2 位小数。

问题：

1. 三个方案的年度寿命周期成本各为多少？

2. 若采用寿命周期成本的费用效率（CE）法，应选择哪个方案？

3. 若轻轨每年造成的噪声影响损失为 7000 万元，将此作为环境成本，则在地铁和轻轨两个方案中，哪个方案较好？

分析要点：

本案例考核寿命周期成本分析的有关问题。

工程寿命周期成本包括资金成本、环境成本和社会成本。由于环境成本和社会成本较难定量分析，一般只考虑资金成本，但本案例问题 3 以简化的方式考虑了环境成本，旨在强化环境保护的理念。

工程寿命周期资金成本包括建设成本（设置费）和使用成本（维持费），其中，建设成本内容明确，估算的结果也较为可靠；而使用成本内容繁杂，且不确定因素很多，估算的结果不甚可靠，本案例主要考虑了大修费与年维修和运行费。为简化计算，本题未考虑各方案的残值，且假设三方案的使用寿命相同。

在寿命周期成本评价方法中，费用效率法是较为常用的一种。运用这种方法的关键在于将系统效率定量化，尤其是应将系统的非直接收益定量化，在本案例中主要考虑了土地升值和节约时间的价值。

需要注意的是，环境成本应作为寿命周期费用增加的内容，而不能作为收益的减少，否则，可能导致截然相反的结论。

答案：

问题 1：

解：

1. 计算地铁的年度寿命周期成本 LCC_D

（1）年度建设成本（设置费）

$IC_D = 1000000 \times (A/P, 8\%, 50) = 1000000 \div 12.233 = 81746$（万元）

（2）年度使用成本（维持费）

$$SC_D = 10000 + 40000 \times [(P/F, 8\%, 15) + (P/F, 8\%, 30) + (P/F, 8\%, 45)] \times (A/P, 8\%, 50)$$
$$= 10000 + 40000 \times (0.315 + 0.099 + 0.031) \div 12.233 = 11455 \text{（万元）}$$

（3）年度寿命周期成本

$LCC_D = IC_D + SC_D = 81746 + 11455 = 93201$（万元）

2. 计算轻轨的年度寿命周期成本 LCC_Q

（1）年度建设成本（设置费）

$IC_Q = 500000 \times (A/P, 8\%, 50) = 500000 \div 12.233 = 40873$（万元）

（2）年度使用成本（维持费）

$$SC_Q = 8000 + 30000 \times [(P/F, 8\%, 10) + (P/F, 8\%, 20) + (P/F, 8\%, 30) \times (P/F, 8\%, 40)] \times (A/P, 8\%, 50)$$
$$= 8000 + 30000 \times (0.463 + 0.215 + 0.099 + 0.046) \div 12.233 = 10018 \text{（万元）}$$

（3）年度寿命周期成本

$LCC_Q = IC_Q + SC_Q = 40873 + 10018 = 50891$（万元）

3. 计算高架道路的年度寿命周期成本 LCC_G

（1）年度建设成本（设置费）

$IC_G = 300000 \times (A/P, 8\%, 50) = 300000 \div 12.233 = 24524$（万元）

（2）使用成本（维持费）

$$SC_G = 3000 + 20000 \times [(P/F, 8\%, 20) + (P/F, 8\%, 40)] \times (A/P, 8\%, 50)$$
$$= 3000 + 20000 \times (0.215 + 0.046) \div 12.233 = 3427 \text{（万元）}$$

（3）年度寿命周期成本

$$LCC_G = IC_G + SC_G = 24524 + 3427 = 27951（万元）$$

问题 2：

解：

1. 计算地铁的年度费用效率 CE_D

（1）年度系统效率 SE_D

$$SE_D = 50 \times (0.7 \times 10 + 3) \times 360 + 50000 = 230000（万元）$$

（2）$CE_D = SE_D / LCC_D = 230000 / 93201 = 2.47$

2. 计算轻轨的年度费用效率 CE_Q

（1）年度系统效率 SE_Q

$$SE_Q = 30 \times (0.6 \times 10 + 3) \times 360 + 40000 = 137200（万元）$$

（2）$CE_Q = SE_Q / LCC_Q = 137200 \div 50891 = 2.70$

3. 计算高架道路的年度费用效率 CE_G

（1）年度系统效率 SE_G

$$SE_G = 25 \times 0.4 \times 10 \times 360 + 30000 = 66000（万元）$$

（2）$CE_G = SE_G / LCC_G = 66000 \div 27951 = 2.36$

由此可见，轻轨的费用效率最高，故应选择建设轻轨方案。

问题 3：

解：

若将 7000 万元的环境成本加到轻轨的寿命周期成本上，则轻轨的年度费用效率为：

$$CE_Q = SE_Q / LCC_Q = 137200 \div (50891 + 7000) = 2.37$$

由问题 2 可知，$CE_D = 2.47 > CE_Q = 2.37$，因此，若考虑将噪声影响损失作为环境成本，则地铁方案优于轻轨方案。

【案例十】

背景：

某建设项目有 A、B、C 三个投资方案。其中，A 方案投资额为 2000 万元的概率为 0.6，投资额为 2500 万元的概率为 0.4；在这两种投资额情况下，年净收益额为 400 万元的概率为 0.7，年净收益额为 500 万元的概率为 0.3。

通过对 B 方案和 C 方案的投资额及发生概率、年净收益额及发生概率的分析，得到该两方案的投资效果、发生概率及相应的净现值数据，见表 2-26。

表 2-26　　　　　　　　　B 方案和 C 方案评价基础数据表

方　案	效　果	概　率	净现值/万元
B 方案	好	0.24	900
	较好	0.06	700
	较差	0.56	500
	很差	0.14	−100
C 方案	好	0.24	1000
	较好	0.16	600
	较差	0.36	200
	很差	0.24	−300

假定 A、B、C 三个投资方案的建设投资均发生在期初，年净收益额均发生在当年年末，寿命期均为 10 年，基准折现率为 10%。

在计算净现值时取年金现值系数 $(P/A, 10\%, 10) = 6.145$。

问题：

1. 简述决策树的概念。

2. A 方案投资额与年净收益额四种组合情况的概率分别为多少？

3. A 方案净现值的期望值为多少？

4. 试运用决策树法进行投资方案决策。

分析要点：

本案例考核决策树法的运用，主要考核决策树的概念及其绘制和计算，要求熟悉决策树法的适用条件，能根据给定条件正确画出决策树，并能正确计算各机会点的数值，进而作出决策。

决策树的绘制是自左向右（决策点和机会点的编号左小右大，上小下大），而计算则是自右向左。各机会点的期望值计算结果应标在该机会点上方，最后将决策方案以外的方案枝用两短线排除。

需要说明的是，在题目限定用决策树法进行方案决策时，要计算各方案投资额与年净收益四种组合情况的概率及相应的净现值，进而计算各方案净现值的期望值。但是，如果题目仅仅要求计算各方案净现值的期望值，则可以直接用年净收益额的期望值减去投资额的期望值求得净现值的期望值。为此，问题 3 给出了两种解法。

答案：

问题 1：

答：决策树是以方框和圆圈为节点，并由直线连接而成的一种像树枝形状的结构，其中，方框表示决策点，圆圈表示机会点；从决策点画出的每条直线代表一个方案，叫作方案枝，从机会点画出的每条直线代表一种自然状态，叫作概率枝。

问题 2：

解：

投资额为 2000 万元与年净收益为 400 万元组合的概率为：$0.6 \times 0.7 = 0.42$

投资额为 2000 万元与年净收益为 500 万元组合的概率为：$0.6 \times 0.3 = 0.18$

投资额为 2500 万元与年净收益为 400 万元组合的概率为：$0.4 \times 0.7 = 0.28$

投资额为 2500 万元与年净收益为 500 万元组合的概率为：$0.4 \times 0.3 = 0.12$

问题 3：

解 1：

投资额为 2000 万元与年净收益为 400 万元组合的净现值为：

$NPV_1 = -2000 + 400 \times 6.145 = 458$（万元）

投资额为 2000 万元与年净收益为 500 万元组合的净现值为：

$NPV_2 = -2000 + 500 \times 6.145 = 1072.5$（万元）

投资额为 2500 万元与年净收益为 400 万元组合的净现值为：

$NPV_3 = -2500 + 400 \times 6.145 = -42$（万元）

投资额为 2500 万元与年净收益为 500 万元组合的净现值为：

$NPV_4 = -2500 + 500 \times 6.145 = 572.5$（万元）

因此，A 方案净现值的期望值为：

$\mathrm{E}(NPV_\mathrm{A}) = 458 \times 0.42 + 1072.5 \times 0.18 - 42 \times 0.28 + 572.5 \times 0.12 = 442.35$（万元）

解 2：

$$\mathrm{E}(NPV_\mathrm{A}) = -(2000 \times 0.6 + 2500 \times 0.4) + (400 \times 0.7 + 500 \times 0.3) \times 6.145$$
$$= 442.35 \text{（万元）}$$

问题 4：

解：

1. 画出决策树，标明各方案的概率和相应的净现值，如图 2-1 所示。

2. 计算图 2-1 中，各机会点净现值的期望值（将计算结果标在各机会点上方）。

机会点②：$\mathrm{E}(NPV_\mathrm{A}) = 442.35$（万元）（直接用问题 3 的计算结果）

机会点③：$\mathrm{E}(NPV_\mathrm{B}) = 900 \times 0.24 + 700 \times 0.06 + 500 \times 0.56 - 100 \times 0.14 = 524$（万元）

图 2-1　决策树

机会点④：$\mathrm{E}(NPV_{\mathrm{c}}) = 1000 \times 0.24 + 600 \times 0.16 + 200 \times 0.36 - 300 \times 0.24 = 336$ （万元）

3. 选择最优方案。

因为机会点③净现值的期望值最大，故应选择 B 方案。

【案例十一】

背景：

某工程拟加固改造为商业仓库或生产车间后出租，由业主方负责改建支出和运营维护，或不改造直接出租，此 A、B、C 三个方案的基础数据见表 2-27。折现率为 10%，现值系数见表 2-28，不考虑残值和改建所需工期。

表 2-27　　　　　　　　　　　　**备选方案基础数据表**

备选方案	改建支出/万元	使用年限/年	运营维护支出/（万元/年）	租金收入/（万元/年）
A. 商业仓库	1000	20	30	270
B. 生产车间	1500	20	50	360
C. 不改造	0	20	10	100

表 2-28 现值系数表

系数	n			
	1	5	15	20
$(P/A, 10\%, n)$	0.909	3.7908	7.6061	8.5136
$(P/F, 10\%, n)$	0.909	0.6209	0.2394	0.1486

问题:

1. 若比较 A、B、C 三个方案的净年值,应选择哪个方案?A、B 方案的静态投资回收期哪个更短?

2. 若考虑改建为 B 方案生产车间带来噪声等污染的环境成本折合为 20 万元/年,带动高新技术发展应用的潜在社会收益折合为 10 万元/年,A 方案的环境成本折合为 1 万元/年,无社会收益。采用费用效率法比较 A、B 两个方案,哪个方案更好一些?

3. 已知各方案的租金收入及其发生的概率,见表 2-29。若考虑未来租金收入的不确定性因素,其他条件不变,不考虑环境、社会因素的成本及收益,比较三个方案的净年值,应选择哪个方案?

表 2-29 三个方案租金收入及其概率表

方案	租金收入/万元	发生概率/%
A 方案	300	20
	270	70
	240	10
B 方案	390	15
	360	60
	300	25
C 方案	120	25
	100	65
	80	10

4. 若 A、B 方案不变,不考虑环境成本、社会收益。C 方案改为:前 5 年不改造,每年收取固定租金 100 万元,5 年后,出租市场可能不稳定,再考虑改建为商业仓库或生产车间或不改造。5 年后商业仓库、生产车间和不改建方案的租金收入与概率和问题 3 中设定的一致。画出决策树,比较三个方案的净现值,决定采用 A、B、C 哪个方案更合适。

分析要点:

问题 1 考核互斥方案选择的基本比较方法。

问题 2 考核费用效率法，需综合考虑社会、环境因素的成本及效益。

问题 3 和问题 4 已知三个方案的净现金流量和概率，可采用决策树法进行分析决策。由于 C 方案需分为前 5 年和后 15 年两个阶段考虑，是一个两级决策问题，相应地，在决策树中有两个决策点，这是在画决策树时需注意的。

本案例的难点在于 C 方案期望值的计算。需二次折现，即后 15 年的净现金流量按年金现值计算后，还要按一次支付现值系数折现到前 5 年初。

答案：

问题 1：

解：

1. 计算各方案的净年值并进行比选：

A 方案的净年值 $= 270 - 1000 \times (A/P，10\%，20) - 30 = 122.54$（万元）

B 方案的净年值 $= 360 - 1500 \times (A/P，10\%，20) - 50 = 133.81$（万元）

C 方案的净年值 $= 100 - 10 = 90.00$（万元）

由于 B 方案的净年值最大，故应选择 B 方案。

2. 计算各方案的静态投资回收期并进行比选：

A 方案的静态投资回收期 $= 1000 \div (270 - 30) = 4.17$（年）

B 方案的静态投资回收期 $= 1500 \div (360 - 50) = 4.84$（年）

可见，A 方案的静态投资回收期更短。

问题 2：

解：

1. A 方案：

年度寿命周期成本 $= 1000 \times (A/P，10\%，20) + 30 + 1 = 148.46$（万元）

年度费用效率 $= 270 \div 148.46 = 1.82$

2. B 方案：

年度寿命周期成本 $= 1500 \times (A/P，10\%，20) + 50 + 20 = 246.19$（万元）

年度费用效率 $= (360 + 10) \div 246.19 = 1.50$

3. 方案选择：

由于 1.82>1.50，故考虑社会、环境因素后，A 方案更好一些。

问题 3：

解：

1. 确定各方案净年值的期望值为：

（1）A 方案：$(300 \times 0.2 + 270 \times 0.7 + 240 \times 0.1) - 1000 \times (A/P，10\%，20) - 30$

　　　　　　　　=125.54（万元）

（2）B方案：（390×0.15+360×0.6+300×0.25）-1500×(*A/P*，10%，20)-50

　　　　　　　　=123.31（万元）

（3）C方案：（120×0.25+100×0.65+80×0.1）-10=93.00（万元）

2. 确定选择方案：由于A方案净年值的期望值最大，故应选择A方案。

问题4：

解：

　　1. 根据背景资料所给出的条件画出决策树，标明各方案的概率和租金收入，如图2-2所示。

图2-2 决策树

　　2. 计算二级决策点各备选方案的期望值并做出决策：

（1）机会点④的期望值：（300×0.2+270×0.7+240×0.1-30）×(*P/A*，10%，15)-1000

　　　　　　　　=243×7.6061-1000=848.28（万元）

（2）机会点⑤的期望值：（390×0.15+360×0.6+300×0.25-50）×(*P/A*，10%，15)-1500

　　　　　　　　=299.50×7.6061-1500=778.03（万元）

（3）机会点⑥的期望值：93.00×(*P/A*，10%，15)

　　　　　　　　=93.00×7.6061=707.37（万元）

（4）确定采用 5 年后的决策方案：由于机会点④的期望值大于机会点⑤、⑥的期望值，因此应采用 5 年后可考虑改建为商业仓库出租。

3. 计算一级决策点各备选方案的期望值并做出决策：

（1）机会点①的期望值：$(300×0.2+270×0.7+240×0.1-30)×(P/A,10\%,20)-1000.00$

$$=243×8.5136-1000=1068.80（万元）$$

（2）机会点②的期望值：$(390×0.15+360×0.6+300×0.25-50)×(P/A,10\%,20)-1500.00$

$$=299.50×8.5136-1500.00=1049.82（万元）$$

（3）机会点③的期望值：$(100-10)×(P/A,10\%,5)+848.28×(P/F,10\%,5)$

$$=90×3.7908+848.28×0.6209=867.87（万元）$$

（4）确定最优决策方案

由于机会点①的期望值最大，故应采用改建加固为 A 方案商业仓库。

【案例十二】

背景：

某工程双代号施工网络进度计划如图 2-3 所示，该进度计划已经监理工程师审核批准，合同工期为 23 个月。

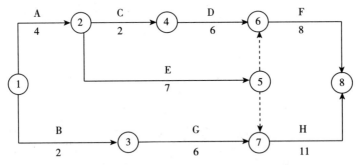

图 2-3　双代号施工网络进度计划

问题：

1. 该施工网络进度计划的计算工期为多少个月？关键工作有哪些？

2. 计算工作 B、C、G 的总时差和自由时差。

3. 如果工作 C 和工作 G 需共用一台施工机械且只能按先后顺序施工（工作 C 和工作 G 不能同时施工），该施工网络进度计划应如何调整较合理？

分析要点：

本案例考核网络进度计划的有关问题。

问题 1 考核网络进度计划关键线路和总工期的确定。

问题 2 考核网络进度计划时间参数的计算。

问题 3 考核网络进度计划在资源限定条件下的调整以及按工期要求对可行的调整方案的比选。在这一问题中，涉及工作之间的逻辑关系、网络图的绘制原则、节点编号的确定以及虚工作的运用，如图 2-5、图 2-6 所示。

网络进度计划的调整不仅可能改变总工期，而且可能改变关键线路。本案例在设置网络进度计划各工作的逻辑关系和持续时间时，特别使两个调整方案的关键线路和总工期均与原网络进度计划不同，而且互不相同。

需要特别指出的是，问题 3 需按要求重新绘制网络进度计划，通过计算比较工期长短后才能得出正确答案。不能简单地认为，由于在原网络进度计划中 G 工作之后是关键工作，因而应当先安排 G 工作再安排 C 工作。

答案：

问题 1：

解：按工作计算法，对该网络进度计划工作最早时间参数进行计算：

1. 工作最早开始时间 ES_{i-j}。

$ES_{1-2} = ES_{1-3} = 0$

$ES_{2-4} = ES_{2-5} = ES_{1-2} + D_{1-2} = 0 + 4 = 4$

$ES_{3-7} = ES_{1-3} + D_{1-3} = 0 + 2 = 2$

$ES_{4-6} = ES_{2-4} + D_{2-4} = 4 + 2 = 6$

$ES_{6-8} = \max\{(ES_{2-5} + D_{2-5}),\ (ES_{4-6} + D_{4-6})\} = \max\{(4+7),\ (6+6)\} = 12$

$ES_{7-8} = \max\{(ES_{2-5} + D_{2-5}),\ (ES_{3-7} + D_{3-7})\} = \max\{(4+7),\ (2+6)\} = 11$

2. 工作最早完成时间 EF_{i-j}。

$EF_{1-2} = ES_{1-2} + D_{1-2} = 0 + 4 = 4$

$EF_{1-3} = ES_{1-3} + D_{1-3} = 0 + 2 = 2$

……

$EF_{6-8} = ES_{6-8} + D_{6-8} = 12 + 8 = 20$

$EF_{7-8} = ES_{7-8} + D_{7-8} = 11 + 11 = 22$

上述计算也可直接在图上进行，其计算结果如图 2-4 所示。该网络进度计划的计算工期为：

$$T_c = \max\{EF_{6-8},\ EF_{7-8}\} = \max\{20,\ 22\} = 22(月)。$$

关键路线为所有线路中最长的线路，其长度等于 22 个月。从图 2-4 可见，关键线路为 1-2-5-7-8，关键工作为 A、E、H。不必将所有工作总时差计算出来后，再来确定关

图 2-4　施工网络进度计划工期计算

键工作。

问题 2：

解：按工作计算法，对该网络进度计划工作最迟时间参数进行计算：

1. 工作最迟完成时间 LF_{i-j}。

$$LF_{6-8} = LF_{7-8} = T_c = 22$$

$$LF_{4-6} = LF_{6-8} - D_{6-8} = 22 - 8 = 14$$

……

$$LF_{2-5} = \min\{(LF_{6-8} - D_{6-8}),\ (LF_{7-8} - D_{7-8})\}$$
$$= \min\{(22-8),\ (22-11)\} = \min\{14,\ 11\} = 11$$

……

2. 工作最迟开始时间 LS_{i-j}。

$$LS_{6-8} = LF_{6-8} - D_{6-8} = 22 - 8 = 14$$

$$LS_{7-8} = LF_{7-8} - D_{7-8} = 22 - 11 = 11$$

……

$$LS_{2-5} = LF_{2-5} - D_{2-5} = 11 - 7 = 4$$

……

上述计算也可直接在图上进行，其结果如图 2-4 所示。利用前面的计算结果，根据总时差和自由时差的定义，可以进行如下计算：

工作 B：$TF_{1-3} = LS_{1-3} - ES_{1-3} = 3 - 0 = 3$　　　$FF_{1-3} = ES_{3-7} - EF_{1-3} = 2 - 2 = 0$

工作 C：$TF_{2-4} = LS_{2-4} - ES_{2-4} = 6 - 4 = 2$　　　$FF_{2-4} = ES_{4-6} - EF_{2-4} = 6 - 6 = 0$

工作 G：$TF_{3-7} = LS_{3-7} - ES_{3-7} = 5 - 2 = 3$　　　$FF_{3-7} = ES_{7-8} - EF_{3-7} = 11 - 8 = 3$

总时差和自由时差计算也可直接在图上进行，标注在相应位置，如图 2-4 所示。本题中未计算其他工作的总时差和自由时差。

问题 3：

解：工作 C 和工作 G 共用一台施工机械且需按先后顺序施工时，有两种可行的方案：

1. 方案一：按先 C 后 G 顺序施工，调整后网络进度计划如图 2-5 所示。

按工作计算法，只需计算各工作的最早开始时间和最早完成时间，如图 2-5 所示，即可求得计算工期：

$T_1 = \max\{EF_{6-8}, EF_{7-8}\} = \max\{20, 23\} = 23$（月），关键路线为 1-2-3-4-7-8。

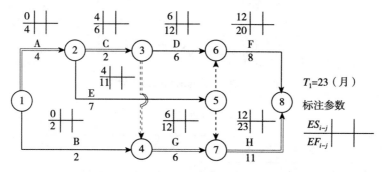

图 2-5 先 C 后 G 顺序施工网络进度计划

2. 方案二：按先 G 后 C 顺序施工，调整后网络进度计划如图 2-6 所示。按工作计算法，只需计算各工作的最早开始时间和最早完成时间，如图 2-6 所示，即可求得计算工期：

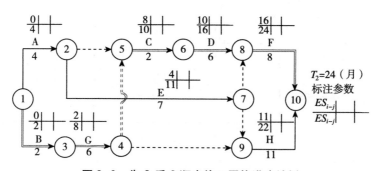

图 2-6 先 G 后 C 顺序施工网络进度计划

$T_2 = \max\{EF_{8-10}, EF_{9-10}\} = \max\{24, 22\} = 24$（月），关键线路为 1-3-4-5-6-8-10。

通过上述两方案的比较，方案一的工期比方案二的工期短，且满足合同工期的要求。因此，应按先 C 后 G 的顺序组织施工较为合理。

【案例十三】

背景：

根据工作之间的逻辑关系，某工程施工网络进度计划如图 2-7 所示。

该工程有两个施工组织方案，相应的各工作所需的持续时间和费用见表 2-30。在施工合同中约定：合同工期为 271d，工期延误 1d 罚 0.5 万元，提前 1d 奖 0.5 万元。

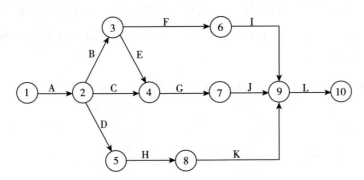

图 2-7　某工程施工网络进度计划

表 2-30　　　　　　　　　　　　　　　　基础资料表

工　作	施工组织方案Ⅰ		施工组织方案Ⅱ	
	持续时间/d	费用/万元	持续时间/d	费用/万元
A	30	13	28	16
B	46	20	42	22
C	28	10	28	10
D	40	19	39	19.5
E	50	23	48	23.5
F	38	13	38	13
G	59	25	55	28
H	43	18	43	18
I	50	24	48	25
J	39	12.5	39	12.5
K	35	15	33	16
L	50	20	49	21

问题：

1. 分别计算两种施工组织方案的工期和综合费用并确定其关键线路。

2. 如果对该工程采用混合方案组织施工，应如何组织施工较经济？相应的工期和综合费用各为多少？（在本题的解题过程中不考虑工作持续时间变化对网络进度计划关键线路的影响）

分析要点：

本案例考核施工组织方案的比选原则和方法以及在费用最低的前提下对施工进度计

划（网络进度计划）的优化。

问题1涉及关键线路的确定和综合费用的计算。若题目不要求计算网络进度计划的时间参数，而仅仅要求确定关键线路，则并不一定要通过计算网络进度计划的时间参数，按总时差为零的工作所组成的线路来确定关键线路；而可先列出网络进度计划中的所有线路，再分别计算各线路的长度，其中最长的线路即为关键线路。

所谓综合费用，是指施工组织方案本身所需的费用与根据该方案计算工期和合同工期的差额所产生的工期奖罚费用之和，其数值大小是选择施工组织方案的重要依据。

问题2实际上是对施工进度计划的优化。采用混合方案组织施工有以下两种可能性：一是关键工作采用方案Ⅱ（工期较短），非关键工作采用方案Ⅰ（费用较低）组织施工；二是在方案Ⅰ的基础上，按一定的优先顺序压缩关键线路。通过比较以上两种混合组织施工方案的综合费用，取其中费用较低者付诸实施。

由于该工程非关键线路的时差天数很多，非关键工作持续时间少量延长或关键工作持续时间少量压缩不改变网络进度计划的关键线路，因此，本题出于简化计算的考虑，在解题过程中不考虑工作持续时间变化对网络进度计划关键线路的影响。但是，在实际组织施工时，要注意原非关键工作延长后可能成为关键工作，甚至可能使计划工期（未必是合同工期）延长；而关键工作压缩后可能使原非关键工作成为关键工作，从而改变关键线路或形成多条关键线路。需要说明的是，按惯例，施工进度计划应提交给监理工程师审查，不满足合同工期要求的施工进度计划是不会被批准的。因此，从理论上讲，当原施工进度计划不满足合同工期要求时，即使压缩费用大于工期奖，也必须压缩（当然，实际操作时，承包商仍可能宁可承受工期拖延罚款而按费用最低的原则组织施工）。另外还要注意，两种方案的关键线路可能不同，在解题时要注意加以区分。

答案：

问题1：

解：分析图2-7中的施工网络进度计划可知，该网络进度计划共有四条线路，即：

线路1：1-2-3-6-9-10

线路2：1-2-3-4-7-9-10

线路3：1-2-4-7-9-10

线路4：1-2-5-8-9-10

1. 按方案Ⅰ组织施工，将表2-30中各工作的持续时间标在网络图上，如图2-8所示。

图2-8中四条线路的长度分别为：

$t_1 = 30+46+38+50+50 = 214$（d）

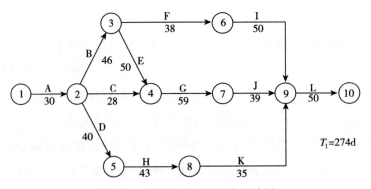

图2-8 方案 I 施工网络进度计划

$t_2 = 30+46+50+59+39+50 = 274$（d）

$t_3 = 30+28+59+39+50 = 206$（d）

$t_4 = 30+40+43+35+50 = 198$（d）

可见，关键线路为 1-2-3-4-7-9-10，计算工期 $T_1 = 274$d。

将表2-30中各工作的费用相加，得到方案 I 的总费用为 212.5 万元，则其综合费用 $C_1 = 212.5 + (274-271) \times 0.5 = 214$（万元）。

2. 按方案 II 组织施工，将表2-30中各工作的持续时间标在网络图上，如图2-9所示。

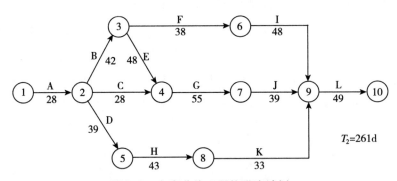

图2-9 方案 II 施工网络进度计划

图2-9中四条线路的长度分别为：

$t_1 = 28+42+38+48+49 = 205$（d）

$t_2 = 28+42+48+55+39+49 = 261$（d）

$t_3 = 28+28+55+39+49 = 199$（d）

$t_4 = 28+39+43+33+49 = 192$（d）

所以，关键线路仍为 1-2-3-4-7-9-10，计算工期 $T_2 = 261$d。

将表2-30中各工作的费用相加，得到方案 II 的总费用为 224.5 万元，则其综合费用 $C_2 = 224.5 + (261-271) \times 0.5 = 219.5$（万元）。

问题2：

解：

1. 关键工作采用方案Ⅱ，非关键工作采用方案Ⅰ

即关键工作 A、B、E、G、J、L 执行方案Ⅱ的工作时间，保证工期为 261d；非关键工作执行方案Ⅰ的工作时间，而其中费用较低的非关键工作有：$t_D = 40d$，$c_D = 19$ 万元；$t_I = 50d$，$c_I = 24$ 万元；$t_K = 35d$，$c_K = 15$ 万元。则，按此方案混合组织施工的综合费用为：

$$C' = 219.5 - (19.5 - 19) - (25 - 24) - (16 - 15) = 217 \text{（万元）}$$

2. 在方案Ⅰ的基础上，按压缩费用从少到多的顺序压缩关键线路

（1）计算各关键工作的压缩费用

关键工作 A、B、E、G、L 每压缩一天的费用分别为 1.5、0.5、0.25、0.75、1.0（万元）。

（2）先对压缩费用小于工期奖的工作压缩，即压缩工作 E 2d，但工作 E 压缩后仍不满足合同工期要求，故仍需进一步压缩；再压缩工作 B 4d，则工期为 268（274-2-4）d，相应的综合费用为：

$$C'' = 212.5 + 0.25 \times 2 + 0.5 \times 4 + (268 - 271) \times 0.5 = 213.5 \text{（万元）}$$

因此，应在方案Ⅰ的基础上压缩关键线路来组织施工，相应的工期为 268d，相应的综合费用为 213.5 万元。

【案例十四】

背景：

已知某工程的网络进度计划如图 2-10 所示，箭线上方括号外为正常工作时间直接费（万元），括号内为最短工作时间直接费（万元），箭线下方括号外为正常工作持续时间（d），括号内为最短工作持续时间（d）。正常工作时间的间接费为 15.8 万元，间接费率为 0.20 万元/d。

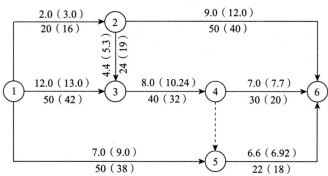

图 2-10　网络进度计划图

问题：

1. 确定该工程的关键线路，并计算正常工期和总费用。

2. 确定该工程的总费用最低时所对应的工期和最低总费用。

3. 建设方提出若用98d完成该项目，可得奖励6000元，对施工方是否有利？相对于正常工期下的总费用，施工方节约（或超支）多少费用？

分析要点：

网络进度计划所涉及的总费用是由直接费和间接费两部分组成。直接费由人工费、材料费和机械费组成，它随工期的缩短而增加；间接费属于管理费范畴，它随工期的缩短而减小。两者进行叠加，必有一个总费用最少的工期，这就是费用优化所要寻求的目标。

费用优化的目的：一是计算出工程总费用最低时相对应的总工期，一般用在计划编制过程中；另一目的是求出在规定工期条件下最低费用，一般用在计划实施调整过程中。

费用优化的基本思路：不断地在网络进度计划中找出直接费用率（或组合直接费用率）最小的关键工作，缩短其持续时间，同时考虑间接费随工期缩短而减小的数值，最后求得工程费用最低时相应的最优工期或工期指定时相应的最低工程费用。

费用优化的步骤：

1. 按工作的正常持续时间确定计算工期和关键线路。

2. 算出各项工作的直接费用率。

3. 在网络进度计划中找出直接费率（或组合直接费率）最低的一项关键工作（或一组关键工作），作为压缩的对象。

4. 压缩被选择的关键工作（或一组关键工作）的持续时间，其压缩值必须保证所在的关键线路仍然为关键线路，同时，压缩后的工作持续时间不能小于最短工作持续时间。

5. 计算关键工作持续时间缩短后的总费用值。

6. 重复以上步骤3~5，直至计算工期满足要求工期或被压缩对象的直接费用率（或组合直接费率）大于工程间接费用率为止。

这里应注意在第4步中，当需要缩短关键工作的持续时间时，其缩短值的确定必须符合下列两条原则：①缩短后工作的持续时间不能小于其最短工作持续时间；②缩短持续时间的工作不能变成非关键工作。

答案：

问题1：

解：

1. 确定关键线路：

该网络进度计划有六条线路，其线路长度分别为：

线路1：1-2-6 　　　　　　$T=20+50=70$（d）

线路2：1-2-3-4-6 　　　　$T=20+24+40+30=114$（d）

线路3：1-2-3-4-5-6 　　　$T=20+24+40+22=106$（d）

线路4：1-3-4-6 　　　　　$T=50+40+30=120$（d）

线路5：1-3-4-5-6 　　　　$T=50+40+22=112$（d）

线路6：1-5-6 　　　　　　$T=50+22=72$（d）

可知：关键线路为1-3-4-6，计算工期为120d。

2. 计算正常工期下的工程总费用：

总费用=直接费+间接费=（2.0+12.0+7.0+4.4+9.0+8.0+7.0+6.6）+15.8=71.80（万元）

问题2：

解：

1. 计算各工作的直接费率，见表2-31。

表2-31　　　　　　　　　　　各工作的直接费率计算表

工作代号	最短时间直接费-正常时间直接费 /万元	正常持续时间-最短持续时间 /d	直接费率 /(万元/d)
1-2	3.0-2.0	20-16	0.250
1-3	13.0-12.0	50-42	0.125
1-5	9.0-7.0	50-38	0.167
2-3	5.3-4.4	24-19	0.180
2-6	12.0-9.0	50-40	0.300
3-4	10.24-8.0	40-32	0.280
4-6	7.7-7.0	30-20	0.070
5-6	6.92-6.6	22-18	0.080

2. 第一次压缩：

在关键线路上，对比工作1-3、3-4、4-6工作的直接费率，工作4-6的直接费率最小，可压缩10d，压缩后再找出关键线路，原关键工作4-6变为非关键工作，所以，只能将工作4-6的工作时间压缩8d，使得工作4-6仍为关键工作，同时，4-5、5-6也变为关键工作，如图2-11所示。

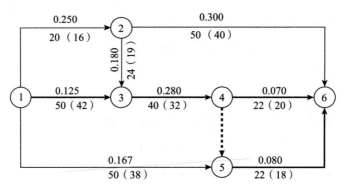

图 2-11　第一次压缩后的网络图

第一次压缩工期 8d，压缩后的工期为 120−8＝112（d）；

压缩后的总费用＝71.80+0.070×8−0.2×8＝70.76（万元）。

3. 第二次压缩：

方案 1：压缩工作 1-3，直接费用率为 0.125 万元/d；

方案 2：压缩工作 3-4，直接费用率为 0.280 万元/d；

方案 3：同时压缩工作 4-6 和 5-6，组合直接费用率为（0.070+0.080）＝0.150（万元/d）。

故选择压缩工作 1-3，可压缩 8d，但压缩后，工作 1-3 变为非关键工作，只能将工作 1-3 压缩 6d，使得工作 1-3 仍为关键工作，同时，工作 1-2、2-3 变为关键工作，如图 2-12 所示。

第二次压缩工期 6d，压缩后的工期为 112−6＝106（d）

压缩后的总费用＝70.76+0.125×6−0.20×6＝70.31（万元）。

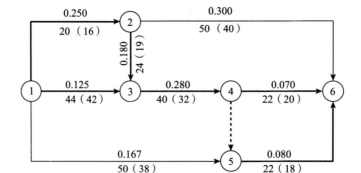

图 2-12　第二次压缩后的网络图

4. 第三次压缩：

方案 1：同时压缩工作 1-2、1-3，组合费率为 0.250+0.125＝0.375（万元/d）；

方案 2：同时压缩工作 1-3、2-3，组合费率为 0.125+0.180＝0.305（万元/d）；

方案 3：压缩工作 3-4，直接费率为 0.280 万元/d；

方案 4：同时压缩工作 4-6 和 5-6，组合费率为 0.070+0.080＝0.150（万元/d）。

经比较，应采取方案 4，只能将它们压缩到两者最短工作时间的最大值，即 20d，压缩 2d，如图 2-13 所示。

第三次压缩工期 2d，得到了费用最低的优化工期 106-2＝104d。如果继续压缩，只能选取方案 3，而方案 3 的直接费率为 0.280 万元/d，大于间接费率 0.20 万元/d，会导致总费用上升。

压缩后的总费用 70.31+0.150×2-0.20×2＝70.21（万元）。

问题 3：

解：根据问题 2 的计算结果，在第三次压缩后，再进行压缩时只能选择压缩工作 3-4，可压缩 8d，若满足建设方要求，仅压缩 104-98＝6（d）即可，压缩 6d 的费用增加值为：0.280×6-0.20×6＝0.48（万元）。业主若奖励 0.60 万元>0.48 万元，对施工方是有利的。

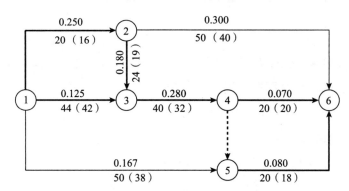

图 2-13　第三次压缩后的网络图

工期为 98d 时的总费用（扣除奖励）为：70.21+0.48-0.6＝70.09（万元）。

相对于正常工期下的总费用 71.80 万元，施工方可节约费用 71.80-70.09＝1.71（万元）。

【案例十五】

背景：

某市拟建一幢楼作为社会保障服务中心，其建筑面积为 8650m²，该中心的供暖热源拟由社会热网公司提供，室内供暖方式可以考虑两种：方案 A 为散热器供暖、方案 B 为低温地热辐射（地热盘管）供暖。有关投资和费用资料如下：

（1）一次性支付社会热网公司入网费 60 元/m²，每年缴纳外网供暖费用为 28 元/m²（其中包含应由社会热网公司负责的室内外维修支出费用 5 元/m²）。

（2）方案 A 的室内外工程初始投资为 110 元/m²；每年日常维护管理费用 5 元/m²。

（3）方案 B 的室内外工程初始投资为 130 元/m²；每年日常维护管理费用 6 元/m²；该方案应考虑室内有效使用面积增加带来的效益（按每年 2 元/m² 计算）。

（4）不考虑建设期的影响，初始投资设在期初。两个方案的使用寿命均为 50 年，大修周期均为 15 年，每次大修费用均为 16 元/m²。不计残值，基准收益率为 6% 的现值系数见表 2-32。

表 2-32　　　　　　　　　　　　　现值系数表

系数	n								
	10	15	20	25	30	35	40	45	50
$(P/A, 6\%, n)$	7.3601	9.7122	11.4699	12.7834	13.7648	14.4982	15.0463	15.4558	15.7619
$(P/F, 6\%, n)$	0.5584	0.4173	0.3118	0.2330	0.1741	0.1301	0.0972	0.0727	0.0543

问题：

1. 分别计算方案 A、B 的初始投资费用、年运行费用、每次大修费用。

2. 绘制方案 B 的全寿命周期费用现金流量图，并计算其费用现值。

3. 经有关专家分析，在采用新技术应用的基础上提出了新方案 C，即供暖热源采用地下水源热泵，室内供热为集中空调（同时也用于夏季供冷）。其初始工程投资为 280 元/m²；每年地下水资源费用为 10 元/m²，每年用电及维护管理等费用 45 元/m²；大修周期 10 年，每次大修费 15 元/m²，使用寿命为 50 年，不计残值。该方案应考虑室内有效使用面积增加和冬季供暖、夏季制冷使用舒适度带来的效益（按每年 6 元/m² 计算）。初始投资和每年运行费用、大修费用及效益均按 60% 为供暖，40% 为制冷，试在方案 B、C 中选择较经济的方案。

分析要点：

本案例是典型的设计方案的技术经济分析问题。三种建筑供暖方案拥有不同的初始投资、年运行费用和大修费用，需要在考虑资金时间价值的情况下利用技术经济分析的费用现值或费用年值方法选择费用最低的方案。

这类问题要求能够根据题意正确识别并计算每一种方案的初始投资、年运行费用和每次大修费用；要求能够正确确定每一个方案在全寿命周期内的每一笔现金流量，例如能够正确确定寿命周期内需要进行的大修理次数和大修理发生的时点；要求能够理解不同方案的功能差异，方案评价计算中能够根据题意正确考虑不同方案的不同功能所带来的折算效益。

答案：

问题 1：

解：

1. 计算方案 A 初始投资费用、年运行费用、每次大修费用：

初始投资费用：$W_A = 60×8650+110×8650 = 147.05$（万元）

年运行费用：$W_{A'} = 28×8650+5×8650 = 28.545$（万元）

每次大修费用：$16×8650 = 13.84$（万元）

2. 计算方案 B 初始投资费用、年运行费用、每次大修费用：

初始投资总费用：$W_B = 60×8650+130×8650 = 164.35$（万元）

年运行费用：$W_{B'} = 28×8650+(6-2)×8650 = 27.68$（万元）

每次大修费用：$16×8650 = 13.84$（万元）

问题 2：

解：

1. 方案 B 的全寿命周期费用现金流量图，如图 2-14 所示：

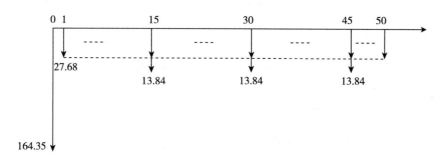

图 2-14　方案 B 的全寿命周期费用现金流量图

2. 计算方案 B 的费用现值：

$$P_B = 27.68×(P/A，6\%，50)+13.84×(P/F，6\%，15)+13.84×(P/F，6\%，30)+$$
$$\quad 13.84×(P/F，6\%，45)+164.35$$
$$\quad = 27.68×15.7619+13.84×0.4173+13.84×0.1741+13.84×0.0727+164.35$$
$$\quad = 609.83（万元）$$

问题 3：

解：

1. 计算方案 C 初始投资费用、年运行费用、每次大修费用：

（1）初始投资费用：$W_C = 280×8650×60\% = 145.32$（万元）

（2）年运行费用：$W_{C'} = (10×8650+45×8650-6×8650)×60\% = 25.431$（万元）

（3）每次大修费用：$15 \times 8650 \times 60\% = 7.785$（万元）

2. 计算方案 C 的费用现值

$P_C = 25.431 \times (P/A, 6\%, 50) + 7.785 \times (P/F, 6\%, 10) + 7.785 \times (P/F, 6\%, 20) +$

$\qquad 7.785 \times (P/F, 6\%, 30) + 7.785 \times (P/F, 6\%, 40) + 145.32$

$\qquad = 25.431 \times 15.7619 + 7.785 \times 0.5584 + 7.785 \times 0.3118 + 7.785 \times 0.1741 +$

$\qquad 7.785 \times 0.0972 + 145.32$

$\qquad = 555.05$（万元）

3. 方案选择

由于费用现值 $P_C < P_B$，故选择方案 C。

【案例十六】

背景：

某建设单位通过招标与某施工单位签订了施工合同，该合同中部分条款如下：

1. 合同总价为 5880 万元，其中基础工程 1600 万元，上部结构工程 2880 万元，装饰装修工程 1400 万元；

2. 合同工期为 15 个月，其中基础工程工期为 4 个月，上部结构工程工期为 9 个月，装饰装修工程工期为 5 个月；上部结构工程与装饰装修工程工期搭接 3 个月；

3. 工期提前奖为 30 万元/月，误期损害赔偿金为 50 万元/月，均在最后 1 个月结算时一次性结清；

4. 每月工程款于次月初提交工程款支付申请表，经工程师审核后于第 3 个月末支付。

施工企业在签订合同后，经企业管理层和项目管理层分析和计算，基础工程和上部结构工程均可压缩工期 1 个月，但需分别在相应分部工程开始前增加技术措施费 25 万元和 40 万元。

假定各分部工程每月完成的工作量相同且能及时收到工程款，基准收益月利率按 1% 考虑，现值系数见表 2-33。

表 2-33　　　　　　　　　现值系数表

系数	n							
	2	3	4	5	8	9	10	13
$(P/A, 1\%, n)$	1.970	2.941	3.902	4.853	7.625	8.566	9.471	12.134
$(P/F, 1\%, n)$	0.980	0.971	0.961	0.951	0.923	0.914	0.905	0.879

问题：

1. 从施工单位的角度绘制仅压缩基础工程工期施工方案的现金流量图。

2. 若不考虑资金的时间价值，施工单位应选择（　　）的施工方案组织施工。

A. 不压缩工期 　　　　　　　　　　　B. 仅压缩基础工程工期

C. 仅压缩上部结构工期 　　　　　　　D. 同时压缩基础工程和上部结构工期

3. 若按合同工期组织施工，该施工单位工程款的现值为（　　）万元（以开工日为折现点）。

A. 5317.01 　　　　B. 5424.77 　　　　C. 5369.52 　　　　D. 5264.68

4. 若考虑资金的时间价值，仅压缩基础工程施工工期，其工程款现值为（　　）万元。

A. 5362.07 　　　　B. 5473.23 　　　　C. 5476.48 　　　　D. 5311.07

5. 若考虑资金的时间价值，仅压缩上部结构的施工工期，其工程款现值为（　　）万元。

A. 5428.38 　　　　B. 5320.04 　　　　C. 5432.02 　　　　D. 5267.44

6. 若考虑资金的时间价值，同时压缩基础工程和上部结构的施工工期，其工程款现值为（　　）万元。

A. 5477.03 　　　　B. 5372.40 　　　　C. 5365.22 　　　　D. 5464.18

7. 若考虑资金的时间价值，施工单位应选择（　　）的施工方案组织施工。

A. 不压缩工期 　　　　　　　　　　　B. 仅压缩基础工程工期

C. 仅压缩上部结构工期 　　　　　　　D. 同时压缩基础工程和上部结构工期

分析要点：

本案例是从施工单位的角度分别分析在不考虑资金时间价值和考虑资金时间价值的条件下，对施工方案进行优选。

本案例问题 3～问题 6 中各施工方案的现金流量图是解题的前提条件。

绘制现金流量图的关键是要结合工程实际准确地判断出每一笔现金流量发生的时间点，题目的背景资料中有些现金流量是明确的，而还有一些情况下是需要考生根据题目要求自己分析判断的。

另外，利用资金时间价值系数表进行计算时，当遇到表中数据缺乏时，在计算时应能自行计算相应系数。

答案：

问题 1：

解：

$A_1 = 1600 \div 3 = 533.33$（万元/月）

$A_2 = 2880 \div 9 = 320$（万元/月）

$A_3 = 1400 \div 5 = 280$（万元/月）

绘制只加快基础工程施工方案的现金流量图，如图 2-15 所示。

图 2-15　只加快基础工程施工方案的现金流量图

问题 2：B

解析：若不考虑资金时间价值，施工单位应选择只加快基础工程的施工方案。

因为基础工程加快 1 个月，增加的措施费为 25 万元，小于工期提前奖 30 万元/月，而上部结构工程加快 1 个月增加的措施费为 40 万元，大于工期提前奖 30 万元/月。

问题 3：A

解析：

$A_1 = 1600 \div 4 = 400$（万元/月）

$A_2 = 2880 \div 9 = 320$（万元/月）

$A_3 = 1400 \div 5 = 280$（万元/月）

$$PV = A_1 \times (P/A,\ 1\%,\ 4) \times (P/F,\ 1\%,\ 2) + A_2 \times (P/A,\ 1\%,\ 9) \times$$
$$(P/F,\ 1\%,\ 6) + A_3 \times (P/A,\ 1\%,\ 5) \times (P/F,\ 1\%,\ 12)$$
$$= 400 \times 3.902 \times 0.980 + 320 \times 8.566 \times 1.01^{-6} + 280 \times 4.853 \times 1.01^{-12}$$
$$= 5317.01 \text{（万元）}$$

问题 4：A

解析：

只加快基础工程施工方案的现金流现值

$$PV_1 = A_1 \times (P/A,\ 1\%,\ 3) \times (P/F,\ 1\%,\ 2) + A_2 \times (P/A,\ 1\%,\ 9) \times (P/F,\ 1\%,\ 5) +$$
$$A_3 \times (P/A,\ 1\%,\ 5) \times (P/F,\ 1\%,\ 11) + 30 \times (P/F,\ 1\%,\ 16) - 25$$
$$= 533.33 \times 2.941 \times 0.980 + 320 \times 8.566 \times 0.951 + 280 \times 4.853 \times 1.01^{-11} + 30 \times 1.01^{-16} - 25$$
$$= 5362.07 \text{（万元）}$$

问题 5：B

解析：

只加快上部结构工程施工方案的现金流现值

$A_1 = 1600 \div 4 = 400$（万元/月）

$A_2 = 2880 \div 8 = 360$（万元/月）

$A_3 = 1400 \div 5 = 280$（万元/月）

$PV_2 = A_1 \times (P/A, 1\%, 4) \times (P/F, 1\%, 2) + A_2 \times (P/A, 1\%, 8) \times (P/F, 1\%, 6) +$

$\quad A_3 \times (P/A, 1\%, 5) \times (P/F, 1\%, 11) + 30 \times (P/F, 1\%, 16) - 40 \times (P/F, 1\%, 4)$

$\quad = 400 \times 3.902 \times 0.980 + 360 \times 7.625 \times 1.01^{-6} + 280 \times 4.853 \times 1.01^{-11} +$

$\quad\quad 30 \times 1.01^{-16} - 40 \times 0.961$

$\quad = 5320.04$（万元）

问题 6：C

解析：

基础工程和上部结构工程均加快施工方案的现金流现值

$A_1 = 1600 \div 3 = 533.33$（万元/月）

$A_2 = 2880 \div 8 = 360$（万元/月）

$A_3 = 1400 \div 5 = 280$（万元/月）

$PV_3 = A_1 \times (P/A, 1\%, 3) \times (P/F, 1\%, 2) + A_2 \times (P/A, 1\%, 8) \times (P/F, 1\%, 5) +$

$\quad A_3 \times (P/A, 1\%, 5) \times (P/F, 1\%, 10) + 30 \times 2 \times (P/F, 1\%, 15) - 25 - 40 \times (P/F, 1\%, 3)$

$\quad = 533.33 \times 2.941 \times 0.980 + 360 \times 7.625 \times 0.951 + 280 \times 4.853 \times 0.905 + 30 \times 2 \times 1.01^{-15} -$

$\quad\quad 25 - 40 \times 0.971$

$\quad = 5365.22$（万元）

问题 7：D

解析：

根据问题 3~问题 6 的计算结果，因基础工程和上部结构工程均加快施工方案的现金流现值最大，故施工单位应选择基础工程和上部结构工程均加快的施工方案。

第三章 工程计量与计价

本章基本知识点：

1. 工程计量与计价相关法规、标准、规范的规定；
2. 建筑安装工程人工、材料、机械台班消耗指标的确定方法；
3. 概预算定额单价的组成、确定及换算方法；
4. 设计概算的编制方法；
5. 单位工程施工图预算的编制方法；
6. 建设工程工程量清单计量与计价方法。

【案例一】

背景：

某钢筋混凝土框架结构单层建筑物，层高 4.2m，建筑平面图、柱独立基础配筋图、柱网布置及配筋图、梁结构图、板结构图分别如图 3-1A、图 3-1B、图 3-1C、图 3-1D、图 3-1E 所示。柱顶的结构标高为 4.20m，外墙为 M5.0 混合砂浆砌筑的 240mm 厚蒸压加气混凝土砌块墙，墙体底部砌筑在顶面标高为 -0.20m 的钢筋混凝土基础梁上。M1 为 1900mm×3300mm 的铝合金平开门，C1 为 2100mm×2400mm 的铝合金推拉窗，C2 为 1200mm×2400mm 的铝合金推拉窗，C3 为 1800mm×2400mm 的铝合金推拉窗，窗台高 900mm。门窗洞口上方均设钢筋混凝土过梁，截面为 240mm×180mm，过梁两端各伸出洞边 250mm。已知该工程抗震设防烈度为 6 度，混凝土结构的抗震等级为四级，梁、板、柱的混凝土均采用 C30 预拌混凝土。钢筋的保护层厚度：板为 15mm，梁柱为 25mm，基础为 35mm。楼板厚有 150mm、100mm 两种。块料地面自下而上的做法依次为：素土夯实；300mm 厚 3：7 灰土夯实；60mm 厚 C15 素混凝土垫层；素水泥浆一道；25mm 厚 1：3 干硬性水泥砂浆结合层；800mm×800mm 全瓷地面砖水泥砂浆粘贴，白水泥砂浆擦缝。木质踢脚线高 150mm，基层为 9mm 厚胶合板，面层为榉木装饰板，上口钉木线。柱面的装饰做法为：木龙骨榉木饰面包方柱，木龙骨为 25mm×25mm，中距 300mm×300mm，基层为 9mm 厚胶合板，面层为 3mm 厚红榉木装饰板。天棚吊顶为轻钢龙骨矿棉板平面天棚，U 形轻钢龙骨中距为 450mm×450mm，面层为矿棉吸声板，吊顶底距离地面 3.4m。

图 3-1A　平面图

图 3-1B　柱独立基础配筋图

图 3-1C　柱网布置及配筋图

问题：

1. 依据《房屋建筑与装饰工程工程量计算标准》GB/T 50854-2024（简称《房建工程计量标准》）的要求计算该建筑物的砌块墙、钢筋混凝土柱、钢筋混凝土梁、实心楼板、过梁、柱面模板、梁模板、楼板模板、块料地面、木质踢脚线、柱面（包括靠墙柱）装饰及平面吊顶天棚的工程量。将计算过程及结果填入分部分项工程项目工程量计算表 3-1 中。

表 3-1　　　　　　　　　分部分项工程项目工程量计算表

序号	项目名称	单位	数量	计算过程

图 3-1D　梁结构图

2. 依据《房建工程计量标准》和《建设工程工程量清单计价标准》GB/T 50500-
2024（简称《清单计价标准》），编制该建筑物的砌块墙、钢筋混凝土柱、钢筋混凝土
梁、实心楼板、过梁、柱面模板、梁模板、楼板模板、块料地面、木质踢脚线、柱面（包
括靠墙柱）装饰及平面吊顶天棚的分部分项工程项目的工程量清单。分部分项工程项目
清单编码见表 3-2。

表 3-2　　　　　　　　　分部分项工程项目清单编码

项目编码	项目名称	项目编码	项目名称
010402001	砌块墙	010505006	梁模板
010502006	钢筋混凝土柱	010505007	楼板模板
010502011	钢筋混凝土梁	011102003	块料楼地面
010502013	实心楼板	011105005	木质踢脚线
010502023	过梁	011205001	墙、柱面装饰板
010505004	柱面模板	011302001	平面吊顶天棚

图 3-1E　板结构图

（未注明的板分布筋为Φ8@250）

3. 钢筋的理论重量见表 3-3，计算②轴线的 KL4、Ⓒ轴线相交于②轴线的 KZ1 中除了箍筋、腰筋、拉筋之外的其他钢筋工程量以及①~②与Ⓐ~Ⓑ之间的 LB1 中底部钢筋的工程量。将计算过程及结果填入钢筋工程量计算表 3-4 中。钢筋的锚固长度为 40d，钢筋接头为对头焊接。

表 3-3　　　　　　　　　　　　　　　　钢筋单位理论质量表

指标	钢筋直径/d					
	$\phi 8$	$\phi 10$	$\phi 12$	$\phi 20$	$\phi 22$	$\phi 25$
理论重量/(kg/m)	0.395	0.617	0.888	2.466	2.984	3.850

表 3-4　　　　　　　　　　　　钢筋工程量计算表

位置	型号及直径	钢筋图形	计算公式	根数	总根数	单长/m	总长/m	总重/kg
合计								

分析要点：

问题 1：依据《房建工程计量标准》对清单工程量计算的规定，掌握分部分项工程项目清单工程量的计算方法。

问题 2：依据《房建工程计量标准》和《清单计价标准》的规定和问题 1 的计算结果，编制相应分部分项工程项目清单，掌握项目特征描述的内容。

问题 3：按照《房建工程计量标准》计算各类构件的钢筋的工程量。考核钢筋混凝土结构中柱、梁、板的钢筋平面整体表示方法的识图和计算，识图方法按照《混凝土结构施工图平面整体表示方法制图规则和构造详图（现浇混凝土框架、剪力墙、梁、板）》22G101-1 的规定，柱插筋在基础中的锚固做法详见《混凝土结构施工图平面整体表示方法制图规则和构造详图（独立基础、条形基础、筏形基础及桩基承台）》22G101-3 的规定。

答案：

问题 1：

解：该建筑物的砌块墙、钢筋混凝土柱、钢筋混凝土梁、实心楼板、过梁、柱面模板、梁模板、楼板模板、块料地面、本质踢脚线、柱面（包括靠墙柱）装饰及平面吊顶天棚的工程量，计算过程见表 3-5。

表 3-5　　　　　　　　　　分部分项工程项目工程量计算表

序号	项目名称	单位	数量	计算过程
1	砌块墙	m³	29.41	1.1 长度：$L=(15.0+13.2)\times2-(0.5\times10)$（扣柱）$=51.40$（m） 1.2 高度：$H=4.2+0.2-0.6$(梁的高度)$=3.80$（m） 1.3 扣洞口面积：$1.9\times3.3\times1+2.1\times2.4\times8+1.2\times2.4\times1+1.8\times2.4\times4=66.75$（m²） 1.4 扣过梁体积：1.45m³ 1.5 墙体体积：$V=(51.40\times3.8-66.75)\times0.24-1.45=29.41$（m³）

续表

序号	项目名称	单位	数量	计算过程
2	钢筋混凝土柱	m³	16.50	2.1 柱高：$H=4.2+（1.8-0.5）=5.5$（m） 2.2 截面积：$0.5×0.5=0.25$（m²） 2.3 数量：$n=12$ 2.4 体积：$V=0.25×5.5×12=16.50$（m³）
3	钢筋混凝土梁	m³	16.40	3.1 KL1：$0.3×0.6×（15-0.5×2）×2=5.04$（m³） 3.2 KL2：$0.3×0.6×（15-0.5×2）×2=5.04$（m³） 3.3 KL3：$0.3×0.6×（13.2-0.5×3）×2=4.212$（m³） 3.4 KL4：$0.3×0.6×（13.2-0.5×3）=2.106$（m³） 合计$=16.40$m³
4	实心楼板	m³	25.78	4.1 150 厚板：$（7.5-0.15-0.05）×（5.4-0.15-0.05）×0.15×4=22.776$（m³） 4.2 100 厚板：$（7.5-0.15-0.05）×（2.4-0.15-0.15）×0.10×2=3.066$（m³） 合计$=25.84$（m³） 4.3 扣柱占位体积：$（0.2×0.2×4+0.2×0.1×8+0.1×0.1×4）×0.15+（0.2×0.1×4+0.1×0.1×4）×0.10=0.066$（m³） 合计：$=22.776+3.066-0.066=25.78$（m³）
5	过梁	m³	1.45	5.1 截面积：$S=0.24×0.18=0.043$（m²） 5.2 总长度：$L=（2.1+0.25×2）×8+（1.2+0.25×2）×1+（1.8+0.25×2）×4+1.9×1=33.60$（m） 5.3 体积：$V=S×L=0.043×33.6=1.45$（m³）
6	柱面模板	m²	124.96	6.1 柱净高面积：$（4.2+1.8-0.5-0.6）×0.5×4×12=117.60$（m²） 6.2 柱梁板结合处面积：$0.6×（0.5×14）+0.45×[（0.2+0.2）×4+（0.2+0.1）×8+（0.1+0.1）×4]+0.50×[（0.2+0.1）×4+（0.1+0.1）×4]=7.36$（m²） 合计：$S=117.60+7.36=124.96$（m²）
7	梁模板	m²	118.81	7.1 KL1：$（7.5-0.5）×2×（0.6×2-0.15+0.3）×2=37.80$（m²） 7.2 KL2：$（7.5-0.5）×2×（0.6×2-0.1-0.15+0.3）×2=35.00$（m²） 7.3 KL3：$[（5.4-0.5）×2×（0.6×2-0.15+0.3）+（2.4-0.5）×（0.6×2-0.1+0.3）]×2=31.78$（m²） 7.4 KL4：$（5.4-0.5）×2×（0.6×2-0.15×2+0.3）+（2.4-0.5）×（0.6×2-0.1×2+0.3）=14.23$（m²） 合计：$S=37.80+35.00+31.78+14.23=118.81$（m²）
8	楼板模板	m²	182.02	8.1 LB1：$（7.5-0.15-0.05）×（5.4-0.15-0.05）×4=151.84$（m²） 8.2 LB2：$（7.5-0.15-0.05）×（2.4-0.15-0.15）×2=30.66$（m²） 8.3 扣柱占位面积：$0.2×0.2×4+0.2×0.1×12+0.1×0.1×8=0.48$（m²） 合计：$S=151.84+30.66-0.48=182.02$（m²）
9	块料地面	m²	197.47	9.1 净面积$（15.5-0.24×2）×（13.7-0.24×2）=198.564$（m²） 9.2 门洞开口部分面积：$1.9×0.24=0.456$（m²） 9.3 扣除柱面积：$（0.5-0.24）×（0.5-0.24）×4+（0.5-0.24）×0.5×6+0.5×0.5×2=1.550$（m²） 合计$=197.47$m²
10	木质踢脚线	m	57.68	长度：$L=（15.5-0.24×2+13.7-0.24×2）×2-1.9+0.25×2+（0.5-0.24）×10=57.68$（m）

续表

序号	项目名称	单位	数量	计算过程
11	柱面装饰板	m²	47.52	11.1 独立柱饰面外围周长(0.5+0.037×2)×4=2.296(m) 11.2 角柱饰面外围周长(0.5-0.24+0.037)×2=0.594(m) 11.3 墙柱饰面外围周长(0.5-0.24+0.037)×2+(0.5+0.037×2)=1.168(m) 11.4 柱饰面高度：H=3.4m 11.5 柱饰面面积：S=3.4×(2.296×2+0.594×4+1.168×6)=47.52(m²)
12	平面吊顶天棚	m²	198.56	(15.5-0.24×2)×(13.7-0.24×2)=198.56(m²)

问题 2：

解：编制的分部分项工程项目清单见表 3-6。

表 3-6   **分部分项工程项目清单计价表**

序号	项目编码	项目名称	项目特征	计量单位	工程量	综合单价	合价	暂估价
						金额（元）		
1	010402001001	砌块墙	1. 砌块品种、规格：加气混凝土砌块（240mm） 2. 墙体类型：砌块外墙 3. 砂浆强度等级：M5.0 水泥砂浆	m³	29.41			
2	010502006001	钢筋混凝土柱	1. 混凝土种类：预拌混凝土 2. 混凝土强度等级：C30	m³	16.50			
3	010502011001	钢筋混凝土梁	1. 混凝土种类：预拌混凝土 2. 混凝土强度等级：C30	m³	16.40			
4	010505013001	实心楼板	1. 混凝土种类：预拌混凝土 2. 混凝土强度等级：C30	m³	25.78			
5	010503005001	过梁	1. 混凝土种类：预拌混凝土 2. 混凝土强度等级：C30	m³	1.45			
6	010505004001	柱面模板	模板形式：直行模板	m²	124.96			
7	010505006001	梁模板	模板形式：直行模板	m²	118.81			
8	010505007001	楼板模板	模板形式：直行模板	m²	182.02			
9	011102003001	块料地面	1. 结合层：素水泥浆一遍，25mm 厚1：3 干硬性水泥砂浆 2. 面层：800mm×800mm 全瓷地面砖 3. 白水泥砂浆擦缝	m²	197.47			
10	011105005001	木质踢脚线	1. 踢脚线高度：150mm 2. 基层：9mm 厚胶合板 3. 面层：3mm 厚榉木装饰板，上口钉木线	m	57.68			

序号	项目编码	项目名称	项目特征	计量单位	工程量	金额（元）		
						综合单价	合价	暂估价
11	011205001001	柱面装饰板	1. 木龙骨：25mm×25mm，中距 300mm×300mm 2. 基层：9mm 厚胶合板 3. 面层：3mm 厚榉木装饰板	m²	47.52			
12	011302001001	吊顶天棚	1. 龙骨：U 形轻钢龙骨中距 450mm×450mm 2. 面层：矿棉吸声板	m²	198.56			

问题 3：

解：计算②轴线的 KL4、ⓒ轴线相交于②轴线的 KZ1 中除了箍筋、腰筋、拉筋之外的其他钢筋工程量以及①~②与Ⓐ~Ⓑ之间的 LB1 中底部钢筋的工程量。将计算结果填入钢筋工程量计算表中，见表 3-7。

LB1 中下部 ⌀8 钢筋的根数：

（5400－150－50＋250－300－50）÷150＋1＝35（根）

LB1 中下部 ⌀10 钢筋的根数：

（7500－150－50＋250－300－50）÷150＋1＝49（根）

表 3-7   钢筋工程量计算表

位置	筋号及直径	钢筋图形	计算公式	根数	总根数	单长/m	总长/m	总重/kg
KL4								
1. 上部通长筋	⌀25	375 ⌐ 13650 ⌐ 375	$500 - 25 + 15 \times d +$ $(13200-500)$ $+500-25+15 \times d$	2	2	14.40	28.80	110.88
1. 左支座（Ⓐ轴处）上部第一排钢筋	⌀25	375 ⌐ 2108	$500 - 25 + 15 \times d +$ $(5400-500) \div 3$	2	2	2.483	4.966	19.119
1. 左支座（Ⓐ轴处）上部第二排钢筋	⌀25	375 ⌐ 1700	$500 - 25 + 15 \times d +$ $(5400-500) \div 4$	2	2	2.075	4.15	15.978
1. 中间支座（Ⓑ-ⓒ轴处）上部第一排钢筋	⌀25	6167	$(5400-500) \div 3$ $+2400+500$ $+ (5400-500) \div 3$	2	2	6.167	12.334	47.486
1. 中间支座（Ⓑ-ⓒ轴处）上部第二排钢筋	⌀25	5350	$(5400-500) \div 4$ $+2400+500$ $+ (5400-500) \div 4$	2	2	5.35	10.70	41.195

续表

位置	筋号及直径	钢筋图形	计算公式	根数	总根数	单长/m	总长/m	总重/kg
1. 右支座（Ⓓ轴处）上部第一排钢筋	Φ25	2108　375	$500-25+15\times d+(5400-500)\div3$	2	2	2.483	4.966	19.119
1. 右支座（Ⓓ轴处）上部第二排钢筋	Φ25	1700　375	$500-25+15\times d+(5400-500)\div4$	2	2	2.075	4.15	15.978
2. 左下部（Ⓐ-Ⓑ轴处）钢筋	Φ25	375　6375	$500-25+15\times d+(5400-500)+40\times d$	5	5	6.75	33.75	129.938
2. 中间支座（Ⓑ-Ⓒ轴）下部钢筋	Φ25	3900	$40\times d+(2400-500)+40\times d$	3	3	3.90	11.70	45.045
2. 右下部（Ⓒ-Ⓓ轴处）钢筋	Φ25	6375　375	$500-25+15\times d+(5400-500)+40\times d$	5	5	6.75	33.75	129.938
KL4 中的Φ25 钢筋合计								574.676
KZ1 竖向钢筋	Φ20	240　17545　300	$15\times d+(1800-100)+(15870-25)+12\times d$	12	12	18.085	217.02	535.171
LB1 下部钢筋	Φ8	7600	$7500+250-150$	35	140	7.6	1064	420.280
LB1 下部钢筋	Φ10	5500	$5400+250-150$	49	196	5.5	1078	665.126

【案例二】

背景：

某基础工程公司依法分包了某工程项目的土方工程，经审定的施工方案：采用反铲挖掘机挖土，液压推土机推土（全部土方平均推土距离为50m）；为防止超挖、扰动设计基础地基底土和确保边坡安全，按开挖总量的20%作为人工清底、修整边坡工程量。

为了确定挖基础土方工程的综合单价，该公司决定用实测法对人工及机械台班的消耗量进行测定，相关测定资料如下：

1. 反铲挖掘机纯工作1h的生产效率为56m³，其机械利用系数为0.80。社会平均水平下的机械幅度差系数为25%。

2. 液压推土机纯工作1h的生产效率为92m³，其机械利用系数为0.85。社会平均水平下的机械幅度差系数为20%。

3. 人工连续施工每挖 1m³ 土方需要基本工作时间为 90min，辅助工作时间、不可避免中断时间、准备与结束时间、休息时间分别占工作延续时间的 2%、2%、1.5%、4.5%，社会平均水平下的人工幅度差系数为 10%。

4. 反铲挖掘机、液压推土机作业时，要求人工分别进行配合，其标准为每台班分别配合 1 个工日。

5. 市场价格：人工日工资单价为 120 元/工日，反铲挖掘机台班单价为 2400 元/台班，液压推土机台班单价为 1500 元/台班。

问题：

1. 按照 1000m³ 实际挖基础土方的工程量，分别计算反铲挖掘机和液压推土机的机械台班消耗量。

2. 按照 1000m³ 实际挖基础土方的工程量，计算相应的人工工日消耗量。

3. 由于业主提供施工现场条件的原因致使液压推土机降效 25%，反铲挖掘机和人工未受影响，则确定挖 1000m³ 基础土方工程的工料价格为多少元?

4. 在问题 3 的基础上，若施工单位经计算的挖基础土方实际工程量为 4700m³，按《房建工程计量标准》计算的土方工程量为 4200m³，管理费按人工费和施工机具使用费之和的 20% 计算，利润按人工费和施工机具使用费之和的 5% 计算。根据《清单计价标准》的规定，计算挖基础土方的综合单价。

（计算过程保留 3 位小数，计算结果保留 2 位小数）

分析要点：

本案例主要考核机械台班产量定额、人工时间定额、工料单价、综合单价以及实际造价的组成和确定方法。分析思路如下：

问题 1 首先确定机械的台班产量为 X，则：

X = 纯工作 1h 的生产效率×台班工作时间×机械利用系数/（1+机械幅度差系数）

然后，计算完成 1000m³ 土方量的机械台班消耗量。

问题 2 首先确定人工实际每挖 1m³ 基础土方的工作延续时间为 Y，则：

Y = 基本工作时间+辅助工作时间+准备与结束时间+不可避免中断时间+休息时间

或 Y = 基本工作时间+Y×（∑其他时间占工作延续时间的比例）

再计算挖基础土方的人工时间定额：

时间定额 = 工作延续时间/每工日的工作时间×（1+人工幅度差系数）

最后，计算完成基础土方总量 20% 的人工工日消耗量和配合机械施工人工清底、修整边坡工程量的人工工日消耗量。

问题 3 首先计算液压推土机降效后的台班产量和完成 1000m³ 土方量相应的台班消

耗量。

然后，计算完成1000m³土方量的工料单价Z，则：

Z=人工费+材料费+施工机具使用费

　=人工消耗量×工日单价+∑机械台班消耗量×相应机械的台班市场信息价格

问题4 确定挖基础土方的综合单价J，则：

J=工料单价×（实际工程量/清单工程量）×（1+管理费费率+利润率）

答案：

问题1：

解：完成1000m³实际挖基础土方工程的机械台班消耗量的确定

1. 反铲挖掘机

（1）台班产量=56×（8×0.8）÷1.25=286.720（m³/台班）

（2）完成1000m³实际挖基础土方工程的台班消耗量=1000×（1-20%）÷286.72

$$=2.79（台班/1000m^3）$$

2. 液压推土机

（1）台班产量=92×（8×0.85）÷1.2=521.333（m³/台班）

（2）完成1000m³实际挖基础土方工程的台班消耗量=1000÷521.333

$$=1.92（台班/1000m^3）$$

问题2：

解：人工工日消耗量的确定

（1）人工挖土工日消耗量

1）时间定额：设工作延续时间为Y min，则：

Y=基本工作时间+Y×（∑其他时间占工作延续时间的比例）

　=90+Y×（2%+2%+1.5%+4.5%）

解得：Y=90÷（1-0.1）=100（min/m³）

每工日按8工时计算，则挖基础土方的人工时间定额为：

100÷（60×8）×（1+10%）=0.229（工日/m³）

2）完成开挖总量20%的人工清底、修整边坡的工日消耗量：

1000×20%×0.229=45.80（工日/1000m³）

（2）人工配合机械施工的人工工日消耗量

2.79+1.92=4.71（工日）

（3）人工工日消耗量合计

45.8+4.71=50.51（工日）

问题 3：

解：确定液压推土机降效后的土方工程工料单价

（1）推土机降效后的台班消耗量

1）台班产量：

$521.333 \times (1-25\%) = 391.000$（m³/台班）

2）完成 1000m³ 实际挖基础土方工程的台班消耗量：

$1000 \div 391 = 2.56$（台班/1000m³）

（2）1000m³ 的工料价格

工料单价＝人工消耗量×工日单价＋∑机械台班消耗量×台班市场信息价格

$$= (45.8+2.79+2.56) \times 120 + 2.79 \times 2400 + 2.56 \times 1500$$

$$= 16674 （元/1000m³）$$

问题 4：

解：

挖基础土方的综合单价为：

$16674 \times (4700 \div 4200) \div 1000 \times (1+20\%+5\%) = 23.32$（元/m³）

【案例三】

背景：

拟建剪力墙结构住宅工程，建筑面积为 7520m²，结构形式与已建成的某工程相同，只有外墙保温贴面不同，其他部分均较为接近。类似工程外墙为挤塑板保温、外贴釉面砖，每平方米建筑面积消耗量分别为：0.074m³、0.88m²，现行价格分别为挤塑板 750.89 元/m³、贴釉面砖 95.75 元/m²；拟建工程外墙为新型环保保温板+胶粉聚苯颗粒保温、外墙真石漆，每平方米建筑面积消耗量分别为：0.95m²、0.91m²，新型环保保温板+胶粉聚苯颗粒现行合计价格 90.36 元/m²，外墙真石漆现行价格 105.78 元/m²。以上价格为人材机之和的除税价格。类似工程土建部分单方造价 1547.67 元/m²，其中，人工费、材料费、施工机具使用费、管理费和其他税费等占单方造价比例分别为：20%、55%、6%、7%和 12%，拟建工程与类似工程预算造价在这几方面的差异系数分别为：1.2、1.16、1.20、1.10 和 0.95，拟建工程除人材机费用以外的综合取费为 20%。

问题：

1. 应用类似工程预算法确定拟建工程的土建单位工程概算造价。

2. 若类似工程预算中，每平方米建筑面积主要资源消耗为：人工消耗 4.4 工日，钢材 47.6kg，商品混凝土 0.48m³，轻质砌块 0.15m³，铝合金门窗 0.24m²，成品水泥砂浆

0.2m³，内装涂料 1.05kg，其他材料费为主材费的 45%，施工机具使用费占人材机之和的 7%，拟建工程主要资源的现行市场价分别为：人工 90 元/工日，钢材 4.7 元/kg，商品混凝土 520 元/m³，轻质砌块 500 元/m³，铝合金门窗平均 450 元/m²，成品水泥砂浆 420 元/m³，内装涂料 20 元/kg。以上价格均为除税价。试应用概算指标法，确定拟建工程的土建单位工程概算造价。

3. 若类似工程预算中，其他专业单位工程预算造价占单项工程造价比例，见表 3-8。试用问题 2 的结果计算该住宅工程的单项工程造价，编制单项工程综合概算书。

表 3-8　　　　　　　各专业单位工程造价占单项工程造价比例

指标	专业名称			
	土建	电气照明	给水排水	供暖
占比例/%	85	6	4	5

分析要点：

本案例着重考核利用类似工程预算法和概算指标法编制拟建工程设计概算的方法。

问题 1：

首先，根据类似工程背景材料，计算拟建工程的土建单位工程概算指标。

拟建工程概算指标＝类似工程单方造价×综合差异系数

综合差异系数＝$a\% \times k_1 + b\% \times k_2 + c\% \times k_3 + d\% \times k_4 + e\% \times k_5$

式中：$a\%$、$b\%$、$c\%$、$d\%$、$e\%$——分别为类似工程预算人工费、材料费、施工机具使用费、管理费和其他税费占单位工程造价比例；

k_1、k_2、k_3、k_4、k_5——分别为拟建工程地区与类似工程地区在人工费、材料费、施工机具使用费、管理费和其他税费等方面差异系数，然后针对拟建工程与类似工程的结构差异，修正拟建工程的概算指标。

修正概算指标＝拟建工程概算指标＋（换入结构指标－换出结构指标）

拟建工程概算造价＝拟建工程修正概算指标×拟建工程建筑面积

问题 2：

首先，根据类似工程预算中一般土建工程每平方米建筑面积的主要资源消耗和现行市场价格，计算拟建工程一般土建工程单位建筑面积的人工费、材料费、施工机具使用费。

人工费=每平方米建筑面积人工消耗指标×现行人工工日单价

材料费=每平方米建筑面积材料消耗指标×相应材料的市场价格

施工机具使用费=每平方米建筑面积机械台班消耗指标×相应机械的台班市场价格

然后，按照所给综合费率计算拟建工程一般土建工程概算指标、修正概算指标和概算造价。

拟建工程一般土建工程概算指标=（人工费+材料费+施工机具使用费）×（1+综合费率）

修正概算指标=拟建工程概算指标+（换入结构指标−换出结构指标）

拟建工程一般土建工程概算造价=拟建工程修正概算指标×拟建工程建筑面积

问题 3：

首先，根据上述土建单位工程概算造价计算出单项工程概算造价

单项工程概算造价=土建单位工程概算造价÷占单项工程概算造价比例

然后，再根据单项工程概算造价计算出其他专业单位工程概算造价

各专业单位工程概算造价=单项工程概算造价×各专业概算造价占比例

答案：

问题 1：

解：

1. 拟建工程概算指标=类似工程单方造价×综合差异系数 k

$$k = 20\% \times 1.20 + 55\% \times 1.16 + 6\% \times 1.2 + 7\% \times 1.1 + 12\% \times 0.95$$
$$= 1.14$$

2. 结构差异额=$(0.95 \times 90.36 + 0.91 \times 105.78) - (0.074 \times 750.89 + 0.88 \times 95.75)$
$$= 42.28 \ （元/m^2）$$

3. 拟建工程概算指标=$1547.67 \times 1.14 = 1764.34$（元/$m^2$）

修正概算指标=$1764.34 + 42.28 \times (1+20\%) = 1815.08$（元/$m^2$）

4. 拟建工程概算造价=拟建工程建筑面积×修正概算指标
$$= 7520 \times 1815.08 = 13649401.60 \ （元）$$

问题 2：

解：

1. 计算拟建项目一般土建工程单位平方米建筑面积的人工费、材料费和施工机具使用费。

人工费=$90 \times 4.4 = 396.00$（元）

材料费=$(47.6 \times 4.7 + 0.48 \times 520 + 0.15 \times 500 + 0.24 \times 450 + 0.2 \times 420 + 1.05 \times 20) \times (1+45\%)$

= 1103.91 （元）

施工机具使用费 = 人材机概算费用之和 × 7%

人材机概算费用之和 = 396.00 + 1103.91 + 人材机概算费用之和 × 7%

一般土建工程人材机概算费用之和 $\dfrac{396.00 + 1103.91}{1 - 7\%} = 1612.81$ （元/m^2）

2. 计算拟建工程一般土建工程概算指标、修正概算指标和概算造价。

概算指标 = 1612.81 × (1 + 20%) = 1935.37 （元/m^2）

修正概算指标 = 1935.37 + 42.28 × (1 + 20%) = 1986.11 （元/m^2）

拟建工程一般土建工程概算造价 = 7520 × 1986.11 = 14935547.20 （元）

= 1493.55 （万元）

问题3：

解：

1. 单项工程概算造价 = 1493.55 ÷ 85% = 1757.12 （万元）

2. 电气照明单位工程概算造价 = 1757.12 × 6% = 105.43 （万元）

给水排水单位工程概算造价 = 1757.12 × 4% = 70.28 （万元）

供暖单位工程概算造价 = 1757.12 × 5% = 87.86 （万元）

3. 编制该住宅单项工程综合概算书，见表3-9。

表 3-9 　　　　　　　　　　　　某住宅综合概算书

序号	单位工程和费用名称	概算价值/万元				技术经济指标			占总投资比例
		建安工程费	设备购置费	工程建设其他费	合计	单位	数量	单位造价/(元/m^2)	
一	建筑工程	1757.12			1757.12	m^2	7520	2336.60	
1	土建工程	1493.55			1493.55	m^2	7520	1986.10	85%
2	电气照明工程	105.43			105.43	m^2	7520	140.20	6%
3	给水排水工程	70.28			70.28	m^2	7520	93.46	4%
4	供暖工程	87.86			87.86	m^2	7520	116.84	5%
二	设备及安装								
1	设备购置								
2	设备安装								
	合计	1757.12			1757.12	m^2	7520	2336.60	
	占比例	100%			100%				

【案例四】

背景：

根据某基础工程分部分项工程项目的工程量和近期完成的类似工程施工图预算中的消耗指标，进行工料分析计算得出各项资源消耗量，该地区当年 1 月份相应材料的市场含税单价、增值税率以及人工机械的除税单价，见表 3-10，表中人工和机械的除税单价均不包含增值税可抵扣进项税额。

表 3-10　　　　　　　　　　　材料消耗量及预算价格表

资源名称	单位	消耗量	含税单价/元	增值税率/%	资源名称	单位	消耗量	含税单价/元
C15 预拌混凝土	m³	5.37	510.00	3	剪板机	台班	1.02	636.7
C30 预拌混凝土	m³	45.38	570.00	3	交流电弧焊机	台班	2.24	123.7
42.5 水泥	kg	85.32	0.50	13	5t 载重汽车	台班	14.03	434.65
黄砂	m³	2.76	260.00	3	木工圆锯 500mm	台班	1.36	27.75
碎石	m³	2.23	280.00	3	机动翻斗车 1.5t	台班	10.26	226.03
复合木模板	m²	24.96	54.00	13	拉铲挖土机 0.5m³	台班	3.82	718.58
木门窗料	m³	8.67	2.28	13	灰浆搅拌机 200L	台班	4.35	178.65
锯成材	m³	1.232	3200.00	13	电动单筒卷扬机	台班	15.59	192.6
镀锌铁丝	kg	146.58	6.67	13	钢筋切断机	台班	2.79	49.92
石灰	m³	54.74	330.00	3	钢筋弯曲机	台班	6.67	29.07
水	m³	42.9	4.50	3	插入震动器	台班	20.37	11.82
电焊条	kg	12.98	12.06	13	履带式推土机 75km	台班	9.38	858.54
圆钉	kg	24.3	7.20	13	电动打夯机	台班	25.13	33.28
煤矸石普通砖	千块	109.07	380.00	3	普工	工日	350.00	60.00
隔离剂	kg	20.22	2.68	13	一般技工	工日	100.00	80.00
钢筋 φ10 以内	t	2.307	4600.00	13	高级技工	工日	50.00	110.00
钢筋 φ10 以上	t	6.826	4500.00	13				

按照该工程所在地的省级行政部门发布的计价程序中的规定取费，安全生产措施费按不含安全生产措施费的税前工程造价 3% 计取；其他的措施项目费用的人材机费用合计按分部分项工程项目的（人工费+施工机具使用费）的 8% 计取，其中人工费、施工机具使用费分别占比为 35%、10%。管理费和利润分别按人材机费用之和的 6% 和 4% 计取，

按一般计税法，增值税税率按9%计取。

问题：

1. 简述增值税一般计税方法和简易计税方法的计价程序。

2. 应用实物量法编制1月份时该基础工程的施工图预算。

3. 该基础工程项目1月份设计完成后，在当年5月份进行招标，1—5月份该地区行政主管部门发布的人工费、材料费、施工机具使用费的价格指数如表3-11所示，计算调整后的预算费用。

表3-11   1—5月人材机价格指数

费用项目	1月	2月	3月	4月	5月
人工费	110.12	110.15	110.31	110.56	110.82
材料费	102.51	98.68	103.09	103.10	104.95
施工机具使用费	103.22	103.26	103.35	103.21	103.46

分析要点：

1. 本案例近期完成的类似工程施工图预算中的消耗指标，进行了工料分析，并得出各项资源的消耗量，该地区相应的市场价格见表3-10。对于材料的含税单价，需要先根据相应的增值税率换算为不包含增值税可抵扣进项税额的除税单价，在此基础上计算出该基础工程的人工费、材料费和施工机具使用费。

材料的除税单价=材料的含税单价/（1+增值税税率）

2. 按背景材料给定的费率，并根据建安工程费用的组成和规定取费。计算应计取的各项费用和税金，并汇总得出该基础工程的施工图预算造价。

3. 为了应对工程造价的动态变化，采用价格指数调差法进行施工图预算的调整。表3-11中已给出了人材机1—5月的价格指数。计算公式为：调整后的人工费（材料费、施工机具使用费）=调整前的人工费（材料费、施工机具使用费）×（现行价格指数/基本价格指数）。

答案：

问题1：

解：

建筑安装工程费用的增值税计税方法分为一般计税方法和简易计税方法。

当采用一般计税方法时，计算公式为：增值税=税前造价×增值税税率。增值税税率为 9%。税前造价为人工费、材料费、施工机具使用费、管理费和利润之和，各费用项目均以不包含增值税可抵扣进项税额的价格计算。

当采用简易计税方法时，计算公式为：应纳税额 = 税前造价 × 征收率，增值税征收率为 3%。税前造价为人工费、材料费、施工机具使用费、管理费和利润之和，各项目均以包含增值税进项税额的含税价格计算。

问题 2：

解：

1. 根据表 3-10 中的各种材料的消耗量和市场价格，首先需计算出各种材料的除税单价，然后再计算该基础工程的人工费、材料费和施工机具使用费，见表 3-12。

表 3-12　　　　　　　　　分部分项工程项目人、材、机费用计算表

资源名称	单位	消耗量	除税单价/元	除税合价/元	资源名称	单位	消耗量	除税单价/元	除税合价/元
C15 预拌混凝土	m³	5.37	495.15	2658.96	剪板机	台班	1.02	636.7	649.43
C30 预拌混凝土	m³	45.38	553.4	25113.29	交流电弧焊机	台班	2.24	123.7	277.09
42.5 水泥	kg	85.32	0.44	37.54	5t 载重汽车	台班	14.03	434.65	6098.14
黄砂	m³	2.76	252.43	696.71	木工圆锯 500mm	台班	1.36	27.75	37.74
碎石	m³	2.23	271.84	606.2	机动翻斗车 1.5t	台班	10.26	226.03	2319.07
复合木模板	m²	24.96	47.79	1192.84	拉铲挖土机 0.5m³	台班	3.82	718.58	2744.98
木门窗料	m³	8.67	2.02	17.51	灰浆搅拌机 200L	台班	4.35	178.65	777.13
锯成材	m³	1.232	2831.86	3488.85	电动单筒卷扬机	台班	15.59	192.6	3002.63
镀锌铁丝	kg	146.58	5.9	864.82	钢筋切断机	台班	2.79	49.92	139.28
石灰	m³	54.74	320.39	17538.15	钢筋弯曲机	台班	6.67	29.07	193.9
水	m³	42.9	4.37	187.47	插入震动器	台班	20.37	11.82	240.77
电焊条	kg	12.98	10.67	138.5	履带式推土机 75km	台班	9.38	858.54	8053.11
圆钉	kg	24.3	6.37	154.79	电动打夯机	台班	25.13	33.28	836.33
煤矸石普通砖	千块	109.07	368.93	40239.2	施工机具使用费合计/元				25369.60
隔离剂	kg	20.22	2.37	47.92	普工	工日	350.00	60.00	21000.00
钢筋 φ10 以内	t	2.307	4070.8	9391.34	一般技工	工日	100.00	80.00	8000.00
钢筋 φ10 以上	t	6.826	3982.3	27183.18	高级技工	工日	50.00	110.00	5500.00
材料费合计/元				129557.27	人工费合计/元				34500.00

人材机费用之和=34500.00+129557.27+25369.60=189426.87（元）

2. 基础工程施工图预算费用计算见表3-13。

其他措施费中的人材机费用=（34500.00+25369.60）×8%=4789.57（元）

安全生产措施费中的人材机费用=（189426.87+4789.57）×3%=5826.49（元）

分部分项工程和措施项目的全部人材机费用之和=189426.87+4789.57+5826.49=200042.93（元）

表 3-13   基础工程施工图预算费用计算表

序号	费用名称	费用计算表达式	金额/元	备注
（1）	人材机费用之和	人工费+材料费+施工机具使用费	200042.93	
（2）	管理费	200042.93×6%	12002.58	
（3）	利润	200042.93×4%	8001.72	
（4）	增值税	（200042.93+12002.58+8001.72）×9%	19804.25	
（5）	预算造价	（1）+（2）+（3）+（4）	239851.48	

问题3：

基础工程施工图预算费用调整计算如下：

分部分项工程项目人材机费用=34500.00×（110.82/110.12）+129557.27×（104.95/102.51）+25369.60×（103.46/103.22）

=34719.31+132641.06+25428.59=192788.96（元）

措施项目人材机费用=（34719.31+25428.59）×8%=4811.83（元）

安全生产措施费中的人材机费用=（192788.96+4811.83）×3%=5928.02（元）

管理费和利润=（192788.96+4811.83+5928.02）×（6%+4%）=20352.88（元）

增值税=（192788.96+4811.83+5928.02）×9%=20149.35（元）

预算费用=192788.96+4811.83+5928.02+20149.35=244031.04（元）

【案例五】

背景：

1. 某配电间电气工程照明平面图、插座平面图、配电箱系统接线图、防雷接地平面图、防雷平面图如图3-2A、图3-2B、图3-2C、图3-2D、图3-2E所示。主要设备材料表见表3-14。该建筑物为单层平屋面砖混结构，建筑物室内净高为4.40m。

图中括号内数字表示线路水平长度（单位：m），配管进入地面或顶板内深度均按0.05m；穿管规格：2~3根BV2.5穿SC15，4~6根BV2.5穿SC20，其余按系统接线图。

表 3-14   主要设备材料表

序号	符号	设备名称	型号规格	单位	安装方式	备注
1	▨	配电箱 ALD	PZ30R-45	台	底边距地 1.5m，嵌入式	300mm（宽）×450mm（高）×120mm（深）
2	⊢E⊣	应急双管荧光灯	2×28W	个	吸顶，E 为带应急装置	应急时间 180min
3	◠	吸顶灯	节能灯 22W φ350	个	吸顶	
4	⌐	暗装四联（单控）开关	86 K41-10	个	距地 1.3m	
5	⊥	单相二、三极暗插座	86 Z223-10	个	距地 0.3m	

2. 相关分部分项工程量清单项目编码及项目名称，见表 3-15。

表 3-15   相关分部分项工程量清单项目编码及项目名称

项目编码	项目名称	项目编码	项目名称
030404017	配电箱	030411001	配管
030404034	照明开关	030411004	配线
030404035	插座	030412001	普通灯具
030409004	均压环	030412005	荧光灯
030409005	接闪带		

3. 某投标企业拟投标该项目，其相关企业定额、主材单价及损耗率，见表 3-16。表内费用均不包含增值税可抵扣进项税额。人工综合工日单价为 100 元/工日，管理费和利润分别按人工费的 45% 和 15% 计算。"接闪带沿墙支架敷设"企业定额中的综合工日和交流弧焊机（64.61 元/台班）的消耗量分别为 0.162 工日/m、0.0243 台班/m。

表 3-16   相关定额、主材单价及损耗率

定额编号	项目名称	定额单位	安装基价/元			主材	
			人工费	材料费	施工机具使用费	单价	损耗率（%）
4-2-76	成套配电箱安装 嵌入式 半周长 ≤1.0m（ALD PZ30R-45）	台	102.30	34.40	0	1500.00 元/台	

续表

定额编号	项目名称	定额单位	安装基价/元			主材	
			人工费	材料费	施工机具使用费	单价	损耗率（%）
4-4-14	无端子外部接线 导线截面≤2.5mm²	个	1.20	1.44	0		
4-12-34	砖、混凝土结构暗配 钢管 SC15	10m	46.80	33.00	0	5.30 元/m	3
4-12-35	砖、混凝土结构暗配 钢管 SC20	10m	46.80	41.00	0	6.90 元/m	3
4-13-5	管内穿照明线 铜芯 导线截面≤2.5mm²	10m	8.10	1.50	0	1.60 元/m	16
4-14-2	吸顶灯具安装 灯罩周长≤1100mm（节能灯 22W φ350）	套	13.80	1.90	0	80.00 元/套	1
4-14-205	荧光灯具安装 吸顶式 双管（应急时间 180min）	套	17.50	1.50	0	120.00 元/套	1
4-14-380	四联单控暗开关安装	个	7.00	0.80	0	15.00 元/个	2
4-14-401	单相带接地暗插座≤15A	个	6.80	0.80	0	10.00 元/个	2
4-10-44	接闪带沿混凝土块敷设 镀锌圆钢 φ10	m	8.20	1.55	0.24	3.70 元/m	5
4-10-45	接闪带沿墙支架敷设 镀锌圆钢 φ10	m	16.20	3.50	1.57	3.70 元/m	5
4-10-46	均压环敷设 利用圈梁钢筋	m	2.40	0.80	0.32		

图 3-2A 配电间照明平面图

图 3-2B　配电间插座平面图

图 3-2C　配电间配电箱系统接线图

图 3-2D 配电间防雷接地平面图

图 3-2E 配电间防雷平面图

说明：

1. 接闪带采用镀锌圆钢φ10沿女儿墙支架明敷，支架水平间距1.0m，转弯处为0.5m；屋面上镀锌圆钢沿混凝土支墩明敷，支墩间距1.0m。

2. 利用建筑物柱内主筋（≥φ16）作引下线，要求作引下线的两根主筋从下至上需采用电焊接联通方式，共8处。

3. 柱子（墙外侧）离室外地坪上面0.5m处预埋一只接线盒作接地电阻测量点，共4处。

4. 柱子（墙外侧）离室外地坪下面0.8m处预埋一处钢板以作增加人工接地体用，共4处。

问题：

1. 根据《通用安装工程工程量计算标准》GB/T 50856-2024（简称《安装工程计量标准》）的规定，列式计算配管（SC15、SC20）、配线（BV2.5）、接闪带及均压环的工程量，将计算过程填入"分部分项工程项目工程量计算表"中。

2. 根据表 3-14 和《清单计价标准》的要求，编制投标时的"沿女儿墙支架敷设的接闪带"项目清单综合单价分析表。

3. 编制投标时的"分部分项工程项目清单计价表"。（照明部分不考虑配电箱的进线管道和电缆，也不考虑开关盒和灯头盒，防雷接地部分不考虑除接闪带、均压环以外的部分）

分析要点：

本案例要求按《安装工程计量标准》和《清单计价标准》的规定，掌握编制电气安装工程分部分项工程项目清单计价表的方法。掌握工程量计算方法。应注意：

1. 计算配线清单工程量时，按设计图示尺寸加预留长度以单线长度计算，预留长度为配电箱盘面尺寸的（高+宽）。

2. 计算接闪带清单工程量时，按设计图示尺寸的总长度加预留长度计算，预留长度按接闪带全长的 3.9% 计算。

答案：

问题 1：

解：列表计算配管（SC15、SC20）、配线（BV2.5）、接闪带及均压环的清单工程量，计算过程见表 3-17。

表 3-17   **分部分项工程项目工程量计算表**

序号	项目编码	项目名称	项目特征描述	计量单位	工程数量	计算式
1	030402011001	成套配电箱	PZ30R-45 300×450×120（宽×高×深，mm）嵌入式，底边距地 1.5m	台	1	
2	030412001001	配管	砖、混凝土结构暗配 SC15	m	52.24	WX1：三线：$(1.50+0.05)+6.30+6.40+7.17+7.30+6.40+7.17+(0.30+0.05)×11=46.14$（m） WL1：三线：$0.90+(3.00+0.05-1.30)=2.65$（m） WL2：三线：$1.30+(3.40+0.05-1.30)=3.45$（m） 合计：$46.14+2.65+3.45=52.24$（m）

序号	项目编码	项目名称	项目特征描述	计量单位	工程数量	计算式
3	030412001002	配管	砖、混凝土结构暗配SC20	m	90.40	WL1：四线：（4.40＋0.05－1.50－0.45）＋1.90＋4.00×2×3＋3.20＝31.60（m）；五线：3.20m；六线：1.10＋（4.40＋0.05－1.30）＝4.25（m） WL2：四线：（4.40＋0.05－1.50－0.45）＋14.50＋4.00×2×3＋3.20＝44.20（m）；五线：3.20m；六线：0.80＋（4.40＋0.05－1.30）＝3.95（m） 合计：31.60＋3.20＋4.25＋44.20＋3.20＋3.95＝90.40（m）
4	030412004001	配线	管内穿线照明线路BV2.5	m	549.37	WX1：46.14×3＋（0.45＋0.30）×3＝140.67（m） WL1：31.60×4＋3.20×5＋4.25×6＋2.65×3＋（0.45＋0.30）×4＝178.85（m） WL2：44.20×4＋3.20×5＋3.95×6＋3.45×3＋（0.45＋0.30）×4＝229.85（m） 合计：140.67＋178.85＋229.85＝549.37（m） 或 三线：52.24m×3＋（0.45＋0.30）×3＝158.97（m） 四线：（31.60＋44.20）×4＋（0.45＋0.30）×4×2＝309.20（m） 五线：（3.20＋3.20）×5＝32.00（m） 六线：（4.25＋3.95）×6＝49.20（m） 合计：158.97＋309.2＋32＋49.2＝549.37（m）
5	030413001001	普通灯具	吸顶灯22W节能灯φ350	套	2	
6	030413003001	荧光灯	双管荧光灯，2×28W带应急装置	套	18	
7	030413013001	照明开关	暗装四联开关86K41-10	个	2	
8	030413014001	插座	单相二、三极暗插座86Z223-10	个	6	
9	030410005001	接闪带	沿女儿墙支架敷设镀锌圆钢φ10	m	68.99	［（24.2＋8.40）×2＋（5.10－4.50）×2］×1.039＝68.99（m）
10	030410005002	接闪带	沿混凝土块敷设镀锌圆钢φ10	m	8.73	8.40×1.039＝8.73（m）
11	030410004001	均压环	利用圈梁钢筋（2根）	m	65.20	（24.20＋8.40）×2＝65.20（m）

问题2：

解：编制的"沿女儿墙支架敷设的接闪带"项目清单综合单价分析表见表3-18。

表 3-18   接闪带项目清单综合单价分析表

项目编码	030410005001		项目名称	接闪带		计量单位	m
项目特征	沿女儿墙支架敷设，镀锌圆钢 $\Phi 10$						
序号	费用项目	单位	数量	计算基础/元	费率/%	单价/元	合价/元
1	人工费	—	—	—	—	—	16.20
1.1	综合工日	工日	0.162	—	—	100	16.20
2	材料费	—	—	—	—	—	7.39
2.1	镀锌圆钢 $\Phi 10$	m	1.0500	—	—	3.70	3.89
2.2	其他材料费	元	—	—	—	3.50	3.50
3	施工机具使用费	—	—	—	—	—	1.57
3.1	交流弧焊机	台班	0.0243	—	—	64.61	1.57
3.2	其他施工机具使用费	元	—	—	—	0	0
4	1+2+3 小计	—	—	—	—	—	25.16
5	管理费	—	—	16.20	45%	7.29	7.29
6	利润	—	—	16.20	15%	2.43	2.43
综合单价							34.88

问题3：

解：编制的分部分项工程项目清单计价表见表3-19。

表 3-19   分部分项工程项目清单计价表

序号	项目编码	项目名称	项目特征描述	计量单位	工程量	金额/元	
						综合单价	合价
1	030402011001	成套配电箱	PZ30R-45 300×450×120（mm^3）嵌入式	台	1	1735.04	1735.04
2	030412001001	配管	砖混凝土结构暗配 SC15	m	52.24	16.25	848.90
3	030412001002	配管	砖混凝土结构暗配 SC20	m	90.40	18.70	1690.48
4	030412004001	配线	管内穿线 照明线路 BV2.5	m	549.37	3.30	1812.92

序号	项目编码	项目名称	项目特征描述	计量单位	工程量	金额/元	
						综合单价	合价
5	030413001001	普通灯具	吸顶灯 22W 节能灯 φ350	套	2	104.78	209.56
6	030413003001	荧光灯	双管荧光灯，2×28W 带应急装置	套	18	150.70	2712.60
7	030413013001	照明开关	暗装四联开关 86K41-10	个	2	27.30	54.60
8	030413014001	插座	单相二、三极暗插座 86Z223-10	个	6	21.88	131.28
9	030410005001	接闪带	沿女儿墙支架敷设镀锌圆钢 φ10	m	68.99	34.88	2406.37
10	030410005002	接闪带	沿混凝土块敷设镀锌圆钢 φ10	m	8.73	18.80	164.12
11	030410004001	均压环	利用圈梁钢筋（2根）	m	65.20	4.96	323.39
合计							12089.26

表 3-19 中，其他各分部分项工程项目综合单价的计算式为：

（1）成套配电箱：$102.30+34.40+1500.00+102.30×（45\%+15\%）+[1.20+1.44+1.2×（45\%+15\%）]×11=1735.04$（元/台）

（2）SC15 配管：$4.68+3.30+5.30×1.03+4.68×（45\%+15\%）=16.25$（元/m）

（3）SC20 配管：$4.68+4.10+6.90×1.03+4.68×（45\%+15\%）=18.70$（元/m）

（4）BV2.5 配线：$0.81+0.15+1.60×1.16+0.81×（45\%+15\%）=3.30$（元/m）

（5）吸顶灯：$13.80+1.90+80×1.01+13.80×（45\%+15\%）=104.78$（元/套）

（6）双管荧光灯：$17.50+1.50+120×1.01+17.50×（45\%+15\%）=150.70$（元/套）

（7）四联开关：$7.00+0.80+15.00×1.02+7.00×（45\%+15\%）=27.30$（元/个）

（8）插座：$6.80+0.80+10.00×1.02+6.80×（45\%+15\%）=21.88$（元/个）

（9）接闪带沿混凝土块：$8.20+1.55+0.24+3.70×1.05+8.20×（45\%+15\%）=18.80$（元/m）

（10）均压环：$2.40+0.80+0.32+2.40×（45\%+15\%）=4.96$（元/m）

【案例六】

背景：

某商厦一层火灾自动报警系统工程平面图和系统图，如图 3-3A、图 3-3B 所示，设备材料明细，见表 3-20。

图 3-3A 一层消防报警及联动平面图

图 3-3B 火灾自动报警及广播系统图

设计说明：

1. 火灾自动报警系统线路由一层保卫室消防集中报警主机引出，水平、垂直穿管敷设，焊接钢管沿墙内、顶板暗敷，敷设高度为离地 3m。

2. WA1 为报警（联动）二总线，采用 NH-RVS-2×1.5，WD1 为电源二总线采用 NH-BV-2.5。

3. 控制模块和输入模块均安装在开关盒内。

4. 自动报警系统装置调试的点数按本图内容计算。

5. 消防报警主机集中式火灾报警控制器安装高度为距地 1.5m，箱体尺寸：400×300×200（宽×高×厚，mm）。

6. 平面中火灾报警联动线途经控制模块（C1、N）时为四根线，两根 DC24V 电源线，两根报警线，共管敷设，穿 φ20 焊接钢管沿顶板，墙内暗敷，未通过控制模块的为两根报警线，穿 φ20 焊接钢管沿顶板，墙内暗敷。

7. 配管水平长度见 3-3A 括号内数字，单位：m。

表 3-20   **设备材料表**

序号	图例	设备名称	型号规格	单位	安装高度
1	G	集中式火灾报警控制器		台	挂墙安装
2	M	输入监视模块		只	与控制设备同高度安装
3	C	控制模块		只	与控制设备同高度安装
4	S	感烟探测器		只	吸顶安装
5		火灾声光警报器		台	下沿距地 2.2m 安装
6		带电话插孔的手动报警按钮	J-SAM-GST9122	只	下沿距地 1.5m 安装

问题：

1. 根据图示内容、《安装工程计量标准》和《清单计价标准》的相关规定，分部分项工程项目清单编码见表 3-21。列式计算配管及配线的工程量，并编制其分部分项工程量清单。

表 3-21　　　　　　　　　　　　分部分项工程项目清单编码

项目编码	项目名称	项目编码	项目名称
030904001	点型探测器	030904004	声光报警器
030904002	线型探测器	030904011	远程控制器
030904003	按钮	030909003	自动报警系统调试
030904007	消防模块	030412001	配管
030904009	区域报警控制器	030412004	配线
030412006	接线盒		

2. 某投标企业根据招标文件和常规施工方案，计算出该安装工程各分部分项工程人材机费用合计为 100 万元，其中人工费占 25%。脚手架搭拆的人材机费用分别为 3600 元、3200 元、1200 元。招标文件规定安全生产措施费按不含安全生产措施费的税前工程造价的 3% 计取。另临时设施、文明施工、环境保护、冬雨季施工增加、夜间施工增加、二次搬运、已完工程及设备保护等以分部分项工程项目中的人工费作为计取基数，费率分别为：7.5%、2.6%、1.5%、1.2%、1.4%、1.8%、1%。管理费、利润分别按人工费的 50%、30% 计，总承包服务费按 3% 计取。

招标文件中规定：暂列金额 10 万元，专业工程暂估价 2 万元，不考虑计日工费用。

除专业工程暂估价外，其他费用均不包含增值税可抵扣进项税额。按一般计税法，增值税税率为 9%。

编制该工程投标时的措施项目清单计价表、措施项目清单构成明细分析表。

3. 编制该企业投标时的投标报价汇总表。

分析要点：

本案例要求按《安装工程计量标准》和《清单计价标准》规定，掌握编制火灾自动报警系统工程的工程量清单及清单计价的基本方法。内容包括编制分部分项工程项目清单时，应能列出火灾自动报警系统工程的分项子目，掌握工程量计算方法；掌握火灾自动报警系统工程的工程量清单与计价的基本原理；掌握编制措施项目清单计价表、措施项目清单构成明细分析表及单位工程投标报价汇总表的方法。

答案：

问题 1：

解：火灾报警系统配管配线的工程量计算如下：

（1）WD1 回路，ϕ20 钢管暗配：$(3-1.5-0.3)+1.6+9.6+6+7+7+5.5+(3-1.5)+(3-1.5)+1.2+(3-2.2)+6+6+7+5.0+(3-2.2)+(3-2.2)+1.2+(3-1.5)=71.2$（m）

电源二总线 NH-BV-2.5mm^2：$(71.20+0.3+0.4)\times2=143.80$（m）

（2）WA1 回路，ϕ20 钢管暗配：

$7+5.5+7\times2+6+7\times3+6\times4+7\times5+7.5+6\times4+7=151.00$（m）

报警二总线 NH-RVS-2×1.5mm^2：$71.20+(151.00+0.3+0.4)=222.90$（m）

合计：ϕ20 钢管暗配：$71.20+151=222.20$（m）

电源二总线 NH-BV-2.5mm^2：143.80m

报警二总线 NH-RVS-2×1.5mm^2：222.90m

分部分项工程项目清单见表 3-22。

表 3-22   **分部分项工程项目清单计价表**

序号	项目编码	项目名称	项目特征	计量单位	工程量	金额/元	
						综合单价	合价
1	030412001001	配管	ϕ20 焊接钢管，暗配	m	222.20		
2	030412004001	配线	电源二总线，穿管敷设，NH-BV-2.5mm^2	m	143.80		
3	030412004002	配线	报警二总线，穿管敷设，NH-RVS-2×1.5mm^2	m	222.90		
4	030412006001	接线盒	接线盒 30 个、开关盒 4 个	个	34		
5	030904001001	点型探测器	感烟探测器，吸顶安装	个	30		
6	030904003001	按钮	带电话插孔的手动报警按钮，J-SAM-GST9122，距地 1.5m 安装	个	2		
7	030904007001	消防模块	输入监视模块，与控制设备同高度安装	个	2		
8	030904007002	消防模块	控制模块，与控制设备同高度安装	个	2		
9	030904009001	区域报警控制器	箱体尺寸：400×300×200（宽×高×厚，mm）距地 1.5m 挂墙安装，控制点数量：34 点	台	1		
10	030904004001	声光报警器	火灾声光报警器，距地 2.2m 安装	个	2		
11	030909003001	自动报警系统装置调试	总线制点数：34 点	系统	1		

问题 2：

解：措施项目清单计价表、措施项目清单构成明细分析表分别见表 3-23、表 3-24。

其中：分部分项工程费 = 1000000 + 1000000 × 25% × (50% + 30%) = 1200000（元）

分部分项工程项目中的人工费 = 1000000 × 0.25 = 250000（元）

不含安全生产措施费的措施项目费 = 10880 + 18750 + 6500 + 37500 + 3000 + 3500 + 4500 + 2500 = 53380（元）

总承包服务费 = 20000/1.09 × 3% = 550.46（元）

安全生产措施费 = (1200000 + 53380 + 550.46) × 3% = 37617.91（元）

表 3-23　　　　　　　　　　　　　　措施项目清单计价表

序号	项目编码	项目名称	单位	工作内容	价格/元	备注
1	031401001001	脚手架	项	搭设脚手架、斜道、上料平台，铺设安全网，铺（翻）脚手板，转运、改制、维修维护，拆除、堆放、整理，外运、归库等	10880	
2	031401012001	临时设施	项	为进行建设工程施工所需的生活和生产用的临时建（构）筑物和其他临时设施。包括临时设施的搭设、移拆、维修、清理、拆除后恢复等，以及因修建临时设施应由承包人所负责的有关内容	18750	
3	031401010001	文明施工	项	施工现场文明施工、绿色施工所需的各项措施	6500	
4	031401011001	环境保护	项	施工现场为达到环保要求所需的各项措施	3750	
5	031401009001	安全生产	项	施工现场安全施工所需的各项措施	37617.91	
6	031401021001	冬雨季施工增加	项	在冬季或雨季施工，引起防寒、保温、防滑、防潮和排除雨雪等措施的增加，人工、施工机械效率的降低等内容	3000	
7	031401020001	夜间施工增加	项	因夜间或在地下室等特殊施工部位施工时，所采用照明设备的安拆、维护、照明用电及施工人员夜班补助、夜间施工劳动效率降低等内容	3500	
8	031401013001	二次搬运	项	因施工场地条件及施工程序限制而发生的材料、构配件、半成品等一次运输不能到达堆放地点，必须进行二次或多次搬运所发生的内容	4500	
9	031401015001	已完工程及设备保护	项	建设项目施工过程中直至竣工验收前，对已完工程及设备采取的必要保护措施	2500	
				合计	90997.91	—

表3-24 措施项目清单构成明细分析表

| 序号 | 项目编码 | 措施项目名称 | 计算基础 | 费率/% | 价格/元 | 价格构成明细/元 | | | | | 备注 |
						人工费	材料费	施工机具使用费	管理费	利润	
1	031401001001	脚手架	—	—	10880	3600	3200	1200	1800	1080	
2	031401012001	临时设施	250000.00	7.5	18750	—	—	—	—	—	
3	031401010001	文明施工	250000.00	2.6	6500	—	—	—	—	—	
4	031401011001	环境保护	250000.00	1.5	3750	—	—	—	—	—	
5	031401009001	安全生产	1253930.46	3	37617.91	—	—	—	—	—	
6	031401021001	冬雨季施工增加	250000.00	1.2	3000	—	—	—	—	—	
7	031401020001	夜间施工增加	250000.00	1.4	3500	—	—	—	—	—	
8	031401013001	二次搬运	250000.00	1.8	4500	—	—	—	—	—	
9	031401015001	已完工程及设备保护	250000.00	1.0	2500	—	—	—	—	—	
合 计					90997.91					—	—

问题3：

解：该单位工程投标报价汇总表见表3-25。

表3-25 单位工程投标报价汇总表

序号	项目内容	金额/元
1	分部分项工程项目	1200000
1.1	略	
……		
2	措施项目	90997.91
	其中：安全生产措施项目	37617.91
3	其他项目	120550.46
3.1	其中：暂列金额	100000.00
3.2	其中：专业工程暂估价	20000
3.3	其中：计日工	
3.4	其中：总承包服务费	550.46
3.5	其中：合同中约定的其他项目	
4	增值税（1200000+90997.91+120550.46-20000）×9%	125239.35
	投标报价合计=1+2+3+4	1536787.72

【案例七】

背景：

某制冷机房设备管道平面图、系统图，如图 3-4A、图 3-4B 所示。根据《安装工程计量标准》的规定，分部分项工程的项目清单编码见表 3-26。

表 3-26　　　　　　　　　　　　分部分项工程项目清单编码

项目编码	项目名称	项目编码	项目名称
030801001	低压碳钢管	030804001	低压碳钢管件
030807003	低压法兰阀门	030810002	低压碳钢焊接法兰
031201001	管道刷油	031208002	其他管道绝热

图 3-4A　制冷机房设备管道平面图

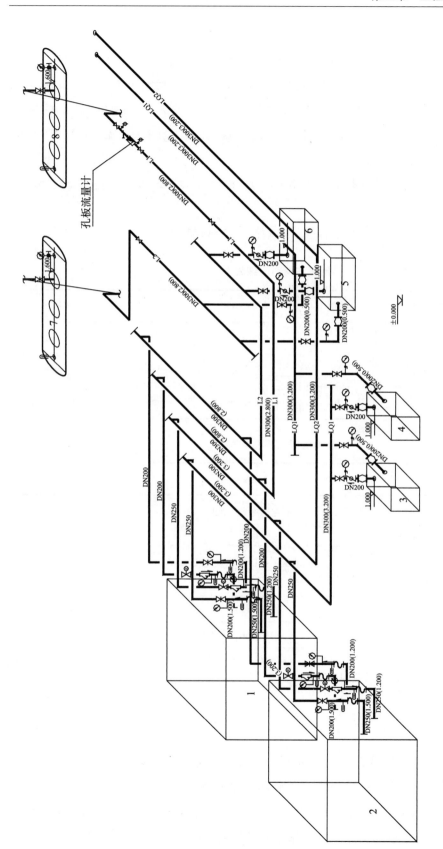

图 3-4B 制冷机房设备管道系统图

设计说明：

1. 制冷机房室内地坪标高为±0.000，图中标注尺寸除标高单位为米外，其余均为毫米。

2. 系统工作压力为 1.0MPa，管道材质为无缝钢管，规格为 $D219×9$，$D273×12$，$D325×14$，弯头采用成品压制弯头，三通为现场挖眼连接。管道系统全部采用电弧焊接。所有法兰为碳钢平焊法兰。

3. 所有管道、管道支架除锈后，均刷红丹防锈底漆两道，管道采用橡塑管壳（厚度为 30mm）保温。

4. 管道支架为普通支架，管道安装完毕进行水压试验和水冲洗，需符合规范要求；管道焊口无探伤要求。

5. 图例与材料明细表、制冷机房主要设备表分别见表 3-27 和表 3-28。

表 3-27　　　　　　　　　　　　　图例与材料明细表

图例	材料名称	图例	材料名称	图例	材料名称
⋈ ⋉	法兰闸阀	☒	法兰电动阀	∿	法兰金属软管
◿	法兰过滤器	⦵	压力表	⊢	法兰盲板
⦰	法兰止回阀	⦙	温度计	▭	法兰橡胶软接头

表 3-28　　　　　　　　　　　　　制冷机房主要设备表

序号	设备编号	设备名称	性能及规格	数量	单位	备注
1、2	CH-B1-01~02	螺杆式冷水机组 WCFX-B-36	额定制冷量 1132kW　冷冻水　195ml/h　7/12℃　水侧承压 1.0MPa，A 配电 279kW　冷冻水　230ml/h　32/37℃	2	台	变频
3、4	CTP-B1-01~02	冷却循环泵	AABD150-400	2	台	
5、6	CHP-B1-01~02	冷冻循环泵	AABD150-315A	2	台	
7	FSQ-B1-01	分水器	DN400　$L=2950$　工作压力　1.0MPa	1	台	
8	JSQ-B1-01	集水器	DN400　$L=2950$　工作压力　1.0MPa	1	台	

问题：

1. 根据图示内容和《安装工程计量标准》的规定，列式计算该系统的无缝钢管安装及刷油、保温的工程量。将计算过程填入分部分项工程项目工程量计算表中。

2. 根据《安装工程计量标准》和《清单计价标准》的规定，编列该管道系统的无缝钢管、弯头、三通、管道刷油及保温的分部分项工程量清单。

3. 某投标企业拟投标该项目，其企业定额中无缝钢管 DN200 安装的相关消耗量及费用见表 3-29，表中的费用均不包含增值税可抵扣进项税额。人工单价为 130 元/工日，管理费按人工费的 50% 计算，利润按人工费的 30% 计算。分别编制该管道分项工程安装、管道刷油、保温的分部分项工程项目清单综合单价分析表。

表 3-29　　　　　　　　　　管道安装工程相关消耗量及费用表

序号	项目名称	计量单位	安装消耗量及费用单价			未计价主材		
			人工消耗量/工日	材料费/元	施工机具使用费/元	主材名称、规格	单价/元	主材消耗量
1	碳钢管（电弧焊）DN200 内	10m	1.886	25.85	158.71	碳钢管 DN200	176.49	9.41m
2	低中压管道液压试验 DN200 内	100m	5.660	76.12	32.30			
3	管道水冲洗 DN200 内	100m	3.401	68.19	37.75	水	6.60	43.74m³
4	手工除管道轻锈	10m²	0.328	5.64	0.00			
5	管道刷红丹防锈漆 第一遍	10m²	0.248	19.94	0.00			
6	管道刷红丹防锈漆 第二遍	10m²	0.248	18.35	0.00			
7	管道橡塑保温管（板）φ325 内	m³	7.290	311.73	0.00	橡塑管壳	1250.00	1.04m³

分析要点：

本案例要求按《安装工程计量标准》和《清单计价标准》的规定，掌握编制管道单位工程的分部分项工程量清单的基本方法。编制分部分项工程量清单计价表时，列出管道工程的分项子目，掌握综合单价分析表的编制方法。

计算钢管长度时，不扣除阀门、管件、方形补偿器所占长度。计算管道安装工程费用时，应注意管道的刷油、保温应单列清单工程量。

答案：

问题 1：

解：列表计算工程量，无缝钢管工程量计算过程，见表 3-30。

管道绝热工程量计算公式为 $V = \pi \times (D + 1.03\delta) \times 1.03\delta \times L$，$\pi$——圆周率，$D$——直径，1.03——调整系数，$\delta$——绝热层厚度，$L$——管道延长米。

表 3-30　　　　　　　　　　分部分项工程项目工程量计算表

序号	项目编码	项目名称	项目特征	计量单位	工程数量	计算式
1	030801001001	低压碳钢管	DN300 无缝钢管，电弧焊，水压试验和水冲洗	m	81.69	3.85+5.87−0.5−0.72+1.89+3.82+5.87+6.62+4.16+8.95+7.76+4.17+5.74+6.24+7.16+(2.8−1.6)+(2.8−1.6)+1.03+2.47+4.91=81.69（m）
2	030801001002	低压碳钢管	DN250 无缝钢管，电弧焊，水压试验和水冲洗	m	11.60	(0.8+1.3)×2+(3.2−1.5+3.2−1.2)×2=11.60（m）
3	030801001003	低压碳钢管	DN200 无缝钢管，电弧焊，水压试验和水冲洗	m	35.64	(1.8+2.3)×2+(2.8−1.5+2.8−1.2)×2+0.8×2+1.02×2+(3.2−1.0+3.2−0.5)×2+(2.8−1.0+2.8−0.5)×2=35.64（m）
4	031201001001	管道刷油	DN300 无缝钢管，除锈，刷红丹防锈底漆两道	m	81.69	81.69m
5	031201001002	管道刷油	DN250 无缝钢管，除锈，刷红丹防锈底漆两道	m	11.60	11.60m
6	031201001003	管道刷油	DN200 无缝钢管，除锈，刷红丹防锈底漆两道	m	35.64	35.64m
7	031208002001	其他管道绝热	橡塑管壳（厚度为 30mm）保温	m³	4.03	3.14×[（0.325+1.03×0.03）×81.69+（0.273+1.03×0.03）×11.60+（0.219+1.03×0.03）×35.64]×1.03×0.03=4.03（m³）

问题 2：

解：无缝钢管、弯头、三通、管道刷油及保温的分部分项工程量清单的编制，见表 3-31。

表 3-31　　　　　　　　　　分部分项工程项目清单计价表

序号	项目编码	项目名称	项目特征描述	计量单位	工程量	金额/元		
						综合单价	合价	其中：暂估价
1	030801001001	低压碳钢管	DN300 无缝钢管，电弧焊，水压试验和水冲洗	m	81.69			
2	030801001002	低压碳钢管	DN250 无缝钢管，电弧焊，水压试验和水冲洗	m	11.60			

续表

序号	项目编码	项目名称	项目特征描述	计量单位	工程量	金额/元		
						综合单价	合价	其中：暂估价
3	030801001003	低压碳钢管	DN200 无缝钢管，电弧焊，水压试验和水冲洗	m	35.64			
4	030804001001	低压碳钢管件	DN300，碳钢冲压弯头，电弧焊	个	12.00			
5	030804001002	低压碳钢管件	DN250，碳钢冲压弯头，电弧焊	个	12.00			
6	030804001003	低压碳钢管件	DN200，碳钢冲压弯头，电弧焊	个	16.00			
7	030804001004	低压碳钢管件	DN300×250，挖眼三通，电弧焊	个	4.00			
8	030804001005	低压碳钢管件	DN300×200，挖眼三通，电弧焊	个	12.00			
9	031201001001	管道刷油	DN300 无缝钢管，除锈，刷红丹防锈底漆两道	m	81.69			
10	031201001002	管道刷油	DN250 无缝钢管，除锈，刷红丹防锈底漆两道	m	11.60			
11	031201001003	管道刷油	DN200 无缝钢管除锈，刷红丹防锈底漆两道	m	35.64			
12	031208002001	其他管道绝热	橡塑管壳（厚度为30mm）保温	m³	4.03			

问题 3：

1. 编制无缝钢管 DN200 分项工程项目清单综合单价分析表，见表 3-32。

计算综合单价时，应考虑每米管道无缝钢管主材的消耗量 0.941m，综合单价中包括管道水冲洗和液压试验的费用。

人工消耗量 $=1.886/10+5.660/100+3.401/100=0.279$（工日/m）

其他材料费 $=25.85/10+76.12/100+68.19/100=4.03$（元/m）

其他施工机具使用费 $=158.71/10+32.30/100+37.75/100=16.57$（元/m）

表 3-32　　　　　　　DN200 钢管安装项目清单综合单价分析表

项目编码	030801001003		项目名称	低压碳钢管		计量单位		m
项目特征	DN200 无缝钢管，电弧焊，水压试验和水冲洗							
序号	费用项目	单位	数量	计算基础/元	费率/%	单价/元		合价/元
1	人工费	—	—	—	—	—		36.27
1.1	综合工日	工日	0.2790	—	—	130		36.27

序号	费用项目	单位	数量	计算基础/元	费率/%	单价/元	合价/元
2	材料费	—	—	—	—	—	173.00
2.1	碳钢管 DN200	m	0.9410	—	—	176.49	166.08
2.2	水	m³	0.4374	—	—	6.60	2.89
2.3	其他材料费	元	—	—	—	4.03	4.03
3	施工机具使用费	—	—	—	—	—	16.57
3.1	其他施工机具使用费	元	—	—	—	16.57	16.57
4	1+2+3 小计	—	—	—	—	—	225.84
5	管理费	—	—	36.27	50	18.14	18.14
6	利润	—	—	36.27	30	10.88	10.88
综合单价							254.86

2. 编制无缝钢管 DN200 刷油项目清单综合单价分析表，见表 3-33。

管道刷油的工程量计算规则为"按设计图示尺寸以长度计算"。该企业定额中管道除锈、刷红丹防锈漆的计算规则是"按设计图示表面积以面积计算"。

管道的表面积=3.14×0.219×35.64=24.51（m²）

每米管道刷油清单工程量所含施工工程量=24.51/35.64=0.688（m²）

其中：人工消耗量=(0.328+0.248+0.248)/10×0.688=0.057（工日/m）

材料费=(5.64+19.94+18.35)/10×0.688=3.02（元/m）

表 3-33　　　　　　　DN200 钢管刷油项目清单综合单价分析表

项目编码	031201001003	项目名称	管道刷油		计量单位	m
项目特征	DN200 无缝钢管除锈，刷红丹防锈底漆两道					

序号	费用项目	单位	数量	计算基础/元	费率/%	单价/元	合价/元
1	人工费	—	—	—	—	—	7.41
1.1	综合工日	工日	0.057	—	—	130	7.41

续表

序号	费用项目	单位	数量	计算基础/元	费率/%	单价/元	合价/元
2	材料费	—	—	—	—	—	3.02
2.1	其他材料费	元	—	—	—	3.02	3.02
3	施工机具使用费	—	—	—	—	—	0
3.1	其他施工机具使用费	元	—	—	—	—	0
4	1+2+3 小计	—	—	—	—	—	10.43
5	管理费	—	—	7.41	50	3.71	3.71
6	利润	—	—	7.41	30	2.22	2.22
综合单价							16.36

3. 编制无缝钢管 DN200 保温项目清单综合单价分析表, 见表 3-34。

计算保温的综合单价时, 橡塑保温管 (板) 主材数量应考虑 4%的损耗。

表 3-34 DN200 钢管保温项目清单综合单价分析表

项目编码	031208002001		项目名称	其他管道绝热		计量单位	m^3
项目特征	橡塑管壳 (厚度为 30mm) 保温						
序号	费用项目	单位	数量	计算基础/元	费率/%	单价/元	合价/元
1	人工费	—	—	—	—	—	947.70
1.1	综合工日	工日	7.290	—	—	130	947.70
2	材料费	—	—	—	—	—	1611.73
2.1	橡塑管壳	m^3	1.040	—	—	1250	1300.00
2.2	其他材料费	元	—	—	—	311.73	311.73
3	施工机具使用费	—	—	—	—	—	0
3.1	其他施工机具使用费	元	—	—	—	—	0
4	1+2+3 小计	—	—	—	—	—	2559.43
5	管理费	—	—	947.70	50	473.85	473.85
6	利润	—	—	947.70	30	284.31	284.31
综合单价							3317.59

【案例八】

背景：

1. 某办公楼内卫生间的给水工程施工图，如图 3-5A 和图 3-5B 所示。

图 3-5A　卫生间给水平面图

图 3-5B　卫生间给水系统图

设计说明：

1. 办公楼共 6 层，层高 3.6m，墙厚 200mm。图中尺寸标注标高以米计，其他均以毫米计。

2. 管道采用 PP-R 塑料管及成品管件，热熔连接，成品管卡。

3. 阀门采用螺纹球阀 Q11F-16C，污水池上装铜质水嘴。

4. 成套卫生器具安装按标准图集要求施工，所有附件均随卫生器具配套供应。洗脸盆为单柄单孔台式安装，大便器为感应式冲洗阀蹲式大便器，小便器为感应式冲洗阀壁挂式安装，污水池为成品落地安装。

5. 管道系统安装就位后，给水管道进行水压试验。

2. 根据《安装工程计量标准》的规定，给水排水工程相关分部分项工程量清单项目编码见表 3-35。

表 3-35　　　　　　　　　相关分部分项工程量清单项目编码

项目编码	项目名称	项目编码	项目名称
031001002	镀锌钢管	031003014	给水附件
031001008	塑料管	031001007	复合管
031002001	金属阀门	031002003	塑料阀门
031003003	洗脸盆	031003006	大便器
031003007	小便器	031301003	套管

3. 某企业拟投标该项目，其塑料给水管企业定额相关数据见表 3-36，表内费用均不包含增值税可抵扣进项税额。该工程的人工单价综合工日为 130 元/工日，管理费和利润分别占人工费的 50% 和 30%。

表 3-36　　　　　　　　　塑料给水管安装定额的相关数据表

定额编号	项目名称	单位	安装消耗量及基价/元			未计价主材	
			人工费消耗量/工日	材料费/元	施工机具使用费/元	单价/元	消耗量
10-1-257	室外塑料管热熔安装 dn32	10m	0.55	32.00	15.00		
	PP-R 塑料管 dn32	m				11.00	10.20
	管件（综合）	个				4.20	2.83
10-1-325	室内塑料管热熔安装 dn32	10m	1.20	45.00	26.00		
	PP-R 塑料管 dn32	m				11.00	10.16
	管件（综合）	个				4.20	10.81
10-11-121	管道水压试验	100m	2.66	80.00	55.00		

4. 经计算该办公楼管道安装工程的分部分项工程人材机费用合计为 60 万元，其中人工费占 25%。脚手架搭拆的人材机费用分别为 5400 元、4800 元、1800 元。招标文件规定安全生产措施费按不含安全生产措施费的税前工程造价的 3% 计取。另临时设施、文明施工、环境保护、冬雨季施工增加、夜间施工增加、二次搬运、已完工程及设备保护等以分部分项工程中的人工费为计取基数，费率分别为：7.5%、2.6%、1.5%、1.2%、1.4%、1.8%、1%。

其他项目费中暂列金额 6 万元，不考虑其他内容。

上述费用均不包含增值税可抵扣进项税额，按一般计税法，增值税税率按 9% 计取。

问题：

1. 按照图 3-5A 和图 3-5B 所示内容，按直埋（指敷设于室内地坪下埋地的管段）、明敷（指沿墙面架空敷设于室内明处的管段）分别列式计算给水管道安装项目分部分项清单工程量（注：管道工程量计算至支管与卫生器具相连的分支三通或末端弯头处止）。

2. 根据《安装工程计量标准》和《清单计价标准》的规定，编制管道、阀门、卫生器具（污水池除外）安装项目的分部分项工程量清单。

3. 根据表 3-36 给出的相关内容，编制 dn32 PP-R 室内明敷塑料给水管道分部分项工程项目清单综合单价分析表。

4. 编制该工程投标时的措施项目清单计价表、措施项目清单构成明细分析表。

5. 编制该工程的投标报价汇总表。

分析要点：

本案例要求按《安装工程计量标准》和《清单计价标准》的规定，掌握编制管道单位工程的工程量清单及清单计价的基本方法。具体是：编制分部分项工程项目清单计价表，列出管道工程的分项子目，掌握工程量计算方法；掌握编制管道工程的工程量清单与计价的基本原理；掌握措施项目清单计价表和措施项目清单构成明细分析表的编制方法；掌握编制投标报价汇总表的基本方法。

答案：

问题 1：

解：列式计算 PP-R 塑料给水管道的分部分项清单工程量。

1. PP-R 塑料给水管 dn65：直埋：2.60+0.15＝2.75（m）

2. PP-R 塑料给水管 dn50：直埋：(2.40+2.70-0.15-0.15)+(0.60+0.60)＝6.00（m）

明敷：3.60×3+1.30+3.60×3+0.40＝23.30（m）

3. PP-R 塑料给水管 dn40：明敷：3.60+3.60＝7.20（m）

4. PP-R 塑料给水管 dn32：明敷：3.60+3.60＝7.20（m）

L_1 支管：［（1.80+4.50-0.15×2）+（0.70+0.90-0.15）+（1.30-0.8）］×6＝47.70（m）

L_2 支管：［（3.90+2.40-0.15×2）+（2.70-0.15×2）+（0.70+0.90-0.15）+（0.80-0.40）］×6＝61.50（m）

合计：7.20+47.70+61.50＝116.40（m）

5. PP-R 塑料给水管 dn25：

明敷：［（1.30-1.00）+（2.40-0.15-0.30）+（0.70+0.50-0.15）］×6＝19.80（m）

问题 2：

解：根据计算出的管道、阀门、卫生器具（污水池除外）安装项目的分部分项工程量，填入分部分项工程项目清单计价表，见表 3-37。

表 3-37   **分部分项工程项目清单计价表**

序号	项目编码	项目名称	项目特征	计量单位	工程量	金额/元 综合单价	合价	其中：暂估价
1	031001008001	塑料给水管	dn65，PP-R 塑料给水管，室内直埋，热熔连接，水压试验	m	2.75			
2	031001008002	塑料给水管	dn50，PP-R 塑料给水管，室内直埋，热熔连接，水压试验	m	6.00			
3	031001008003	塑料给水管	dn50，PP-R 塑料给水管，室内明敷，热熔连接，水压试验	m	23.30			
4	031001008004	塑料给水管	dn40，PP-R 塑料给水管，室内明敷，热熔连接，水压试验	m	7.20			
5	031001008005	塑料给水管	dn32，PP-R 塑料给水管，室内明敷，热熔连接，水压试验	m	116.40			
6	031001008006	塑料给水管	dn25，PP-R 塑料给水管，室内明敷，热熔连接，水压试验	m	19.80			
7	031002001001	金属阀门	球阀 DN50，PN16 Q11F-16C	个	1			
8	031002001002	金属阀门	球阀 DN40，PN16 Q11F-16C	个	2			
9	031002001003	金属阀门	球阀 DN25，PN16 Q11F-16C	个	12			
10	031003006001	洗脸盆	陶瓷，单冷，单柄单孔台上式，附件安装	组	12			
11	031003003001	大便器	陶瓷，蹲式，感应式冲洗阀，附件安装	组	24			
12	031003007001	小便器	陶瓷，壁挂式，感应式冲洗阀，附件安装	组	12			

问题3：

解：室内 dn32 室内明敷 PP-R 塑料给水管道项目清单综合单价分析表，见表3-38。

其中：人工消耗量 $= 1.20/10 + 2.66/100 = 0.1466$ （元/m）

其他材料费 $= 45.00/10 + 80.00/100 = 5.30$ （元/m）

其他施工机具使用费 $= 26.00/10 + 55.00/100 = 3.15$ （元/m）

表 3-38　　　　　　　　塑料给水管道安装项目清单综合单价分析表

项目编码	031001006005		项目名称	塑料给水管		计量单位	m
项目特征	dn32，PP-R 塑料给水管，室内明敷，热熔连接，水压试验						
序号	费用项目	单位	数量	计算基础/元	费率/%	单价/元	合价/元
1	人工费	—	—	—	—	—	19.06
1.1	综合工日	工日	0.1466	—	—	130.00	19.06
2	材料费						21.02
2.1	PP-R 塑料管 dn32	m	1.016			11.00	11.18
2.2	管件（综合）	个	1.081			4.20	4.54
2.3	其他材料费	元					5.30
3	施工机具使用费						3.15
3.1	其他施工机具使用费	元					3.15
4	1+2+3 小计						43.23
5	管理费	—	—	19.06	50	9.53	9.53
6	利润	—	—	19.06	30	5.72	5.72
综合单价							58.48

问题4：

解：措施项目清单计价表、措施项目清单构成明细分析表分别见表3-39、表3-40。

其中：分部分项工程费 $= 600000 + 600000 \times 25\% \times (50\% + 30\%) = 720000$ （元）

分部分项工程中的人工费 $= 600000 \times 0.25 = 150000$ （元）

不含安全生产措施费的措施项目费 $= 16320 + 11250 + 3900 + 2250 + 1800 + 2100 + 2700 + 1500 = 41820$ （元）

安全生产措施费 $= (720000 + 41820) \times 3\% = 22854.60$ （元）

表 3-39　　　　　　　　　　　　措施项目清单计价表

序号	项目编码	项目名称	计量单位	工作内容	价格/元	备注
1	031401001001	脚手架	项	搭设脚手架、斜道、上料平台，铺设安全网，铺（翻）脚手板，转运、改制、维修维护，拆除、堆放、整理，外运、归库等	16320	
2	031401012001	临时设施	项	为进行建设工程施工所需的生活和生产用的临时建（构）筑物和其他临时设施，包括临时设施的搭设、移拆、维修、清理、拆除后恢复等，以及因修建临时设施应由承包人所负责的有关内容	11250	
3	031401010001	文明施工	项	施工现场文明施工、绿色施工所需的各项措施	3900	
4	031401011001	环境保护	项	施工现场为达到环保要求所需的各项措施	2250	
5	031401009001	安全生产	项	施工现场安全施工所需的各项措施	22854.6	
6	031401021001	冬雨季施工增加	项	在冬季或雨季施工，引起防寒、保温、防滑、防潮和排除雨雪等措施的增加，人工、施工机械效率的降低等内容	1800	
7	031401020001	夜间施工增加	项	因夜间或在地下室等特殊施工部位施工时，所采用照明设备的安拆、维护、照明用电及施工人员夜班补助、夜间施工劳动效率降低等内容	2100	
8	031401013001	二次搬运	项	因施工场地条件及施工程序限制而发生的材料、构配件、半成品等一次运输不能到达堆放地点，必须进行二次或多次搬运所发生的内容	2700	
9	031401015001	已完工程及设备保护	项	建设项目施工过程中直至竣工验收前，对已完工程及设备采取的必要保护措施	1500	
合计					64674.60	—

表 3-40　　　　　　　　　　　　措施项目清单构成明细分析表

序号	项目编码	措施项目名称	计算基础	费率/%	价格/元	价格构成明细/元					备注
						人工费	材料费	施工机具使用费	管理费	利润	
1	031401001001	脚手架	—	—	16320.00	5400.00	4800.00	1800.00	2700.00	1620.00	
2	031401012001	临时设施	150000.00	7.5	11250.00	—	—	—	—	—	
3	031401010001	文明施工	150000.00	2.6	3900.00	—	—	—	—	—	
4	031401011001	环境保护	150000.00	1.5	2250.00	—	—	—	—	—	
5	031401009001	安全生产	761820.00	3	22854.60	—	—	—	—	—	

续表

序号	项目编码	措施项目名称	计算基础	费率/%	价格/元	人工费	材料费	施工机具使用费	管理费	利润	备注
						价格构成明细/元					
6	031401021001	冬雨季施工增加	150000.00	1.2	1800.00	—	—	—	—	—	—
7	031401020001	夜间施工增加	150000.00	1.4	2100.00	—	—	—	—	—	—
8	031401013001	二次搬运	150000.00	1.8	2700.00	—	—	—	—	—	—
9	031401015001	已完工程及设备保护	150000.00	1.0	1500.00	—	—	—	—	—	—
合 计					64674.60	—	—	—	—	—	—

问题5：

解：该工程的单位工程投标报价汇总表见表3-41。

表3-41　　　　　　　　　　　　投标报价汇总表

序号	项目内容	金额/元
1	分部分项工程项目	720000
1.1	略	
……		
2	措施项目	64674.60
	其中：安全生产措施项目	22854.60
3	其他项目	
3.1	其中：暂列金额	60000.00
3.2	其中：专业工程暂估价	
3.3	其中：计日工	
3.4	其中：总承包服务费	
3.5	其中：合同中约定的其他项目	
4	增值税（720000.00+64674.60+60000.00）×9%	76020.71
	投标报价合计＝1+2+3+4	920695.31

【案例九】

背景：

某展示中心工程项目，建筑面积为 1600m²，地下 1 层，地上 4 层，檐口高度 19.60m，基础为箱形基础，地下室外墙为钢筋混凝土墙，楼梯采用装配式混凝土楼梯（预制厂距该项目 30km）。箱形底板满堂基础平面布置示意图如图 3-6A 所示，基础及地下室外墙剖面示意图如图 3-6B 所示。混凝土采用预拌混凝土，强度等级：基础垫层为 C15，满堂基础、混凝土墙均为抗渗混凝土 C35。项目编码及特征描述等见分部分项工程项目工程量计算表 3-42。

图 3-6A　满堂基础平面布置示意图

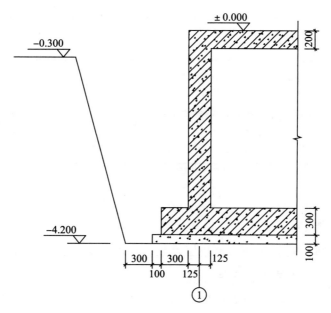

图 3-6B 满堂基础及地下室外墙剖面示意图

表 3-42

分部分项工程项目工程量计算表

序号	项目编码	项目名称	项目特征	计量单位	工程量	计算过程
1	010501001001	基础垫层	1. 基础形式：筏形基础 2. 厚度：100mm 3. 材料品种、强度要求、配比：预拌混凝土、C15	m³		
2	010502003001	筏形基础	1. 混凝土种类：预拌抗渗混凝土 2. 混凝土强度等级：C35 3. 基础类型：平板式筏形基础	m³		
3	010502009001	地下室外墙	1. 混凝土种类：预拌抗渗混凝土 2. 混凝土强度等级：C35 3. 墙体厚度：250mm	m³		
4	010504010001	楼梯	1. 楼梯形式：装配式预制混凝土楼梯 2. 构件规格：单件体积1.2m³ 以内 3. 混凝土强度等级：C30 4. 连接方式：焊接 5. 场外运输 30km	m³	11.75	略
5	010505001001	垫层模板	垫层部位：筏形基础底部	m²		

续表

序号	项目编码	项目名称	项目特征	计量单位	工程量	计算过程
6	010505002001	基础模板	基础类型：平板式筏形基础	m²		
7	010505005001	墙面模板	模板形式：直行模板	m²		
8		其他工程	略			

问题：

1. 根据图示内容、《房建工程计量标准》和《清单计价标准》的规定，计算该工程基础垫层、筏形基础、地下室外墙、垫层模板、筏形基础模板、墙面模板的招标工程量清单中的数量，计算过程填入表 3-42 中。

2. 某施工总承包企业拟投标该项目，其《房屋建筑与装饰工程消耗量企业定额》中节选的分部分项工程人材机的消耗量见表 3-43，投标时采用的资源价格见表 3-44。模板及部分措施项目人材机的费用见表 3-45，投标时确定的管理费率和利润率分别为人工费的 30% 和 20%。该企业定额中的基础垫层、筏形基础、地下室外墙、装配式混凝土楼梯的工程量计算规则与《房建工程计量标准》中的计算规则相同。装配式混凝土楼梯的制作、运输、安装工程量计算规则均是按设计图示构件尺寸以体积计算。除问题 1 中已计算的内容外，该工程其他的分部分项工程费为 2300000 元。上述价格和费用均不包含增值税可抵扣进项税额。编制筏形基础和装配式混凝土楼梯的分部分项工程项目清单综合单价分析表，并编制该工程投标时的分部分项工程项目清单计价表。

3. 措施项目清单编码见表 3-46，企业定额中规定：综合脚手架和垂直运输费的计算规则均按建筑面积计算，投标时确定采用的垂直运输机械为 1 台自升式塔式起重机（600kN·m），进出场 1 次，塔式起重机的基础尺寸为 6m×6m×1.4m，其他大型机械进出场及安拆暂不考虑。招标文件中规定安全生产措施费按不含安全生产措施费的税前工程造价的 3% 计取。另临时设施、文明施工、环境保护、冬雨季施工增加、夜间施工增加、二次搬运、已完工程及设备保护等以分部分项工程中的人工费作为计取基数，费率分别为：7.5%、3%、2.5%、1%、3%、2%、1.2%，该工程分部分项工程中的人工费为 463200 元，编制该工程投标时的措施项目清单计价表、措施项目清单构成明细分析表和大型机械进出场及安拆费用组成明细表。

4. 招标工程量清单的其他项目清单中已明确：暂列金额 200000 元，专业工程暂估价 100000 元，计日工中暂估零星用工 10 个、水泥 2.8t、中砂 8m³、灰浆搅拌机

（400L）2 个台班，投标时确定的综合单价分别为 260 元/工日、580 元/t、240 元/m³、230.8 元/台班。投标时采用的总承包服务费费率为 5%。编制该工程投标时的其他项目清单计价表。

5. 该工程按一般计税法，增值税税率为 9%。除专业工程暂估价外，其他费用均不包含增值税可抵扣进项税额，编制该工程的投标报价汇总表，并确定投标报价。

表 3-43 　　　　　　　　房屋建筑与装饰工程消耗量定额（节选）　　　　　　单位：m³

	定额编号		5-1	5-8	5-24	5-61	5-132	5-133
	项目	单位	混凝土垫层	箱形基础（无梁式）	地下室外墙	预制楼梯安装	预制构件运输 1km 以内	预制构件运输每增运 1km
人工	综合工日	工日	0.8300	0.6080	1.533	1.856	0.349	
材料	预拌混凝土 C15	m³	1.0100					
	预拌抗渗混凝土 C35	m³		1.0100	0.9869			
	预制钢筋混凝土楼梯段（成品）	m³				1.0100		
	塑料薄膜	m²		2.4360	0.4630			
	阻燃毛毡	m²		0.5030	0.0950			
	水	m³	0.3750	0.1322	0.0687			
	水泥抹灰砂浆	m³			0.0234			
	垫木	m³				0.0019		
	垫铁	kg				1.8655		
	锯成材	m³					0.0043	
	钢丝绳	kg					0.0491	
	电焊条	kg				0.5737		
	镀锌低碳钢丝 8 号	kg					0.4545	
机械	混凝土振捣器	台班	0.0826	0.0571	0.0670			
	灰浆搅拌机 200L	台班			0.0030			
	交流弧焊机 32kV·A	台班				0.3182		
	汽车式起重机 8t	台班					0.0873	
	载重汽车 8t	台班					0.1313	0.0130
	轮胎式起重机 20t	台班				0.1596		

表 3-44　　　　　　　　　　　　投标用的资源价格表

序号	资源名称	单位	除税单价/元	序号	资源名称	单位	除税单价/元
1	综合工日	工日	130.00	11	锯成材	m^3	1870.96
2	预拌混凝土 C15	m^3	480.00	12	钢丝绳	kg	10.19
3	预拌抗渗混凝土 C35	m^3	580.00	13	电焊条	kg	7.70
4	预制钢筋混凝土楼梯段（成品）	m^3	2300.00	14	镀锌低碳钢丝	kg	7.62
5	塑料薄膜	m^2	1.85	15	混凝土振捣器	台班	8.82
6	阻燃毛毡	m^2	46.58	16	灰浆搅拌机 200L	台班	204.16
7	水	m^3	6.60	17	交流弧焊机 32kV·A	台班	114.05
8	水泥抹灰砂浆	m^3	507.39	18	汽车式起重机 8t	台班	814.05
9	垫木	m^3	1956.00	19	载重汽车 8t	台班	586.93
10	垫铁	kg	4.80	20	轮胎式起重机 20t	台班	1066.99

表 3-45　　　　　　　　　　　部分企业定额费用表（除税）

企业定额编号	项目名称	计量单位	人工费/元	材料费/元	施工机具使用费/元	人材机之和/元
17-21	基础垫层复合模板	m^2	13.70	26.69	0.62	41.01
17-25	箱形基础复合模板钢支撑	m^2	17.89	35.12	1.26	54.27
17-36	混凝土墙复合模板钢支撑	m^2	19.25	45.79	2.39	67.43
17-9	综合脚手架	m^2	24.69	15.02	4.01	43.72
17-76	垂直运输	m^2	10.80	0.00	60.70	71.50
19-1	塔式起重机基础制作	m^3	216.19	956.67	9.78	1182.64
19-2	塔式起重机基础拆除	m^3	211.58	0.39	46.39	258.36
19-3	自升式塔式起重机（600kN·m）场外运输	台次	1920.00	129.95	7792.47	9842.42
19-4	自升式塔式起重机（600kN·m）安拆 檐高≤20m	台次	5120	308.75	5489.91	10918.66

表 3-46　　措施项目的清单编码

项目编码	项目名称	项目编码	项目名称
011601001	脚手架	011601009	安全生产
011601002	垂直运输	011601010	冬雨季施工增加
011601006	临时设施	011601011	夜间施工增加
011601007	文明施工	011601013	二次搬运
011601008	环境保护	011601014	已完工程及设备保护

分析要点：

本案例要求按《房建工程计量标准》和《清单计价标准》及企业中的消耗量定额的相关规定，掌握编制分部分项工程项目清单综合单价分析表、分部分项工程项目清单计价表、措施项目清单计价表、其他项目清单计价表以及工程项目清单汇总表的操作实务。应掌握分部分项工程通过企业定额中的消耗量和市场价格形成综合单价的过程。本案例的基本知识点：

装配式混凝土楼梯的报价需要综合考虑连接方式、吊装运输费用。该项目采用的是成品预制混凝土楼梯段，按市场价格计入报价中。

为了简化篇幅，表 3-45 中直接给出了模板及措施相关项目的人工费、材料费和施工机具使用费，其组价过程与分部分项工程相同，即首先在该企业的《房屋建筑与装饰工程消耗量企业定额》中获得相应项目定额中的人材机消耗量，然后与资源价格各自相乘汇总成人材机之和，再加上管理费和利润，计算其综合单价。

措施项目清单计价应符合招标文件、合同文件的要求和相关工程国家及行业工程量计算标准的措施项目列项及其工作内容的有关规定。计价时应注意每个项目中工作内容发生的费用均需要考虑。在整个工程中使用的脚手架可以根据企业定额按建筑面积综合考虑，也可以根据项目特点计取外脚手架、里脚手架等单项脚手架。在计算垂直运输时，需要计取费用的费用包括：垂直运输机械进出场及安拆，固定装置、基础制作、安装，行走式机械轨道的铺设、拆除，设备运转、使用等。

其他项目清单中的专业工程暂估价可采用总价计价方式计价，以项计算其价格；但应注意根据《清单计价标准》的规定，专业工程暂估价应包含增值税，在增值税的计算基数中不应再计取其相应税金。

答案：

问题 1：

解：该工程基础垫层、筏形基础、地下室外墙、垫层模板、基础模板、墙面模板的招标工程量清单中数量的计算见表 3-47。

表 3-47　　　　　　　　　　分部分项工程项目工程量计算表

序号	项目编码	项目名称	项目特征	计量单位	工程量	计算过程
1	010501001001	基础垫层	1. 基础形式：筏形基础 2. 厚度：100mm 3. 材料品种、强度要求、配比：预拌混凝土、C15	m³	37.36	（17.4+0.25+0.3×2+0.1×2）×（19.2+0.25+0.3×2+0.1×2）×0.1=37.36
2	010502003001	筏形基础	1. 混凝土种类：预拌抗渗混凝土 2. 混凝土强度等级：C35 3. 基础类型：平板式筏形基础	m³	109.77	（17.4+0.25+0.3×2）×（19.2+0.25+0.3×2）×0.3=109.77
3	010502009001	地下室外墙	1. 混凝土种类：预拌抗渗混凝土 2. 混凝土强度等级：C35 3. 墙体厚度：250mm	m³	69.54	（17.4×2+19.2×2）×0.25×（4.2-0.1-0.3）=69.54
4	010504010001	楼梯	1. 楼梯形式：装配式预制混凝土楼梯 2. 构件规格：单件体积 1.2m³ 以内 3. 混凝土强度等级：C30 4. 连接方式：焊接 5. 场外运输 30km	m³	11.75	略
5	010505001001	垫层模板	垫层部位：筏形基础底部	m²	7.74	［（17.4+0.25+0.3×2+0.1×2）×2+（19.2+0.25+0.3×2+0.1×2）×2］×0.1=7.74
6	010505002001	基础模板	基础类型：平板式筏形基础	m²	22.98	［（17.4+0.25+0.3×2）×2+（19.2+0.25+0.3×2）×2］×0.3=22.98
7	010505005001	墙面模板	模板形式：直行模板	m²	541.88	（17.4+0.25+19.2+0.25）×2×3.8+（17.4-0.25+19.2-0.25）×2×3.6=541.88
8		其他工程	略			

问题 2：

解：根据表 3-43 和表 3-44 的内容编制的分部分项工程项目清单综合单价分析表，见表 3-48、表 3-49；编制的分部分项工程项目清单计价表见表 3-50。

1. 编制筏形基础和楼梯的分部分项工程项目清单综合单价分析表。

（1）筏形基础项目清单综合单价分析表，见表3-48。

每立方米筏形基础清单工程量所含施工工程量：109.77/109.77＝1

表3-48　　　　　　　　　　　　筏形基础项目清单综合单价分析表

项目编码	010502003001		项目名称	筏形基础		计量单位	m³
项目特征	1. 混凝土种类：预拌抗渗混凝土 2. 混凝土强度等级：C35 3. 基础类型：平板式筏形基础						
序号	费用项目	单位	数量	计算基础/元	费率/%	单价/元	合价/元
1	人工费	—	—	—	—	—	79.04
1.1	综合工日	工日	0.6080	—	—	130	79.04
2	材料费						614.61
2.1	预拌抗渗混凝土 C35	m³	1.0100			580	585.80
2.2	其他材料费	元				28.81	28.81
3	施工机具使用费	—	—	—	—		0.50
3.1	混凝土振捣器	台班	0.0571			8.82	0.50
3.2	其他施工机具使用费	元	—	—	—	—	—
4	1+2+3 小计	—	—	—	—	—	694.15
5	管理费			79.04	30	23.71	23.71
6	利润			79.04	20	15.81	15.81
综合单价							733.67

（2）装配式混凝土楼梯项目清单综合单价分析表见表3-49。

每 1m³ 装配式混凝土楼梯安装清单工程量所含施工工程量：11.75/11.75＝1

每 1m³ 装配式混凝土楼梯运输 1km 以内的清单工程量所含施工工程量：11.75/11.75＝1

每 1m³ 装配式混凝土楼梯增运 29km 的清单工程量所含施工工程量：11.75/11.75× 29＝29

其中：人工费＝（1.856×1+0.349×1+0×2.90）×130＝2.205×130＝286.65（元/m³）

其他材料费＝（0.0019×1956+1.8655×4.80+0.5737×7.70）×1+

（0.0043×1870.96+0.0491×10.19+0.4545×7.62）×1＝29.10（元/m³）

载重汽车的施工机具使用费＝（0.1313+0.013×29）×586.93＝0.5083×586.93＝298.34 （元/m³）

表 3-49　　　　　　　装配式混凝土楼梯项目清单综合单价分析表

项目编码	010504010001		项目名称	楼梯		计量单位	m³
项目特征	1. 楼梯形式：装配式预制混凝土楼梯；2. 构件规格：单件体积 1.2m³ 以内；3. 混凝土强度等级：C30；4. 连接方式：焊接；5. 场外运输 30km						
序号	费用项目	单位	数量	计算基础/元	费率/%	单价/元	合价/元
1	人工费	—	—	—	—	—	286.65
1.1	综合工日	工日	2.205	—	—	130	286.65
2	材料费	—	—	—	—	—	2352.10
2.1	预制钢筋混凝土楼梯段（成品）	m³	1.010	—	—	2300	2323.00
2.2	其他材料费	元	—	—	—	29.10	29.10
3	施工机具使用费	—	—	—	—	—	575.99
3.1	交流弧焊机 32kV·A	台班	0.3182	—	—	114.05	36.29
3.2	汽车式起重机 8t	台班	0.0873	—	—	814.05	71.07
3.3	载重汽车 8t	台班	0.5083	—	—	586.93	298.34
3.4	轮胎式起重机 20t	台班	0.1596	—	—	1066.99	170.29
3.5	其他施工机具使用费	元	—	—	—	—	—
4	1+2+3 小计	—	—	—	—	—	3214.74
5	管理费	—	—	286.65	30	86.00	86.00
6	利润	—	—	286.65	20	57.33	57.33
综合单价							3358.07

　　基础垫层、地下室外墙、垫层模板、基础模板、墙面模板等的综合单价的计算过程类似上述算法（综合单价分析表略），分别为：649.85 元/m³、890.15 元/m²、47.86 元/m²、63.22 元/m²、77.06 元/m²。

　　2. 编制分部分项工程项目清单计价表，见表 3-50。

表 3-50　　　　　　　分部分项工程项目清单计价表

序号	项目编码	项目名称	项目特征描述	计量单位	工程量	金额/元	
						综合单价	合价
1	010501001001	基础垫层	1. 基础形式：筏形基础 2. 厚度：100mm 3. 材料品种、强度要求、配比：预拌混凝土、C15	m³	37.36	649.85	24278.40

续表

序号	项目编码	项目名称	项目特征描述	计量单位	工程量	金额/元	
						综合单价	合价
2	010502003001	筏形基础	1. 混凝土种类：预拌抗渗混凝土 2. 混凝土强度等级：C35 3. 基础类型：平板式筏形基础	m³	109.77	733.67	80534.96
3	010502009001	地下室外墙	1. 混凝土种类：预拌抗渗混凝土 2. 混凝土强度等级：C35 3. 墙体厚度：250mm	m³	69.54	890.15	61901.03
4	010504010001	楼梯	1. 楼梯形式：装配式预制混凝土楼梯 2. 构件规格：单件体积1.2m³以内 3. 混凝土强度等级：C30 4. 连接方式：焊接 5. 场外运输30km	m³	11.75	3358.07	39457.32
5	010505001001	垫层模板	垫层部位：筏形基础底部	m²	7.74	47.86	370.44
6	010505002001	基础模板	基础类型：平板式筏形基础	m²	22.98	63.22	1452.80
7	010505005001	墙面模板	模板形式：直行模板	m²	541.88	77.06	41757.27
8	………	其他工程	略				2300000.00
		分部分项工程合计					2549752.22

问题3：

解：措施项目清单计价表、措施项目清单构成明细表以及大型机械进出场及安拆费用组成明细表分别见表3-51、表3-52、表3-53。

综合脚手架的费用

$=24.69×1600+15.02×1600+4.01×1600+24.69×160×30\%+24.69×1600×20\%$

$=39504.00+24032.00+6416.00+11851.20+7900.80=89704$（元）

塔式起重机的基础尺寸为$6m×6m×1.4m=50.4m³$，垂直运输费的组成如下：

人工费$=10.80×1600+216.19×50.4+211.58×50.4+1920.00×1+5120.00×1=45879.61$（元）

材料费$=0×1600+956.67×50.4+0.39×50.4+129.95×1+308.75×1=48674.52$（元）

施工机具使用费

$=60.70×1600+9.78×50.4+46.39×50.4+7792.47×1+5489.91×1=113233.35$（元）

管理费$=45879.61×30\%=13763.88$（元）

利润$=45879.61×20\%=9175.92$（元）

垂直运输费合计＝45879.61＋48674.52＋113233.35＋13763.88＋9175.92＝230727.28（元）

塔式起重机安拆费＝10918.66＋5120×30%＋5120×20%＝18478.66（元）

场外运输费＝9842.42＋1920×30%＋1920×20%＝10182.42（元）

固定装置安拆费＝（1182.64＋216.19×30%＋216.19×20%＋258.36＋211.58×30%＋211.58×20%）×50.4＝83406.20（元）

不含安全生产措施费的措施项目费＝89704＋230727.28＋34740＋13896＋11580＋4632＋13896＋9264＋5558.4＝413997.68（元）

其他项目费的计算见表 3-54。

安全生产措施费＝（2549752.22＋413997.68＋6605.60＋4587.16）×3%＝89248.28（元）

表 3-51　　　　　　　　　　　　　　措施项目清单计价表

序号	项目编码	项目名称	计量单位	工作内容	价格/元	备注
1	011601001001	脚手架	项	搭设脚手架、斜道、上料平台，铺设安全网，铺（翻）脚手板，转运、改制、维修维护，拆除、堆放、整理，外运、归库等	89704.00	
2	011601002001	垂直运输	项	垂直运输机械进出场及安拆，固定装置、基础制作、安装，行走式机械轨道的铺设、拆除，设备运转、使用等	230727.28	
3	011601006001	临时设施	项	为进行建设工程施工所需的生活和生产用的临时建（构）筑物和其他临时设施。包括临时设施的搭设、移拆、维修、清理、拆除后恢复等，以及因修建临时设施应由承包人所负责的有关内容	34740.00	
4	011601007001	文明施工	项	施工现场文明施工、绿色施工所需的各项措施	13896.00	
5	011601008001	环境保护	项	施工现场为达到环保要求所需的各项措施	11580.00	
6	011601009001	安全生产	项	施工现场安全施工所需的各项措施	89248.28	
7	011601010001	冬雨季施工增加	项	在冬季或雨季施工，引起防寒、保温、防滑、防潮和排除雨雪等措施的增加，人工、施工机械效率的降低等内容	4632.00	
8	011601011001	夜间施工增加	项	因夜间或在地下室等特殊施工部位施工时，所采用照明设备的安拆、维护、照明用电及施工人员夜班补助、夜间施工劳动效率降低等内容	13896.00	
9	011601013001	二次搬运	项	因施工场地条件及施工程序限制而发生的材料、构配件、半成品等一次运输不能到达堆放地点，必须进行二次或多次搬运所发生的内容	9264.00	
10	011601014001	已完工程及设备保护	项	建设项目施工过程中直至竣工验收前，对已完工程及设备采取的必要保护措施	5558.40	
合计					503245.96	—

表 3-52　　　　　　　　　　　措施项目清单构成明细分析表

序号	项目编码	措施项目名称	计算基础	费率/%	价格/元	价格构成明细/元					备注
						人工费	材料费	施工机具使用费	管理费	利润	
1	011601001001	脚手架	—	—	89704.00	39504.00	24032.00	6416.00	11851.20	7900.80	
2	011601002001	垂直运输	—	—	230727.28	45879.61	48674.52	113233.35	13763.88	9175.92	
3	011601006001	临时设施	463200	7.5	34740.00	—	—	—	—	—	
4	011601007001	文明施工	463200	3	13896.00	—	—	—	—	—	
5	011601008001	环境保护	463200	2.5	11580.00	—	—	—	—	—	
6	011601009001	安全施工	2974942.66	3	89248.28	—	—	—	—	—	
7	011601010001	冬雨季施工增加	463200	1	4632.00	—	—	—	—	—	
8	011601011001	夜间施工增加	463200	3	13896.00	—	—	—	—	—	
9	011601013001	二次搬运	463200	2	9264.00	—	—	—	—	—	
10	011601014001	已完工程及设备保护	463200	1.2	5558.40	—	—	—	—	—	
	合　计				503245.96				—	—	—

表 3-53　　　　　　　　　　　大型机械进出场及安拆费用组成明细表

序号	大型机械名称、规格、型号	数量	进出场次数	进出场费用单价/元 $C=C_1+C_2+C_3$			合价/元	备注
				机械安拆费	机械装卸运输费	固定装置安拆费		
		A	B	C_1	C_2	C_3	$D=A \times B \times C$	
1	自升式塔式起重机 600kN·m	1	1	18478.66	10182.42	83406.20	112067.28	
	合计						112067.28	—

问题 4：

解：该工程的其他项目清单计价表，见表 3-54。

表 3-54　　　　　　　　　　　其他项目清单计价表

序号	项目名称	暂估（暂定）金额/元	结算（确定）金额/元	调整金额±/元	备注
1	暂列金额	200000.00			
2	专业工程暂估价	100000.00			
3	计日工 10×260+2.8×580+8×240+2×230.8 = 6605.60	6605.60			

续表

序号	项目名称	暂估（暂定）金额/元	结算（确定）金额/元	调整金额±/元	备注
4	总承包服务费 100000/1.09×5%=4587.16	4587.16			
5	合同中约定的其他项目	—			
	合计	311192.76			

问题5：

解：1. 该工程的单位工程投标报价汇总表，见表3-55。

专业工程暂估价中已包含增值税，在增值税的计算基数中应扣除。

表3-55 投标报价汇总表

序号	项目内容	金额/元
1	分部分项工程项目	2549752.22
1.1	略	
……		
2	措施项目	503245.96
	其中：安全生产措施项目	89248.28
3	其他项目	311192.76
3.1	其中：暂列金额	200000.00
3.2	其中：专业工程暂估价	100000.00
3.3	其中：计日工	6605.60
3.4	其中：总承包服务费	4587.16
3.5	其中：合同中约定的其他项目	0.00
4	增值税（2549752.22+503245.96+311192.76−100000）×9%	293777.18
	投标报价合计=1+2+3+4	3657968.12

2. 确定该单位工程投标报价。

单位工程投标报价为：3657968.12元。

【案例十】

背景：

某写字楼电梯厅共20套，装修竣工图及相关技术参数见图3-7A和图3-7B所示，墙面干挂石材高度为2900mm，其石材外皮距结构面尺寸为100mm。施工企业中标的分部分项工程项目清单计价表，见表3-56，表中的综合单价均不包含增值税可抵扣进项税额。

图 3-7A　标准层电梯厅楼面铺装尺寸图

1-1　剖面图

2-2　剖面图

图 3-7B　标准层电梯厅吊顶尺寸图

3-3　剖面图

　　招标文件和合同中约定：（1）采用《清单计价标准》中的"价格信息调差法"对合同约定的主材进行价差调整，投标截止日前28天工程造价管理机构发布的信息价作为基准价，并以计量周期工程造价管理机构发布的信息价作为现行市场价格。承包人投标报价中可调价因子单价低于基准价的，计量周期工程造价管理机构发布的单价涨幅以基准价为基础超出合同约定的风险幅度值，或材料单价跌幅以投标报价为基础超出合同约定的风险幅度值时，其超出部分应按实调整。承包人投标报价中可调价因子单价高于基准价的，计量周期工程造价管理机构发布的单价跌幅以基准价为基础超出合同约定的风险幅度值，或材料单价涨幅以投标报价为基础超出合同约定的风险幅度值时，其超出部分应按实调整。（2）工程量清单缺陷引起清单项目变化（项目增减），或清单工程量增加或减少且增减工程量未超过相应清单项目合同清单所含工程量的15%（含15%）的，按双方认可的根据《房建工程计量标准》计算的实际工程量调整合同价格，综合单价不变。

　　发包人在招标文件中提供的"承包人提供可调价主要材料表"见表3-57所示。合同约定按《房建工程计量标准》中的计算规则计算的工程量乘以综合单价分析表中的消耗量确定可调差材料的数量。

　　该工程投标时根据工程造价管理部门的规定，安全生产措施费按不含安全生产措施费的税前工程造价的3%计取；其他措施项目费用合计按分部分项工程人工费的18%计取。分部分项工程中的人工费约占25%，招标时其他项目费中暂列金额为90000元。

表 3-56　　　　　　　　　　　分部分项工程项目清单计价表

序号	项目编码	项目名称	项目特征描述	计量单位	工程量	金额/元	
						综合单价	合价
1	011102001001	石材楼地面	干硬性水泥砂浆铺砌米黄大理石	m²	302.40	540.00	163296.00
2	011102001002	石材波打线	干硬性水泥砂浆铺砌啡网纹大理石	m²	65.60	610.00	40016.00
3	011108001001	过门石	干硬性水泥砂浆铺砌啡网纹大理石	m²	24.60	600.00	14760.00
4	011203001001	石材墙面	型钢龙骨，防锈漆2遍，干挂鱼肚白大理石	m²	461.60	910.00	420056.00
5	010808002001	不锈钢电梯门套	1mm镜面不锈钢板	m²	141.60	240.00	33984.00
6	011302002001	跌级吊顶天棚	2.5mm铝板，轻钢龙骨	m²	345.60	339.98	117497.09
分部分项工程合计							789609.09

表 3-57   承包人提供可调价主要材料表

序号	名称、规格、型号	单位	数量	基准价 C_0/元	投标报价 /元	风险幅度 r/%	价格信息 C_i/元	价差 ΔC/元	价差调整金额 ΔP/元
1	米黄、网纹大理石	m^2	404.38	410		5			
2	鱼肚白大理石	m^2	475.45	470		5			
3	天棚铝板	m^2	362.88	210		5			

问题：

1. 根据工程竣工图纸及技术参数，按《房建工程计量标准》的计算规则，计算该 20 套电梯厅装饰分部分项工程的结算工程量，计算过程填入表 3-58 中。

表 3-58   工程量计算表

序号	项目名称	单位	计算过程	计算结果
1	石材楼地面	m^2		
2	石材波打线	m^2		
3	过门石	m^2		
4	石材墙面	m^2		
5	不锈钢电梯门套	m^2		
6	跌级吊顶天棚	m^2		

2. 施工企业投标时根据企业定额的计算规则，计算出吊顶龙骨的工程量为 345.60m^2，吊顶铝板面层按展开面积计算的工程量为 379.20m^2。采用了表 3-59 企业定额的内容进行了跌级吊顶天棚的组价。表中费用均不包含增值税可抵扣进项税额，管理费和利润分别为人工费 40% 和 20%。列式计算吊顶天棚投标时的综合单价。

3. 米黄和网纹大理石、鱼肚白大理石投标时的材料除税单价分别为 420 元/m^2、455 元/m^2，综合单价分析表中的材料消耗量均为 1.03，施工过程中，施工计量周期造价管理部门发布的米黄和网纹大理石、鱼肚白大理石、铝单板除税单价分别为 450 元/m^2、490 元/m^2、235 元/m^2，施工当期承包方采购的米黄和网纹大理石、鱼肚白大理石、铝单板除税单价分别为 430 元/m^2、475 元/m^2、215 元/m^2，计算物价变化带来的价差调整费用，并编制结算时的"承包人提供可调价主要材料表"。

表 3-59　　　　　　　　企业消耗量定额及单价表　　　　　　计量单位：m²

定额编号			13-11	13-30
项目名称			不上人型装配式 U 形轻钢跌级天棚龙骨（网格尺寸 450mm×450mm）	天棚铝单板
名称	单位	单价/元	消耗量	
人工　综合工日	工日	138	0.266	0.159
材料　吊筋	kg	3.95	0.481	—
六角螺栓	kg	8.86	0.018	—
角钢（综合）	kg	3.72	0.400	—
低合金钢焊条	kg	10.62	0.179	—
轻钢龙骨（跌级、不上人型）450mm×450mm	m²	20.63	1.050	—
射钉	个	0.12	1.550	—
钢材（综合）	kg	4.10	0.025	—
铝单板 40S	m²	180	—	1.050
自攻螺丝镀锌	100 个	2.46	—	0.165
机械　交流弧焊机 32kV·A	台班	94.74	0.0369	—

4. 电梯门套的材料应甲方要求进行了设计变更，改为 2mm 拉丝不锈钢板，发承包双方核定的材料含税单价为 350 元/m²，根据合同约定，此类变更仅可以调整不锈钢板材料的单价，其他内容不变，中标的 1mm 镜面不锈钢板的含税单价为 180 元/m²，每平方米消耗量为 1.05m²。若增值税进项税率为 13%，计算 2mm 拉丝不锈钢门套的综合单价和变更费用。

5. 该工程施工过程中，双方认可的工程索赔费用 20000 元，其他措施项目费减少 2400 元，安全生产措施费的调整金额按不含安全生产措施费的税前工程造价调整金额的 3% 计取，上述费用均不包含增值税可抵扣进项税额。按一般计税法，增值税税率为 9%。编制分部分项工程项目清单缺陷调整表和工程项目竣工结算汇总表。

分析要点：

本案例要求按《房建工程计量标准》和《清单计价标准》及相关规定，掌握编制工程结算的基本方法，掌握由于物价变化带来的综合单价超过风险幅度值后的调整方法，掌握由于设计变更带来的材料单价的换算和综合单价的组价方法，掌握工程竣工结算的整个编制流程。

问题 1 涉及装饰分部分项工程楼地面、墙面、顶棚等的工程量计算。注意各工程量计算之间的配合关系。

问题 2 主要考核包含多项工作内容的清单综合单价组价过程。

问题 3 主要考核使用"造价信息差额调整法"进行物价变化带来的费用调整。物价变化引起合同价格调整采用价格信息调差法的，因人工、材料、施工机具价格波动影响合同价格时，按下式计算差额并调整合同价格：

$$\Delta P = \sum \left[(\Delta C - C_0 \times r) \times Q \right]，其中 |\Delta C| > |C_0 \times r|$$

$$\Delta C = C_i (i = 1, \cdots, n) - C_0$$

其中 C_0 为基准价，投标截止日前 28 天（非招标工程为合同签订日前 28 天）的市场价格，基准价来源可为发包人确定最高投标限价时所采用的市场价格，或工程造价管理机构发布的当季（月）度信息价，或同类工程项目、同期（前 1 个月内）同条件、工程项目所在地交易中心公布的招标中标价，但均应代表投标截止日前 28 天（非招标工程为合同签订日前 28 天）的市场价格水平；C_i 为计量周期市场价格，现行市场价格可为经发承包双方确认的该计量周期的市场价格，或工程造价管理机构发布的当季（月）度信息价，或同类工程项目、同期（前 1 个月内）同条件、工程项目所在地交易中心公布的招标中标价，但均应代表计量周期的现行市场价格水平；Q 为可调因子的数量，可调差因子数量采用其他计算方法的，应在招标文件和合同专用条款中细化明确；r 为风险幅度系数，当 $\Delta C > 0$ 时，r 为正值，当 $\Delta C < 0$ 时，r 为负值；i 指采购时间。

以上价格信息调差公式中的基准价（C_0）和计量周期市场价格（C_i）采用的价格方式、价格信息的来源及其确认、风险幅度系数的确认等应由发包人根据工程情况测算确定，并在招标文件明确，可调差的材料数量应依据发承包双方在合同中约定的数量计算规则计算确定。

问题 4 主要考核材料单价换算时应采用不含增值税可抵扣进项税额的价格。

问题 5 中应注意竣工结算汇总表中不再包含投标报价中的暂列金额，而应包含签证费用、变更费用、物价调整费用等。

答案：

问题 1：

解：电梯厅装饰分部分项工程的结算工程量的计算见表 3-60。

表 3-60　　　　　　　　　　　　　　　工程量计算表

序号	项目名称	单位	计算过程	计算结果
1	石材楼地面	m²	4.00×3.40×20	272.00
2	石材波打线	m²	(4.20×2+3.60×2)×0.20×20	62.40
3	过门石	m²	0.30×1.10×4×20	26.40
4	石材墙面	m²	[2.90×(0.50×4+4.40×2+0.10×4)−1.10×2.40×4]×20	438.40

续表

序号	项目名称	单位	计算过程	计算结果
5	不锈钢电梯门套	m²	0.30×（1.10+2.40×2）×4×20	141.60
6	吊顶天棚	m²	（0.50×4.40×2+2.80×4.60）×20	345.60

问题2：

解：根据表3-59的内容，吊顶天棚费用的组成如下：

人工费=138×（0.266×345.60+0.159×379.20）=21006.69（元）

材料费=（3.95×0.481+8.86×0.018+3.72×0.400+10.62×0.179+20.63×1.05+0.12×1.55+4.10×0.025）×345.60+（180×1.05+2.46×1.65）×379.20=82676.86（元）

施工机具使用费=94.74×0.0369×345.60+0×379.20=1208.19（元）

管理费=21006.69×40%=8402.68（元）

利润=21006.69×20%=4201.34（元）

费用合计=21006.69+82676.86+1208.19+8402.68+4201.34=117495.76（元）

投标时综合单价=117495.76/345.60=339.98（元/m²）

问题3：

解：米黄和网纹大理石材料投标报价大于基准价，计量周期工程造价管理机构发布的单价涨幅应以投标报价为基础超出合同约定的风险幅度值进行费用调整，材料数量=1.03×（272.00+62.40+26.40）=371.62（m²），价差=450-420=30（元/m²），30>420×5%=21，价差调整费用=（450-420-420×5%）×371.62=3344.58（元）。

鱼肚白大理石材料基准价大于投标报价，计量周期工程造价管理机构发布的单价涨幅应以基准价为基础超出合同约定的风险幅度值进行费用调整，材料数量=1.03×438.40=451.55（m²），价差=490-470=20（元/m²），20<470×5%=23.5，不调整费用。铝单板材料基准价大于投标报价，应以基准价为基础超出合同约定的风险幅度值进行费用调整，材料数量=1.05×345.60=362.88（m²），价差=235-210=25（元/m²），25>210×5%=10.5，价差调整费用=（235-210-210×5%）×362.88=5261.76（元）。

结算时的"承包人提供可调价主要材料表"见表3-61。

表3-61 承包人提供可调价主要材料表

序号	名称、规格、型号	单位	数量	基准价 C_0/元	投标报价/元	风险幅度 r/%	价格信息 C_i/元	价差 ΔC/元	价差调整金额 ΔP/元
1	米黄、网纹大理石	m²	371.62	410	420	5	450	30	3344.58
2	鱼肚白大理石	m²	451.55	470	455	5	490	20	0

续表

序号	名称、规格、型号	单位	数量	基准价 C_0/元	投标报价/元	风险幅度 r/%	价格信息 C_i/元	价差 ΔC/元	价差调整金额 ΔP/元
3	天棚铝板	m²	362.88	210	180	5	235	25	5261.76
合计									8606.34

问题 4：

解：计入综合单价的应为材料的不含增值税进项税额的单价。

1mm 镜面不锈钢材的除税单价 = 180÷（1+13%）= 159.29（元/m²）

2mm 拉丝不锈钢的除税单价 = 350÷（1+13%）= 309.73（元/m²）

2mm 拉丝不锈钢门套的综合单价 = 240−159.29×1.05+309.73×1.05 = 397.96（元/m²）

不锈钢门套的分部分项变更费用合计 = （397.96−240）×141.60 = 22367.14（元）

问题 5：

解：1. 编制分部分项工程项目清单缺陷调整表，见表 3-62。

表 3-62　　　　　　　　分部分项工程项目清单缺陷调整表

序号	项目编码	项目名称	项目特征描述	计量单位	合同			工程量清单缺陷调整			调整金额 ±/元
					工程量	综合单价/元	合价/元	工程量	综合单价/元	合价/元	
					A_1	B_1	C_1	A_2	B_2	C_2	$D=C_2-C_1$
1	011102001001	石材楼地面	干硬性水泥砂浆铺砌米黄大理石	m²	302.40	540.00	163296.00	272.00	540.00	146880.00	−16416
2	011102001002	石材波打线	干硬性水泥砂浆铺砌啡网纹大理石	m²	65.60	610.00	40016.00	62.40	610.00	38064.00	−1952
3	011108001001	过门石	干硬性水泥砂浆铺砌啡网纹大理石	m²	24.60	600.00	14760.00	26.40	600.00	15840.00	1080

续表

序号	项目编码	项目名称	项目特征描述	计量单位	合同			工程量清单缺陷调整			调整金额 ±/元
					工程量	综合单价/元	合价/元	工程量	综合单价/元	合价/元	
					A_1	B_1	C_1	A_2	B_2	C_2	$D=C_2-C_1$
4	011203001001	石材墙面	型钢龙骨，防锈漆2遍，干挂鱼肚白大理石	m²	461.60	710.00	327736.00	438.40	710.00	311264.00	-16472
合计											-33760

2. 编制工程竣工结算汇总表。

合同中的其他措施项目费 = 789609.09×25%×18% = 35532.41（元）

合同中的安全生产措施费 = （789609.09+35532.41）×3% = 24754.25（元）

措施项目费合计 = 35532.41+24754.25 = 60286.66（元）

合同中的增值税 = （789609.09+60286.66+90000）×9% = 84590.62（元）

不含安全生产措施费的税前工程造价调整金额 = -33760-2400+8606.34+22367.14+20000 = 14813.48（元）

安全生产措施费的调整金额 = 14813.48×3% = 444.40（元）

单位工程竣工结算汇总表见表3-63。

表3-63　　　　　　　　　　　　单位工程竣工结算汇总表

序号	汇总内容	合同金额/元	合同价格调整金额±/元	结算金额/元	备注
		A	B	$C=A+B$	
1	分部分项工程项目	789609.09	-33760.00	755849.09	
2	措施项目	60286.66	-1955.60	58331.06	
2.1	其中：安全生产措施项目	24754.25	444.40	25198.65	
3	其他项目	90000	-90000	0	
3.1	其中：暂列金额	90000	-90000	0	
3.2	其中：专业工程暂估价	0	0	0	

序号	汇总内容	合同金额/元	合同价格调整金额±/元	结算金额/元	备注
		A	*B*	*C=A+B*	
3.3	其中：计日工	0	0	0	
3.4	其中：总承包服务费	0	0	0	
3.5	其中：合同中约定的其他项目	0	0	0	
4	材料暂估价调整	0	0	0	
5	物价变化调差	0	8606.34	8606.34	
6	法律法规及政策性变化	0	0	0	
7	工程变更	0	22367.14	22367.14	
8	新增工程	0	0	0	
9	工程索赔	0	20000	20000	
10	发承包双方约定的其他项目调整	0	0	0	
11	增值税	84590.62	−6726.79	77863.83	
合计		1024486.37	−81468.91	943017.46	—

第四章　工程招标投标

本章基本知识点：

1. 建设工程施工招标投标程序；
2. 技术经济分析方法在投标决策中的运用；
3. 投标报价技巧的选择和运用；
4. 评标定标的具体方法及需注意的问题；
5. 工程量清单招标投标的相关问题；
6. 工程总承包、招标文件、投标文件和电子招标投标的应用。

【案例一】

背景：

A 企业拟招标进行某房屋建筑工程建设，项目属于中央预算内投资项目，项目可研批准工程估算 6250 万元，批准工程概算 6200 万元，工程最高投标限价 6100 万元。工程采用 EPC（设计-采购-施工）总承包方式，依据拟建工程已批复的初步设计进行项目的施工图设计、采购、施工的工程总承包公开招标，3 月 1 日 9：00 在招标网站发布了招标文件，招标文件规定：不进行资格预审，评标时进行资格审查；投标截止时间 4 月 17 日 15：00。投标截止时，B、C、D 和 E 四家投标人递交了投标文件和提交了投标保证金。在 4 月 16 日 17：00，招标人收到 F 投标人撤回投标文件的书面通知。

B 投标人对招标文件进行了仔细分析，发现招标人所提出的工期要求过于苛刻，且合同条款中规定每拖延 1 天工期罚合同价的 1‰。若要保证实现该工期要求，必须采取特殊措施，从而大大增加成本；还发现初步设计中原设计结构方案采用框架-剪力墙体系过于保守。因此，该投标人在投标文件中说明招标人的工期要求难以实现，因而按招标文件要求的工期和自己认为的合理工期（比招标人要求的工期增加 6 个月）编制施工进度计划分别报价；还建议将框架-剪力墙体系改为框架体系，并对这两种结构体系进行了技术经济分析和比较，证明框架体系不仅能保证工程结构的可靠性和安全性、增加使用面积、提高空间利用的灵活性，而且可降低造价约 3%，并按照框架-剪力墙体系和框架体系分别报价。

B 投标人将技术标和商务标分别封装，在封口处加盖本单位公章和项目经理签字后，在投标截止日期前 1 天上午将投标文件报送招标人。次日（即投标截止日当天）下午，在规定的开标时间前 1 小时，该投标人又递交了一份补充材料，其中声明将原报价降低 4%。但是，招标人的有关工作人员认为，根据国际上"一标一投"的惯例，一个投标人不得递交两份投标文件，因而拒收该投标人的补充材料。

开标会由市招标投标办的工作人员主持，各投标人代表均到场。开标前，工作人员对各投标人的资质进行审查，并对所有投标文件进行审查，发现 C 投标人的投标文件委托代理人签字处未签字，确认 C 投标人的投标文件未满足形式评审要求，C 投标人的投标为无效投标文件。评标委员会和主持人简单商议并同建设单位沟通后决定：由于工程项目工期紧张，建设工作不能延误，对合格的 B、D 和 E 投标人的投标文件正式开标。主持人宣读投标人名称、投标价格、投标工期和有关投标文件的重要说明。经过评标等相关程序，最终，D 投标人以 6000 万元报价中标，D 投标人和 A 企业签订了 EPC 工程总承包合同，将该工程的设计、采购、施工任务委托总承包商进行 EPC 工程总承包。

签订合同时，EPC 合同第二部分通用条款对合同价款及调整进行了约定，合同价款为固定总价，任何一方不得擅自改变，合同价款所包括的工程内容为初步设计范围所包含的工程范围。EPC 合同专用条款又约定该合同价款（暂估）为 6000 万元。

问题：

1. 单选题

（1）根据上述背景描述，该项目最高投标限价公布时间应是（　　）。

A. 3 月 2 日　　　　　　　　　　　　B. 3 月 1 日 9：00

C. 4 月 17 日 15：00　　　　　　　　D. 3 月 4 日

（2）如果无特别约定，按照相关法律规定，该项目开标时间应是（　　）。

A. 3 月 15 日　　　　　　　　　　　　B. 3 月 20 日 9：00

C. 4 月 17 日 15：00　　　　　　　　D. 4 月 18 日

（3）若退还期间的最后一日不是法定休假日，根据相关规定，招标人最迟退还 F 投标人的投标保证金应是（　　）。

A. 4 月 16 日 17：00　　　　　　　　B. 4 月 18 日

C. 4 月 17 日 15：00　　　　　　　　D. 4 月 21 日

（4）若投标截止时间不变，该项目招标人对已发出的招标文件进行必要的书面形式澄清或者修改，最迟发出书面形式澄清或者修改时间应不超过（　　）。

A. 4 月 2 日　　　　　　　　　　B. 3 月 5 日

C. 3 月 15 日　　　　　　　　　 D. 4 月 16 日

2. 多选题

（1）B 投标人运用的报价技巧包括（　　）。

A. 多方案报价法　　　　　　　　B. 不平衡报价

C. 增加建议方案法　　　　　　　D. 突然降价法

E. 无利润报价

（2）评标时，评标委员会对该项目投标文件的评标包括（　　）。

A. 形式评审　　　　　　　　　　B. 资格评审

C. 响应性评审　　　　　　　　　D. 详细评审

E. 一致性评审

（3）招标人在招标文件中约定对投标人进行资格审查通常应包括（　　）。

A. 营业执照和资质证书

B. 履行合同的能力

C. 近三年是否发生过重大安全事故和质量事故

D. 安全许可证

E. 施工许可证

（4）该项目招标程序中存在不妥的地方包括（　　）。

A. 招标人拒收 B 投标人的补充材料

B. 开标前，工作人员对各投标单位的资质进行了审查

C. 该项目未设置标底

D. 开标会由市招标投标办的工作人员主持

E. 宣读投标人名称、投标价格、投标工期和有关投标文件的重要说明

（5）如果投标人是设计单位和施工单位组成联合体的，下列描述正确的是（　　）。

A. 若招标文件明确要求联合体指定牵头单位，需要确定牵头单位

B. 签订联合体协议

C. 牵头单位就工程总承包项目承担连带责任

D. 联合体各方分别与建设单位签订工程总承包合同

E. 联合体的资质不受限制

（6）EPC 总承包合同采用的计价方式包括（　　）。

A. 总价合同　　　　　　　　　　B. 其他价格形式

C. 暂估价　　　　　　　　　　　D. 暂定金额

E. 暂列金额

（7）工程总承包单位选择分包可以采用（　　）。

A. 公开招标　　　　　　　　　　B. 邀请招标

C. 直接发包　　　　　　　　　　D. 议标

E. 单一来源采购

（8）如果严格执行政府投资项目建设管理规定，且没有经过规定调整程序，该项目最终工程结算原则上不应是（　　）。

A. 6000 万元　　　　　　　　　　B. 6100 万元

C. 6200 万元　　　　　　　　　　D. 6300 万元

E. 6350 万元

分析要点：

本案例主要考核房屋建筑和市政基础设施项目工程总承包单位选择方式、合同价格形式、总承包单位资质和投标人报价技巧的运用，涉及多方案报价法、增加建议方案法和突然降价法，还涉及招标程序中的一些问题。

（1）2019 年 12 月 23 日，住房和城乡建设部、国家发展改革委颁布的《房屋建筑和市政基础设施项目工程总承包管理办法》（简称《工程总承包管理办法》）规定：工程总承包项目范围内的设计、采购或者施工中，有任一项属于依法必须进行招标的项目范围且达到国家规定规模标准的，应当采用招标的方式选择工程总承包单位。

（2）企业投资项目的工程总承包宜采用总价合同，政府投资项目的工程总承包应当合理确定合同价格形式。采用总价合同的，除合同约定可以调整的情形外，合同总价一般不予调整。

（3）工程总承包单位应当同时具有与工程规模相适应的工程设计资质和施工资质，或者由具有相应资质的设计单位和施工单位组成联合体。工程总承包单位应当具有相应的项目管理体系和项目管理能力、财务和风险承担能力，以及与发包工程相类似的设计、施工或者工程总承包业绩。

（4）多方案报价法和增加建议方案法都是针对招标人的，是投标人发挥自己技术优势，取得招标人信任和好感的有效方法。运用这两种报价技巧的前提均是必须对招标文件中的有关内容和规定报价，否则，即被认为对招标文件未作出"实质性响应"，而被视为无效投标文件。突然降价法是针对竞争对手的，其运用的关键在于突然性，且需保证降价幅度在自己的承受能力范围之内。

（5）《中华人民共和国招标投标法实施条例》（简称《招标投标法实施条例》）规

定：依法必须进行招标的项目提交资格预审申请文件的时间，自资格预审文件停止发售之日起不得少于 5 日。招标人可以对已发出的资格预审文件或者招标文件进行必要的澄清或者修改。澄清或者修改的内容可能影响资格预审申请文件或者投标文件编制的，招标人应当在提交资格预审申请文件截止时间至少 3 日前，或者投标截止时间至少 15 日前，以书面形式通知所有获取资格预审文件或者招标文件的潜在投标人。招标人设有最高投标限价的，应当在招标文件中明确最高投标限价或者最高投标限价的计算方法。投标人撤回已提交的投标文件，应当在投标截止时间前书面通知招标人。招标人已收取投标保证金的，应当自收到投标人书面撤回通知之日起 5 日内退还。

（6）《中华人民共和国招标投标法》（简称《招标投标法》）规定：依法必须进行招标的项目，自招标文件开始发出之日起至投标人提交投标文件截止之日止，最短不得少于二十日。开标应当在招标文件确定的提交投标文件截止时间的同一时间公开进行；开标地点应当为招标文件中预先确定的地点。

（7）《工程总承包管理办法》规定：工程总承包单位可以采用直接发包的方式进行分包。但以暂估价形式包括在总承包范围内的工程、货物、服务分包时，属于依法必须进行招标的项目范围且达到国家规定规模标准的，应当依法招标。

（8）《政府投资条例》规定：政府投资项目建设投资原则上不得超过经核定的投资概算，因国家政策调整、价格上涨、地质条件发生重大变化等原因确需增加投资概算的，项目单位应当提出调整方案及资金来源，按照规定的程序报原初步设计审批部门或者投资概算核定部门核定。《中央预算内直接投资项目概算管理暂行办法》规定，项目初步设计及概算批复核定后，应当严格执行，不得擅自增加建设内容、扩大建设规模、提高建设标准或改变设计方案。确需调整且将会突破投资概算的，必须事前向国家发展改革委正式申报；未经批准的，不得擅自调整实施。

（9）《工程总承包管理办法》规定：企业投资项目的工程总承包宜采用总价合同，政府投资项目的工程总承包应当合理确定合同价格形式。采用总价合同的，除合同约定可以调整的情形外，合同总价一般不予调整。

本案例涉及工程总承包单位选择方式、合同价格形式、总承包单位资质，这些问题应按照《工程总承包管理办法》的相关规定回答；投标文件的有效性和合法性、开标会的主持、开标时投标文件密封的检查，这些问题都应按照《招标投标法》和有关法规的相关规定回答。

说明：对于单选题，每小题的备选项中，只有一项是最符合题意的正确答案。对于多选题，每小题的备选项中，有两个或两个以上符合题意的正确答案，至少有 1 个错项。本章和第五章的单选题和多选题的选项设置均按此规则。

答案：

问题1：

（1）B　　　（2）C　　　（3）D　　　（4）A

问题2：

（1）ACD　　（2）ABCD　　（3）ABC　　（4）ABD　　（5）AB　　（6）AB

（7）ABC　　（8）BCDE

【案例二】

背景：

甲建设单位拟对某保障性租赁住房建设工程全过程工程咨询服务进行招标，全过程工程咨询服务招标范围包括①前期工作（包括但不限于日照分析、可研）；②工程设计；③工程项目管理服务；④监理服务；⑤BIM 咨询。

考虑投标单位可能较少，建设单位拟采用邀请招标，由于项目为 100% 国有资金投资，建设单位最终采用公开招标，共有 A、B、C 三家甲级设计单位参加投标。

招标公告中规定：5 月 1 日至 5 月 3 日 9：00—17：00 在甲建设单位总经济师室出售招标文件。

招标文件中规定：投标人自行踏勘现场；投标人提出疑问或澄清的截止时间 5 月 10 日 10：00；招标文件澄清发布时间 5 月 10 日 17：00；6 月 30 日为投标截止日；投标有效期到 7 月 30 日为止；最高投标限价为 1980 万元；投标保证金统一定为 38 万元；评标采用综合评估法，资信业绩、服务团队、全过程工程咨询工作大纲、设计方案、投标报价各占 20%；投标人具备的资质及其等级必须满足下列条件之一，并在人员、设备、资金等方面具备相应的工程全过程服务咨询能力：①建设行政主管部门颁发的且在有效期内的工程设计资质：工程设计综合资质甲级，或者建筑行业设计甲级，或者建筑行业（建筑工程）设计甲级；②建设行政主管部门颁发的且在有效期内的工程监理专业资质：房屋建筑工程专业乙级及以上监理资质或监理综合资质。

在评标过程中，鉴于各投标人的资信业绩、服务团队、全过程工程咨询工作大纲、设计方案差别不大，建设单位决定将评标方法改为经评审的最低投标价法。评标委员会根据修改后的评标方法，确定的评标结果排名顺序为 A 公司、C 公司、B 公司。建设单位于 7 月 8 日确定 A 公司中标，于 7 月 15 日向 A 公司发出中标通知书，并于 7 月 18 日与 A 公司签订了合同。在签订合同过程中，经审查，A 公司所选择的 BIM 咨询分包单位不符合要求，建设单位遂指定 D 公司（BIM 咨询）作为 A 公司的分包单位。建设单位于 7 月 28 日将中标结果通知了 B、C 两家公司，并将投标保证金退还给该两家公司。建设单位于

7月31日向当地招标投标管理部门提交了该工程招标投标情况的书面报告。

问题：

1. 对于必须招标的项目，在哪些情况下经有关主管部门批准可以采用邀请招标？

2. 该建设单位及评标委员会在招标工作中有哪些不妥之处？请逐一说明理由。

分析要点：

本案例主要考核必须招标的项目可以进行邀请招标的情形以及招标投标过程中若干时限规定和有关问题。

其中，特别需要注意的是开标时间、定标时间、投标有效期三者之间的关系。我国《招标投标法》规定：开标应当在招标文件确定的提交投标文件截止时间的同一时间公开进行。但何时定标、投标有效期到何时截止，有关法规并无直接规定。

《招标投标法》规定招标人应当确定投标人编制投标文件所需要的合理时间；但是，依法必须进行招标的项目，自招标文件开始发出之日起至投标人提交投标文件截止之日止，最短不得少于20日。

《招标投标法实施条例》规定资格预审文件或者招标文件的发售期不得少于5日；招标人可以对已发出的资格预审文件或者招标文件进行必要的澄清或者修改，澄清或者修改的内容可能影响资格预审申请文件或者投标文件编制的，招标人应当在提交资格预审申请文件截止时间至少3日前，或者投标截止时间至少15日前，以书面形式通知所有获取资格预审文件或者招标文件的潜在投标人，不足3日或者15日的，招标人应当顺延提交资格预审申请文件或者投标文件的截止时间。

考虑开标后评标委员会的评标时间、中标候选人公示的时间，再加上《招标投标法》规定的从确定中标人至完成签约的最多30天的许可时间，30天的投标有效期肯定不足。

关于投标保证金数额，《招标投标法实施条例》规定：投标保证金不得超过招标项目估算价的百分之二。投标保证金有效期应当与投标有效期一致。

关于提交招标投标情况的书面报告，《招标投标法》规定依法必须进行招标的项目，招标人应当自确定中标人之日起十五日内，向有关行政监督部门提交招标投标情况的书面报告。

答案：

问题1：

答：《招标投标法实施条例》规定：国有资金占控股地位或者主导地位的依法必须进行招标的项目，应当公开招标；但有下列情形之一的，可以邀请招标：

（1）技术复杂、有特殊要求或者受自然环境限制，只有少量潜在投标人可供选择；

（2）采用公开招标方式的费用占项目合同金额的比例过大。

问题2：

答：该建设单位在招标工作中有下列不妥之处：

（1）停止出售招标文件的时间不妥，因为自招标文件出售之日起至停止出售之日止，最短不得少于5日。

（2）规定的投标有效期截止时间不妥，确定投标有效期应考虑评标、定标、公示中标候选人、处理可能的异议和签订合同所需的时间。考虑到依法必须进行招标的项目，招标人应当自收到评标报告之日起3日内公示中标候选人，公示期不得少于3日，招标人和中标人应当自中标通知书发出之日起30日内订立书面合同等时间规定，即便评标可以在评标当日完成，30日的投标有效期也肯定不足。一般项目的投标有效期宜为60~90天。

（3）"在评标过程中，建设单位决定将评标方法改为经评审的最低投标价法"不妥，因为评标委员会应当按照招标文件确定的评标标准和方法进行评标。

（4）"评标委员会根据修改后的评标方法，确定评标结果的排名顺序"不妥，因为评标委员会应当按照招标文件确定的评标标准和方法（即综合评估法）进行评标。

（5）"建设单位指定D公司作为A公司的分包单位"不妥，因为招标人不得直接指定分包人。

（6）"建设单位于7月28日将中标结果通知B、C两家公司（未中标人）"不妥，因为中标人确定后，招标人应当在向中标人发出中标通知的同时将中标结果通知所有未中标的投标人。

（7）"建设单位于7月28日将投标保证金退还给B、C两家公司"不妥，招标人最迟应当在与中标人签订合同后五日内，向中标人和未中标的投标人退还投标保证金及银行同期存款利息。

（8）"建设单位于7月31向当地招标投标管理部门提交该工程招标投标情况的书面报告"不妥，因为招标人应当自确定中标人之日起15日内，向有关行政监督部门提交招标投标情况的书面报告。

【案例三】

背景：

某省属高校投资建设一幢建筑面积为30000m²的普通教学楼，拟采用工程量清单以公开招标方式进行施工招标。业主委托某造价咨询企业编制招标文件和最高投标限价（该项目的最高投标限价为9500万元）。

招标人将数据电文形式的招标文件加载至电子招标投标交易平台，供潜在投标人下载或者查阅。投标人应当通过招标公告载明的电子招标投标交易平台递交数据电文形式的投标文件。

咨询企业编制招标文件和最高投标限价过程中，发生如下事件：

事件1：为了响应业主对潜在投标人择优选择的高要求，咨询企业的项目经理在招标文件中设置了以下几项内容：

（1）投标人资格条件之一为：投标人近5年必须承担过高校教学楼工程；

（2）投标人近5年获得过鲁班奖、本省省级质量奖等奖项作为加分条件；

（3）项目的投标保证金为50万元，且投标保证金必须从投标企业的基本账户转出；

（4）中标人的履约保证金为最高投标限价的10%。

事件2：项目经理认为招标文件中的合同条款是基本的粗略条款，只需将政府有关管理部门出台的施工合同示范文本添加项目基本信息后附在招标文件中即可。

事件3：在招标文件编制人员研究该项目的评标办法时，项目经理认为所在咨询企业以往代理的招标项目更常采用综合评估法，遂要求编制人员采用综合评估法。

事件4：为控制投标报价的价格水平，咨询企业和业主商定，以代表省内先进水平的A施工企业的企业定额作为主要依据，编制了该项目的最高投标限价。此外，由于某分项工程使用了一种新型材料，定额及造价信息均无该材料消耗量和价格的信息。编制人员按照理论计算法计算了材料净用量，并以此净用量乘以向材料生产厂家询价确认的材料出厂价格，得到该分项工程综合单价中新型材料的材料费。

事件5：该咨询企业技术负责人在审核项目成果文件时发现项目工程量清单中存在漏项，要求作出修改。项目经理解释认为第二天需要向委托人提交成果文件且合同条款中已有关于漏项的处理约定，故不用修改。

事件6：该咨询企业的负责人认为最高投标限价不需保密，因此，又接受了某拟投标人的委托，为其提供该项目的投标报价咨询。

问题：

1. 针对事件1，逐一指出咨询企业项目经理为响应业主要求提出的（1）～（4）项内容是否妥当，并说明理由。

2. 针对事件2～6，分别指出相关人员的行为或观点是否正确或妥当，并说明理由。

3. 单选题

（1）在电子招标投标中，投标截止时间前未完成投标文件传输的，视为（　　）。

A. 撤回投标文件　　　　　　　　　B. 拒收投标文件

C. 未参加投标　　　　　　　　　　D. 需要补寄纸质投标文件

（2）下列关于电子招标投标描述错误的有（　　　）。

A. 因投标人之外的原因造成投标文件未解密的，视为撤回其投标文件

B. 投标截止时间后送达的投标文件，电子招标投标交易平台应当拒收

C. 电子招标投标交易平台收到投标人送达的投标文件，应当即时向投标人发出确认回执通知

D. 如果设置了招标最高限价，电子招标投标的最高限价可以在投标截止时间前 3 天发布

分析要点：

本案例主要考核国有资金投资建设项目施工招标过程中一些典型事件的处理，涉及招标资格条件设定、加分条件、投标保证金、履约保证金、最高投标限价编制、合同条款设置、评标方法选择等内容。

《招标投标法实施条例》规定：招标人不得以不合理的条件限制、排斥潜在投标人或者投标人。招标人有下列行为之一的，属于以不合理条件限制、排斥潜在投标人或者投标人：①就同一招标项目向潜在投标人或者投标人提供有差别的项目信息；②设定的资格、技术、商务条件与招标项目的具体特点和实际需要不相适应或者与合同履行无关；③依法必须进行招标的项目以特定行政区域或者特定行业的业绩、奖项作为加分条件或者中标条件；④对潜在投标人或者投标人采取不同的资格审查或者评标标准；⑤限定或者指定特定的专利、商标、品牌、原产地或者供应商；⑥依法必须进行招标的项目非法限定潜在投标人或者投标人的所有制形式或者组织形式；⑦以其他不合理条件限制、排斥潜在投标人或投标人。

招标人设有最高投标限价的，应当在招标文件中明确最高投标限价或者最高投标限价的计算方法。招标人不得规定最低投标限价。

合同条款是招标文件的重要组成部分，应参照示范文本并结合该项目特点、业主的要求及实际情况等编制项目合同条款。

本案例还考核了综合单价中材料费的确定方法，这属于造价工程师必须掌握的定额原理基础知识。

材料费等于材料消耗量乘以材料单价，材料消耗量等于材料净用量与材料损耗量之和，材料单价等于材料原价（出厂价格）、材料运杂费、运输损耗费、采购及保管费之和。

综合单价中的材料费＝材料消耗量×材料单价

材料消耗量＝材料净用量+材料损耗量

材料单价＝材料原价（出厂价格）+材料运杂费+运输损耗费+采购及保管费

《电子招标投标办法》规定：投标人应当按照招标文件和电子招标投标交易平台的要求编制并加密投标文件。

投标人未按规定加密的投标文件，电子招标投标交易平台应当拒收并提示。

投标人应当在投标截止时间前完成投标文件的传输递交，并可以补充、修改或者撤回投标文件。投标截止时间前未完成投标文件传输的，视为撤回投标文件。投标截止时间后送达的投标文件，电子招标投标交易平台应当拒收。

电子招标投标交易平台收到投标人送达的投标文件，应当即时向投标人发出确认回执通知，并妥善保存投标文件。在投标截止时间前，除投标人补充、修改或者撤回投标文件外，任何单位和个人不得解密、提取投标文件。

因投标人原因造成投标文件未解密的，视为撤销其投标文件；因投标人之外的原因造成投标文件未解密的，视为撤回其投标文件，投标人有权要求责任方赔偿因此遭受的直接损失。部分投标文件未解密的，其他投标文件的开标可以继续进行。

答案：

问题1：

答：

内容（1）不妥当，普通教学楼工程不属于技术复杂、有特殊要求的工程，要求特定行业的业绩（要求有高校教学楼工程业绩）作为资格条件属于以不合理条件限制、排斥潜在投标人。

内容（2）对获得过鲁班奖的企业加分妥当，鲁班奖属于全国性奖项，获得该奖可反映企业的实力。

内容（2）对获得过本省省级质量奖项的企业加分不妥当，因为以特定区域的奖项作为加分条件属于以不合理条件限制、排斥潜在投标人或投标人。

内容（3）妥当，项目投标保证金50万元未超过招标项目估算价（最高投标限价）的2%，"投标保证金必须从投标企业的基本账户转出"有利于防止投标人以他人名义投标。

内容（4）不妥当，履约保证金不得超过中标合同金额的10%。

问题2：

答：

事件2，项目经理的观点错误，合同条款是投标人报价的依据，咨询机构应参照示范文本并结合该项目特点、业主的要求及实际情况等编制项目合同条款，招标文件应附完整的合同条款。

事件3，项目经理的要求不妥，项目采用何种评标方法应结合项目的特点、目标要求等条件确定。

事件4，以A施工企业的企业定额为依据编制项目的最高投标限价不妥，应按照《清单计价标准》规定编制最高投标限价。

编制人员确定综合单价中新型材料费的方法不正确，应按以下方法确定综合单价：

材料费=材料消耗量×材料单价

其中，材料消耗量=材料净用量+材料损耗量

材料单价=材料原价（出厂价格）+材料运杂费+运输损耗费+采购及保管费

事件5，项目经理的观点不妥，漏项可能造成合同履行期间的价款调整或纠纷，还可能造成承包人不平衡报价，发现漏项，项目经理应及时组织修改。

事件6，"又接受某拟投标人的委托"的做法错误，咨询企业接受招标人委托编制某项目招标文件和最高投标限价后，不得再就同一项目接受拟投标人委托编制投标报价或提供咨询。

问题3：

（1）A　　（2）D

【案例四】

背景：

某民用建筑工程项目由政府投资，主要分为建筑工程、安装工程和装修工程三部分，项目总投资额为5000万元，其中，只有暂估价为80万元的设备属于招标人提供，由招标人采购。招标文件要求投标人投标时提交投标保证金，中标人提交履约保证金。招标文件中，招标人对投标有关时限的规定如下：

（1）投标截止时间为自招标文件停止出售之日起第16日上午9：00整；

（2）接受投标文件的最早时间为投标截止时间前72小时；

（3）若投标人要修改、撤回已提交的投标文件，须在投标截止时间24小时前提出；

（4）投标有效期从发售招标文件之日开始计算，共90天。

并规定，建筑工程应由具有一级以上资质的企业承包，如果是专业承包企业，安装工程和装修工程应由具有二级以上资质的企业承包，招标人鼓励投标人组成联合体投标。

在参加投标的企业中，A、B、C、D、E、F为建筑工程施工总承包企业，G、H、J、K为建筑机电安装工程专业承包企业，L、N、P为建筑装修装饰工程专业承包企业，除了K公司为二级企业外，其余均为一级企业，上述企业分别组成联合体投标，各联合体具体组成见表4-1。

表 4-1　　　　　　　　　　　　　　各联合体的组成表

投标人	联合体编号						
	I	II	III	IV	V	VI	VII
联合体组成	A，L	B，C	D，K	E，H	G，N	F，J，P	E，L

在上述联合体中，某联合体协议中约定：若中标，由牵头人与招标人签订合同，然后将该联合体协议送交招标人；联合体所有与业主的联系工作以及内部协调工作均由牵头人负责；各成员单位按投入比例分享利润并向招标人承担责任，且需向牵头人支付各自所承担合同额部分 1% 的管理费。

评标采用综合评标法进行，经过评选，评标委员会指定得分第一的联合体作为中标人。

问题：

1. 该项目暂估价为 80 万元的设备采购是否可以不招标？说明理由。

2. 分别指出招标人对投标有关时限的规定是否正确，说明理由。

3. 根据《招标投标法》的规定，按联合体的编号，判别各联合体的投标是否有效？若无效，说明原因。

4. 单选题

（1）假设该项目招标文件中载明的投标有效期是 90 日，则该项目的投标保证金有效期是（　　　）。

A. 30 日　　　　　　　B. 45 日　　　　　　　C. 60 日　　　　　　　D. 90 日

（2）对于该项目，如果联合体中标后，与招标人签订合同的是（　　　）。

A. 牵头人　　　　　　　　　　　　B. 联合体各方共同签订

C. 联合体各方分别签订　　　　　　D. 联合体各方的代理人

（3）若中标人不履行与招标人订立的合同的，不予退还（　　　）。

A. 投标保证金　　　　　　　　　　B. 履约保证金

C. 质量保证金　　　　　　　　　　D. 预付款保证金

5. 多选题

（1）对于该项目，联合体投标时，投标人递交投标文件时，需要同时提交（　　　）。

A. 投标保证金　　　　　　　　　　B. 履约保证金

C. 联合体协议　　　　　　　　　　D. 预付款保证金

E. 分包协议

（2）根据该项目评标结果，对于中标人，下列描述正确的有（　　　）。

A. 国有资金占控股或者主导地位的依法必须进行招标的项目，招标人应当确定排名第一的中标候选人为中标人

B. 评标完成后，评标委员会应当向招标人提交书面评标报告和中标人名单

C. 评标完成后，评标委员会应当向招标人提交书面评标报告和中标候选人名单

D. 排名第一的中标候选人放弃中标，招标人可以按照评标委员会提出的中标候选人名单排序依次确定其他中标候选人为中标

E. 排名第一的中标候选人放弃中标，招标人可以重新招标

分析要点：

本案例考核必须招标的工程范围和规模标准、与投标有关的时限以及联合体投标的有关问题。

关于必须进行招标的规定：

（1）《招标投标法》规定，凡在中华人民共和国境内进行下列工程建设项目，包括项目的勘察、设计、施工、监理以及与工程建设有关的重要设备、材料等的采购，必须进行招标：

① 大型基础设施、公用事业等关系社会公共利益、公众安全的项目。

② 全部或者部分使用国有资金投资或国家融资的项目。

③ 使用国际组织或者外国政府贷款、援助资金的项目。

（2）国家发展改革委《必须招标的工程项目规定》（2018 年第 16 号令）规定：

全部或者部分使用国有资金投资或者国家融资的项目包括：①使用预算资金 200 万元人民币以上，并且该资金占投资额 10% 以上的项目；②使用国有企业事业单位资金，并且该资金占控股或者主导地位的项目。

使用国际组织或者外国政府贷款、援助资金的项目包括：①使用世界银行、亚洲开发银行等国际组织贷款、援助资金的项目；②使用外国政府及其机构贷款、援助资金的项目。

上述所规定范围内的项目，其勘察、设计、施工、监理以及与工程建设有关的重要设备、材料等的采购达到下列标准之一的，必须招标：

1）施工单项合同估算价在 400 万元人民币以上；

2）重要设备、材料等货物的采购，单项合同估算价在 200 万元人民币以上；

3）勘察、设计、监理等服务的采购，单项合同估算价在 100 万元人民币以上。

同一项目中可以合并进行的勘察、设计、施工、监理以及与工程建设有关的重要设备、材料等的采购，合同估算价合计达到前款规定标准的，必须招标。

（3）《进一步做好〈必须招标的工程项目规定〉和〈必须招标的基础设施和公用事

业项目范围规定〉实施工作的通知》（发改办法规〔2020〕770 号）规定，《必须招标的
工程项目规定》（2018 年第 16 号令）第二条至第四条及《必须招标的基础设施和公用事
业项目范围规定》（发改法规规〔2018〕843 号）第二条规定范围的项目，其施工、货
物、服务采购的单项合同估算价未达到 16 号令第五条规定规模标准的，该单项采购由采
购人依法自主选择采购方式，任何单位和个人不得违法干涉；其中，涉及政府采购的，
按照政府采购法律法规规定执行。

　　本案例所涉及的有关投标的时限中，投标截止时间和投标有效期的表述与法律规定
的原文不同，需要作简单的分析。对于接受投标文件的时间，法律并无规定，招标文件
之所以作出这样的规定，是为了避免投标人过早提交投标文件，从而影响投标文件的质
量，并增加招标人组织招标的工作量。

　　关于联合体投标，特别需要注意的是《建筑法》与《招标投标法》规定的区别。
《建筑法》规定：两个以上不同资质等级的单位实行联合共同承包的，应当按照资质等级
低的单位的业务许可范围承揽工程；而《招标投标法》则规定：由同一专业的单位组成
的联合体，按照资质等级低的单位确定资质等级。虽然《招标投标法》对由不同专业的
单位组成的联合体资质如何确定没有明确规定，但根据推理分析，可理解为按照联合体
协议约定的各成员单位实际承包的工程内容所要求的资质等级加以认定。由此可以确定，
联合体Ⅲ的投标有效。另外，联合体牵头人负责联合体投标和合同实施阶段的主办、协
调工作，是否要向联合体其他成员收费，法律并无规定，故该联合体协议约定"各成员
单位需向牵头人支付各自所承担合同额部分 1%的管理费"并无不当。

　　联合体各方在同一招标项目中以自己名义单独投标或者参加其他联合体投标的，相
关投标均无效。同一招标项目中只能投标一次，否则任何一方均无效。

　　（4）《招标投标法》规定：联合体各方应当签订共同投标协议，明确约定各方拟承担
的工作和责任，并将共同投标协议连同投标文件一并提交招标人。联合体中标的，联合
体各方应当共同与招标人签订合同，就中标项目向招标人承担连带责任。

　　中标人不履行与招标人订立的合同的，履约保证金不予退还，给招标人造成的损失
超过履约保证金数额的，还应当对超过部分予以赔偿；没有提交履约保证金的，应当对
招标人的损失承担赔偿责任。

　　（5）《招标投标法实施条例》规定：评标完成后，评标委员会应当向招标人提交书面
评标报告和中标候选人名单。国有资金占控股或者主导地位的依法必须进行招标的项目，
招标人应当确定排名第一的中标候选人为中标人。排名第一的中标候选人放弃中标、因
不可抗力不能履行合同、不按照招标文件要求提交履约保证金，或者被查实存在影响中
标结果的违法行为等情形，不符合中标条件的，招标人可以按照评标委员会提出的中标

候选人名单排序依次确定其他中标候选人为中标人，也可以重新招标。

答案：

问题 1：

答：该设备采购不需要招标，因为该项目为政府投资项目，政府投资的工程项目按照《招标投标法》《必须招标的工程项目规定》（2018 年第 16 号令）规定，设备采购单项合同采购金额不在必须招标的范围。

问题 2：

答：

（1）投标截止时间的规定正确，因为自招标文件开始出售至停止出售的时间最短不得少于 5 日，5+16 = 21 > 20，故满足自招标文件开始出售至投标截止不得少于 20 日的规定；

（2）接受投标文件最早时间的规定正确，因为有关法规对此没有限制性规定；

（3）修改、撤回投标文件时限的规定不正确，因为在投标截止时间前均可修改、撤回投标文件；

（4）投标有效期从发售招标文件之日开始计算的规定不正确；投标有效期应从投标截止时间开始计算。

问题 3：

答：

（1）联合体 I 的投标无效，因为投标人不得参与同一项目下不同的联合体投标（L 公司既参加联合体 I 投标，又参加联合体Ⅶ）。

（2）联合体 II 的投标有效。

（3）联合体Ⅲ的投标有效。

（4）联合体Ⅳ的投标无效，因为投标人不得参与同一项目下不同的联合体投标（E 公司既参加联合体Ⅳ投标，又参加联合体Ⅶ投标）。

（5）联合体Ⅴ的投标无效，因为缺少建筑工程施工资质（或 G、N 公司分别为安装工程施工资质和装修工程施工资质），若其中标，主体结构工程必然要分包，而主体结构工程分包是违法的。

（6）联合体Ⅵ的投标有效。

（7）联合体Ⅶ的投标无效，因为投标人不得参与同一项目下不同的联合体投标（E 公司和 L 公司均参加了两个联合体投标）。

问题 4：

（1）D   （2）B   （3）B

问题 5：

（1）AC　　（2）ACDE

【案例五】

背景：

国有资金投资依法必须公开招标的某建设项目，采用工程量清单计价方式进行施工招标，最高投标限价为 3568 万元，其中暂列金额 280 万元，由发包人负责招标的专业工程暂估价 500 万元。招标文件中规定：

（1）投标有效期为 90 天，投标保证金有效期与其一致。

（2）投标报价不得低于企业平均成本。

（3）近三年施工完成或在建的合同价超过 3000 万元的类似工程项目不少于 3 个。

（4）合同履行期间，综合单价在任何市场波动和政策变化下均不得调整。

（5）缺陷责任期为 3 年，期满后退还预留的质量保证金。

（6）招标工程量清单中给出的"计日工表（局部）"，见表 4-2。

表 4-2　　　　　　　　　　　　　　计日工表

工程名称：×××　　　　　　　　标段：×××　　　　　　　第×页 共×页

编号	项目名称	单位	暂定数量	实际数量	综合单价/元	合价/元	
						暂定	实际
一	人工						
1	建筑与装饰工程普工	工日	1		120		
2	混凝土工、抹灰工、砌筑工	工日	1		160		
3	木工、模板工	工日	1		180		
4	钢筋工、架子工	工日	1		170		
	人工小计						
二	材料						
……	……	……	……	……			

（7）该项目施工招标公告发出时间是 2 月 1 日，招标文件发售时间是 2 月 10 日，投标截止时间是 3 月 25 日 15：00，开标时间和投标截止时间是同一时间。投标过程中，投标人 F 在开标前 1 小时口头告知招标人，撤回了已提交的投标文件，要求招标人 3 日内退

还其投标保证金。

投标人 A 发现分部分项工程量清单中某分项工程特征描述和图纸不符。

除 F 外还有 A、B、C、D、E 五个投标人参加了投标，其总报价分别为：3489 万元、3470 万元、3358 万元、3209 万元、3542 万元。

评标过程中，评标委员会发现投标人 B 的暂列金额按 260 万元计取，且对招标清单中的材料暂估单价均下调 5% 后计入报价；发现投标人 E 报价中混凝土梁的综合单价为 700 元/m³，招标清单工程量为 520m³，其投标清单合价为 36400 元。其他投标人的投标文件均符合要求。

招标文件中规定的评分标准如下：商务标中的总报价评分 60 分，有效报价的算术平均数为评标基准价，报价等于评标基准价者得满分（60 分），在此基础上，报价比评标基准价每下降 1%，扣 1 分；每上升 1%，扣 2 分。

问题：

1. 单选题

（1）该项目投标有效期计算的起算之日是（　　）。

A. 2 月 1 日　　　　　B. 2 月 5 日　　　　　C. 2 月 10 日　　　　　D. 3 月 25 日

（2）该工程施工招标最高投标限价公开的时间是（　　）。

A. 2 月 1 日　　　　　B. 2 月 5 日　　　　　C. 2 月 10 日　　　　　D. 3 月 25 日

（3）对于该项目的境内投标单位，以现金或者支票形式提交的投标保证金转出的账户应当是（　　）。

A. 法定代表人的账户　　　　　　　　B. 委托代理人的账户

C. 投标单位的基本账户　　　　　　　D. 投标单位的任意账户

（4）发包人负责招标的专业工程（暂估价 500 万元）应该采用（　　）。

A. 公开招标　　　　B. 邀请招标　　　　C. 议标　　　　D. 直接指定

2. 多选题

（1）该招标文件中，下列内容正确的有（　　）。

A. 投标有效期为 90 天，投标保证金有效期与其一致

B. 投标报价不得低于企业平均成本

C. 合同履行期间，综合单价在任何市场波动和政策变化下均不得调整

D. 开标时间和投标截止时间是同一时间

E. 近三年施工完成或在建的合同价超过 3000 万元的类似工程项目不少于 3 个

（2）下列关于暂列金额 280 万元描述正确的是（　　）。

A. 暂列金额应由承包人掌握，依据发包人发出的指令使用

B. 暂列金额用于未能完全预见的工程

C. 在合同履行过程中没有发生暂列金额调整事件的，合同总价包括的暂列金额 280 万元应在结算时全部扣除

D. 暂列金额 280 万元在工程量清单中暂定并包括在合同总价中

E. 暂列金额 280 万元在工程量清单中暂定但不包括在合同总价中

（3）针对某分项工程特征描述与图纸不符，投标人 A 处理的方式包括（　　）。

A. 投标人可以书面形式要求招标人在规定时间前澄清

B. 若投标人未要求招标人澄清，投标人应以分部分项工程量清单的项目特征为准

C. 若投标人未要求招标人澄清，投标人应以图纸描述的项目特征为准

D. 若招标人不予澄清或修改，投标人应以分部分项工程量清单的项目特征为准

E. 若招标人不予澄清或修改，投标人应以图纸描述的项目特征为准

（4）针对投标人 B 的报价，评标委员会处理的方法和投标人正确的做法包括（　　）。

A. 应当否决其投标，按无效投标文件处理

B. 按照有效投标文件处理

C. 暂列金额应按 280 万元计取

D. 暂列金额应按 260 万元计取

E. 暂列金额不填，为 0 万元

（5）对于投标人 E：报价中混凝土梁的综合单价为 700 元$/m^3$，招标清单工程量为 520m^3，其投标清单合价为 36400 元，评标委员会处理的方法和投标人正确的做法包括（　　）。

A. 应当否决其投标，按无效投标文件处理

B. 按照有效投标文件处理

C. 其投标清单合价为 36400 元计算错误，应当以单价为准修改合价

D. 其投标清单合价为 36400 元计算错误，应当以合价为准修改单价

E. 其投标清单合价为 36400 元计算错误，应当以单价、合价为准修改工程量

（6）对于计日工表，下列描述正确的是（　　）。

A. 人工暂定数量均为 1 妥当

B. 人工暂定数量均为 1 不妥

C. 人工暂定数量应根据工程项目的实际需求预测填写

D. 人工暂定数量可以根据工程项目的实际情况假定为 0

E. "计日工表"中的综合单价应由投标人进行自主报价

（7）根据评分标准，投标人 A、C 的商务得分分别是（　　　）。

A. 51.82　　　　B. 51.92　　　　C. 59.64　　　　D. 59.68

E. 55.73

（8）按照规定，招标文件约定的缺陷责任期可以是（　　　）。

A. 1 年　　　　B. 2 年　　　　C. 3 年　　　　D. 5 年

E. 50 年

分析要点：

本案例考核招标文件的内容和评标时综合评分法的运用。

要依据《招标投标法》和相关法规，对背景资料给出的条件进行分析。

要求熟悉投标程序和要求。《招标投标法实施条例》规定：依法必须进行招标的项目的境内投标单位，以现金或者支票形式提交的投标保证金应当从其基本账户转出。《评标委员会和评标方法暂行规定》：总价金额与单价金额不一致的，以单价金额为准，但单价金额小数点有明显错误的除外。

要求熟悉分项工程特征描述与图纸不符处理程序和要求。

要求依据工程量清单投标报价的规则进行分析。《清单计价标准》规定：合同总价内的暂列金额用于未能完全预见或详细说明的工程、服务和工程实施中可能发生的合同价款调整等所预留的费用。

要求在熟练掌握综合评分法的前提下，能正确计算得出各投标人的报价得分。

招标文件规定暂列金额应按 280 万元计取，材料暂估价应当按照招标清单中的材料暂估单价计入综合单价，由于投标人 B 的暂列金额和材料暂估单价未按招标文件的要求计算，属于未实质性对招标文件的响应，对投标人 B 应当按照无效投标文件，否决其投标处理。

投标人 E 报价中混凝土梁的综合单价 700 元/m³ 合理，其投标清单合价为 3640 元计算错误，应当以单价为准修改合价。混凝土梁的合价为 700×520＝364000（元），364000－36400＝327600（元）＝32.76（万元），修正后 E 投标人报价为 3542＋32.76＝3574.76（万元），超过了最高投标限价 3568 万元，对投标人 E 应当否决其投标，按无效投标文件处理。

投标人 B 和投标人 E 的报价均属于非有效报价，不计入评标基准价。

评标基准价＝（3489＋3358＋3209）÷3＝3352（万元）

投标人 A 商务得分：3489÷3352＝104.09%，得分 60－（104.09－100）×2＝51.82

投标人 C 商务得分：3358÷3352＝100.18%，得分 60－（100.18－100）×2＝59.64

投标人 D 商务得分：3209÷3352＝95.73%，得分 60－（100－95.73）×1＝55.73

在解题中还需注意以下问题：

一是投标保证金有效期和投标有效期的概念和区别。《招标投标法实施条例》规定：招标人应当在招标文件中载明投标有效期。投标有效期从提交投标文件的截止之日起算。投标保证金有效期应当与投标有效期一致。

二是企业个别成本不是企业平均成本。

三是缺陷责任期一般为1年，最长不超过2年。

四是投标人撤回已提交的投标文件，应当在投标截止时间前书面通知招标人。招标人已收取投标保证金的，应当自收到投标人书面撤回通知之日起5d内退还。

五是招标文件的暂列金额在投标时，不能更改，材料暂估价应当按照招标清单中的材料暂估单价计入综合单价。

六是"计日工表"中暂定数量应根据工程项目的实际需求预测填写，以利于投标人报价和计入投标总价评标。"计日工表"中的综合单价应由投标人进行自主报价。

七是若分项工程特征描述和图纸不符，投标人可以书面形式要求招标人在规定时间前澄清，若投标人未要求招标人澄清或者招标人不予澄清或修改，投标人应以分部分项工程量清单的项目特征为准，确定分部分项工程综合单价。

答案：

问题1：

（1）D　　　（2）C　　　（3）C　　　（4）A

问题2：

（1）ADE　　（2）BCD　　（3）ABD　　（4）AC　　（5）AC　　（6）BCE

（7）AC　　（8）AB

【案例六】

背景：

某施工单位决定参与某工程的投标。在基本确定技术方案后，为提高竞争能力，对其中某关键技术措施拟定了三个方案进行比选。若以 C 表示费用（费用单位为万元），T 表示工期（时间单位为周），则方案一的费用为 $C_1 = 100 + 4T$；方案二的费用为 $C_2 = 150 + 3T$；方案三的费用为 $C_3 = 250 + 2T$。

经分析，这种技术措施的三个比选方案对施工网络进度计划的关键线路均没有影响。各关键工作可压缩的时间及相应增加的费用见表4-3。

在问题2和问题3的分析中，假定所有关键工作压缩后不改变关键线路。

项目	关键工作				
	A	C	E	H	M
可压缩时间/(周)	1	2	1	3	2
压缩单位时间增加的费用/(万元/周)	3.5	2.5	4.5	6.0	2.0

表 4-3　　　　　　　　各关键工作可压缩时间及相应增加的费用表

问题：

1. 若仅考虑费用和工期因素，请分析这三种方案的适用情况。

2. 若该工程的合理工期为 60 周，该施工单位相应的估价为 1653 万元。为了争取中标，该施工单位投标应报工期和报价各为多少？

3. 若招标文件规定，评标采用"经评审的最低投标价法"，且规定，施工单位自报工期小于 60 周时，工期每提前 1 周，其总报价降低 2 万元作为经评审的报价，则施工单位的自报工期应为多少？相应的经评审的报价为多少？若该施工单位中标，则合同价为多少？

4. 如果该工程的施工网络进度计划如图 4-1 所示，在不改变该网络进度计划中各工作逻辑关系的条件下，压缩哪些关键工作可能改变关键线路？压缩哪些关键工作不会改变关键线路？为什么？

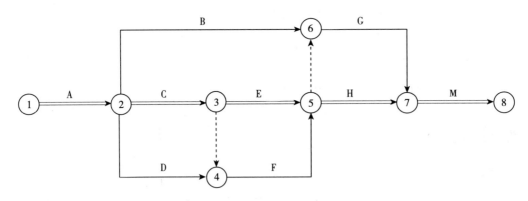

图 4-1　施工网络进度计划图

分析要点：

本案例主要考核技术方案的比选、工期和报价的关系、经评审的投标价、关键线路压缩等有关问题。

问题 1 采用的技术经济分析方法是工程领域常用的基本方法，在实践中关键在于要能运用适当的方法（如线性回归分析方法）建立费用函数的数学模型。在本题的解题过程中，不需要直接比较方案一和方案三（或者说，比较方案一和方案三没有意义），从三个方案费用函数曲线之间的关系可以清楚地看出这一点。

问题 2 相对而言较为简单，也是常见的压缩工期类的问题。

问题 3 是"经评审的最低投标价"的具体运用。所谓"经评审的投标价"，涉及多种因素，可以将价格以外的因素转化为价格来评价，其中最容易实现这种转化的就是工期。工期较长的最低报价未必是"经评审的最低投标价"，而工期较短的较高报价却可能是"经评审的最低投标价"。需要注意的是，如果没有问题 2 的铺垫而直接解问题 3，很可能出现的错误是忽略压缩工期所减少的技术方案本身的费用。还需要注意的是，"经评审的投标价"是招标人选择中标人的依据，不同于投标人的实际报价，也不同于合同价。

问题 4 是考核对关键线路和关键工作的正确理解。如果有具体的数据通过计算来确定关键线路是否变化，容易得出正确的结论；而像本题这样的定性分析，却不容易得出正确的结论。一般笼统地说，"压缩关键工作的持续时间可能改变关键线路"，可以认为是正确的。但是，这样的表述其实是不严谨的，应当进行深入的具体分析。

答案：

问题 1：

解：令 $C_1 = C_2$，即 $100 + 4T = 150 + 3T$，解得 $T = 50$（周）。

因此，当工期小于等于 50 周时，应采用方案一；当工期大于等于 50 周时，应采用方案二。

再令 $C_2 = C_3$，即 $150 + 3T = 250 + 2T$，解得 $T = 100$（周）。

因此，当工期小于等于 100 周时，应采用方案二；当工期大于等于 100 周时，应采用方案三。

综上所述，当工期小于等于 50 周时，应采用方案一；当工期大于等于 50 周且小于等于 100 周时，应采用方案二；当工期大于等于 100 周时，应采用方案三。

问题 2：

解：由于工期为 60 周时应采用方案二，相应的费用函数为 $C_2 = 150 + 3T$，所以，对每压缩 1 周时间所增加的费用小于 3 万元的关键工作均可以压缩，即应对关键工作 C 和 M 进行压缩。

则自报工期应为：$60 - 2 - 2 = 56$（周）

相应的报价为：$1653 - (60 - 56) \times 3 + 2.5 \times 2 + 2.0 \times 2 = 1650$（万元）

问题 3：

解：由于工期每提前 1 周，可降低经评审的报价为 2 万元，所以对每压缩 1 周时间所增加的费用小于 5 万元的关键工作均可压缩，即应对关键工作 A、C、E、M 进行压缩。

则自报工期应为：60-1-2-1-2＝54（周）

相应的经评审的报价为：1653-(60-54)×(3+2)+3.5+2.5×2+4.5+2.0×2＝1640（万元）

则合同价为：1640+(60-54)×2＝1652（万元）

问题 4：

答：压缩关键工作 C、E、H 可能改变关键线路，因为如果这三项关键工作的压缩时间超过非关键线路的总时差，就会改变关键线路。

压缩关键工作 A、M 不会改变关键线路，因为工作 A、M 是所有线路（包括关键线路和非关键线路）的共有工作，其持续时间缩短则所有线路的持续时间都相应缩短，不改变原非关键线路的时差。

【案例七】

背景：

某承包商参与某高层商用办公楼土建工程的投标（安装工程由业主另行招标）。为了既不影响中标，又能在中标后取得较好的收益，决定采用不平衡报价法对原估价作适当调整，具体数字见表 4-4。

表 4-4　　　　　　　　　　报价调整前后对比表　　　　　　　　单位：万元

阶段	桩基围护工程	主体结构工程	装饰工程	总价
调整前（投标估价）	1480	6600	7200	15280
调整后（正式报价）	1600	7200	6480	15280

现假设桩基围护工程、主体结构工程、装饰工程的工期分别为 4 个月、12 个月、8 个月，为计算现值方便，假定贷款月利率 i 为 1%，现值系数见表 4-5，并假设各分部工程每月完成的工作量相同且能按月度及时收到工程款（不考虑工程款结算所需要的时间）。

表 4-5　　　　　　　　　　现值系数表

系数	n			
	4	8	12	16
$(P/A, 1\%, n)$	3.9020	7.6517	11.2551	14.7179
$(P/F, 1\%, n)$	0.9610	0.9235	0.8874	0.8528

问题：

1. 该承包商所运用的不平衡报价法是否恰当？为什么？

2. 采用不平衡报价法后，该承包商所得工程款的现值比原估价增加多少（以开工日期为折现点）？

分析要点：

本案例考核不平衡报价法的基本原理及其运用。首先，要明确不平衡报价法的基本原理是在估价（总价）不变的前提下，调整分项工程的单价，所谓"不平衡报价"是相对于单价调整前的"平衡报价"而言。通常对前期工程、工程量可能增加的工程（由于图纸深度不够）、计日工等，可将原估单价调高，反之则调低。其次，要注意单价调整时不能畸高畸低，一般来说，单价调整幅度不宜超过±10%，只有对承包商具有特别优势的某些分项工程，才可适当增大调整幅度。

本案例要求运用工程经济学的知识，定量计算不平衡报价法所取得的收益。因此，要能熟练运用资金时间价值的计算公式和现金流量图。

计算中涉及两个现值公式，即：

一次支付现值公式 $P = F(P/F, i, n)$

等额年金现值公式 $P = A(P/A, i, n)$

上述两公式的具体计算式应掌握，在不给出有关表格的情况下，应能使用计算器正确计算。本案例背景资料中给出了有关的现值系数表（见表 4-5）供计算时选用，目的在于使答案简明且统一。

答案：

问题 1：

答：恰当。因为该承包商是将属于前期工程的桩基围护工程和主体结构工程的单价调高，而将属于后期工程的装饰工程的单价调低，可以在施工的早期阶段收到较多的工程款，从而可以提高承包商所得工程款的现值；而且，这三类工程单价的调整幅度均在±10%以内，属于合理范围。

问题 2：

解 1：

计算单价调整前后的工程款现值。

1. 单价调整前的工程款现值

桩基围护工程每月工程款 $A_1 = 1480/4 = 370$（万元）

主体结构工程每月工程款 $A_2 = 6600/12 = 550$（万元）

装饰工程每月工程款 $A_3 = 7200/8 = 900$（万元）

则，单价调整前的工程款现值：

$PV_0 = A_1(P/A,1\%,4) + A_2(P/A,1\%,12)(P/F,1\%,4) + A_3(P/A,1\%,8)(P/F,1\%,16)$

$\quad = 370 \times 3.9020 + 550 \times 11.2551 \times 0.9610 + 900 \times 7.6517 \times 0.8528$

$\quad = 1443.74 + 5948.88 + 5872.83$

$\quad = 13265.45$（万元）

2. 单价调整后的工程款现值

桩基围护工程每月工程款 $A'_1 = 1600/4 = 400$（万元）

主体结构工程每月工程款 $A'_2 = 7200/12 = 600$（万元）

装饰工程每月工程款 $A'_3 = 6480/8 = 810$（万元）

则，单价调整后的工程款现值：

$PV' = A'_1(P/A,1\%,4) + A'_2(P/A,1\%,12)(P/F,1\%,4) + A'_3(P/A,1\%,8)(P/F,1\%,16)$

$\quad = 400 \times 3.9020 + 600 \times 11.2551 \times 0.9610 + 810 \times 7.6517 \times 0.8528$

$\quad = 1560.80 + 6489.69 + 5285.55$

$\quad = 13336.04$（万元）

3. 两者的差额

$PV' - PV_0 = 13336.04 - 13265.45 = 70.59$（万元）

因此，采用不平衡报价法后，该承包商所得工程款的现值比原估价增加70.59万元。

解2：

先按解1计算 A_1、A_2、A_3 和 A'_1、A'_2、A'_3，则两者的差额：

$PV' - PV_0 = (A'_1 - A_1)(P/A,1\%,4) + (A'_2 - A_2)(P/A,1\%,12)(P/F,1\%,4)$

$\qquad\qquad + (A'_3 - A_3)(P/A,1\%,8)(P/F,1\%,16)$

$\quad = (400-370) \times 3.9020 + (600-550) \times 11.2551 \times 0.9610 + (810-900) \times 7.6517 \times 0.8528$

$\quad = 70.58$（万元）

【案例八】

背景：

某市重点工程项目计划投资4000万元，采用工程量清单方式公开招标。经资格预审后，确定A、B、C共3家合格投标人。该3家投标人分别于10月13日~14日领取了招标文件，同时按要求递交投标保证金50万元、购买招标文件费500元。

招标文件规定：投标截止时间为10月31日，投标有效期截止时间为12月30日，投标保证金有效期截止时间为次年1月30日。招标人对开标前的主要工作安排为：10月16

日~17 日，由招标人分别安排各投标人踏勘现场；10 月 20 日，举行投标预备会，会上主要对招标文件和招标人能提供的施工条件等内容进行答疑，考虑各投标人所拟定的施工方案和技术措施不同，将不对施工图做任何解释。各投标人按时递交了投标文件，所有投标文件均有效。

评标办法规定，商务标权重 60 分（包括总报价 20 分、分部分项工程项目清单综合单价 10 分、其他内容 30 分），技术标权重 40 分。

（1）总报价的评标方法是，评标基准价等于各有效投标总报价的算术平均值下浮 2 个百分点。当投标人的投标总价等于评标基准价时得满分，投标总价每高于评标基准价 1 个百分点时扣 2 分，每低于评标基准价 1 个百分点时扣 1 分。

（2）分部分项工程项目清单综合单价的评标方法是，在清单报价中按合价大小抽取 5 项（每项权重 2 分），分别计算投标人综合单价报价平均值，投标人所报综合单价在平均值的 95%~102% 范围内得满分，超出该范围的，每超出 1 个百分点扣 0.2 分。

各投标人总报价和抽取的异形梁 C30 混凝土分部分项工程项目清单的综合单价见表 4-6。

表 4-6 投标数据表

指标	投标人		
	A	B	C
总报价/万元	3179.00	2998.00	3213.00
异形梁 C30 混凝土综合单价/（元/m³）	456.20	451.50	485.80

除总报价之外的其他商务标和技术标指标评标得分见表 4-7。

表 4-7 投标人部分指标得分表

指标	投标人		
	A	B	C
商务标（除总报价之外）得分	32	29	28
技术标得分	30	35	37

招标文件其他项目清单中，单独列出该工程玻璃幕墙为专业分包工程，专业工程暂估价 120 万元。

评标工作于 11 月 1 日结束并于当天确定中标人。11 月 2 日招标人向当地主管部门提交了评标报告；11 月 10 日招标人向中标人发出中标通知书；12 月 1 日双方签订了施工合同；12 月 3 日招标人将未中标结果通知给另两家投标人，并于 12 月 19 日将投标保证金退还给未中标人。

问题：

1. 在该工程开标之前所进行的招标工作有哪些不妥之处？说明理由。

2. 列式计算总报价和异形梁 C30 混凝土综合单价的报价平均值，并计算各投标人得分。（计算结果保留两位小数）

3. 列式计算各投标人的总得分，根据总得分的高低确定第一中标候选人。

4. 单选题

（1）该工程投标保证金 50 万元递交时间应该是（　　　）。

A. 领取招标文件时　　　　　　　　B. 投标截止前

C. 投标人踏勘现场时　　　　　　　D. 投标预备会时

（2）依据《清单计价标准》，该项目其他项目清单中，对于该工程玻璃幕墙专业分包工程，总承包单位投标报价中应计算（　　　）。

A. 深化设计费　　　　　　　　　　B. 总包管理费

C. 计日工费　　　　　　　　　　　D. 材料暂估价

（3）按照规定，如果该工程某投标人在投标截止时间前书面通知招标人撤回已提交的投标文件，招标人退还已收取的投标保证金，应当自收到投标人书面撤回通知之日起（　　　）。

A. 当天　　　　　　　　　　　　　B. 1 日内

C. 3 日内　　　　　　　　　　　　D. 5 日内

5. 多选题

（1）根据相关规定，关于该工程评标的描述，正确的是（　　　）。

A. 评标完成当日，招标人应当向有关行政监督部门提交书面评标报告和中标候选人名单

B. 自确定中标人之日起十五日内，招标人应当向有关行政监督部门提交招标投标情况的书面报告

C. 评标委员会成员的名单在招标人和中标人签订合同前应当保密

D. 该工程评标委员会根据评标结果，可以确定中标人

E. 该工程招标人收到评标报告之日起 3 日内公示中标候选人

（2）根据相关规定，关于该工程评标的描述，错误的是（　　　）。

A. 11 月 10 日招标人仅向中标人发出中标通知书

B. 12 月 1 日招标人和中标人双方签订了施工合同；12 月 3 日招标人将未中标结果通知给另两家投标人

C. 12 月 19 日将投标保证金退还给未中标人

D. 招标人不仅向中标人发出中标通知书，还应同时将中标结果通知未中标人

E. 招标人应当在书面合同签订当日内向未中标的投标人退还投标保证金

分析要点：

本案例主要考核招标投标程序和工程量清单计价模式下评标方法。

问题1和问题4、问题5主要考试招标投标程序，主要依据《招标投标法实施条例》。

《招标投标法实施条例》规定：依法必须进行招标的项目，招标人应当自收到评标报告之日起3日内公示中标候选人，公示期不得少于3日。

评标完成后，评标委员会应当向招标人提交书面评标报告和中标候选人名单。中标候选人应当不超过3个，并标明排序。

国有资金占控股或者主导地位的依法必须进行招标的项目，招标人应当确定排名第一的中标候选人为中标人。

招标人最迟应当在书面合同签订后5日内向中标人和未中标的投标人退还投标保证金及银行同期存款利息。

《招标投标法》规定：评标委员会成员的名单在中标结果确定前应当保密。

问题2和问题3主要考核综合评标法。

答案：

问题1：

答：

（1）要求投标人领取招标文件时递交投标保证金不妥，应在投标截止前递交。

（2）投标保证金有效期截止时间不妥，应与投标有效期截止时间为同一时间。

（3）投标截止时间不妥，从招标文件发出到投标截止时间不能少于20日。

（4）踏勘现场安排不妥，招标人不得单独或者分别组织任何一个投标人进行现场踏勘。

（5）投标预备会上对施工图纸不做任何解释不妥，因为招标人应就图纸进行交底和解释。

问题2：

答：

（1）总报价平均值=（3179+2998+3213）/3=3130（万元）

评分基准价=3130×（1−2%）=3067.4（万元）

（2）异形梁C30混凝土综合单价报价平均值=（456.20+451.50+485.80）/3

$$=464.50（元/m^3）$$

总报价和C30混凝土综合单价评分见表4-8。

表 4-8　　　　　　　　　　部分商务标指标评分表

评标项目		投标人		
		A	B	C
总报价评分	总报价/万元	3179.00	2998.00	3213.00
	总报价占评分基准价百分比/%	103.64	97.74	104.75
	扣分	7.28	2.26	9.50
	得分	12.72	17.74	10.50
C30 混凝土综合单价评分	综合单价/（元/m³）	456.20	451.50	485.80
	综合单价占平均值/%	98.21	97.20	104.59
	扣分	0	0	0.52
	得分	2.00	2.00	1.48

问题 3：

解：

投标人 A 的总得分：30+12.72+32＝74.72（分）

投标人 B 的总得分：35+17.74+29＝81.74（分）

投标人 C 的总得分：37+10.50+28＝75.50（分）

所以，第一中标候选人为 B 投标人。

问题 4：

（1）B　　　（2）B　　　（3）D

问题 5：

（1）BE　　　（2）ABCE

【案例九】

背景：

某生态建设与环境保护新建项目，项目所在市人民政府批准同意项目实施方案和采购方案，项目按照 EPC 方式进行建设招标。项目采购范围为该项目的设计（方案设计、初步设计及施工图设计）、施工和采购。考虑项目中生态塘库工艺和技术多样，根据相关规定，拟分两阶段进行招标。项目对通过资格审查的申请人开展两阶段招标，第一阶段方案设计分值权重 10%；第二阶段最终技术方案和商务报价分值权重 90%，评审小组按照两阶段分值累加后由高到低的顺序推荐中标候选人。即第一阶段，投标人按照要求提交不带报价项目设计方案（纸质版和电子版），并由投标人制作 15min PPT（演示文稿）

进行设计思路讲解，由评审小组进行评审、量化打分；第二阶段，评审小组对设计方案进行评审后，确定主设计方案，提出细化、统一的技术要求，并向第一阶段提交设计方案的投标人提供采购文件，投标人根据采购文件要求编制包括最终技术方案和商务报价的响应文件，由评审小组进行评审、量化打分。

在投标人资格条件方面，除了投标人资产状况、财务要求、业绩要求和诚信方面提出要求，特别在履行合同所必需的设备和专业技术能力方面进行了约定，包括投标人资质和项目经理：要求拟派的项目经理须具有国家注册一级建造师（专业为市政公用工程）及具有高级技术职称，同时具备近五年污水收集处理工程（含排水管网工程）、环境治理工程设计或施工等相关业绩。

考虑项目建设模式为 EPC 方式，项目接受联合体投标，资格预审采用百分制综合评标法。

第一阶段约定，投标人需提交详细的方案设计文件。经过评审，招标人将对投标人提交的合格方案设计文件进行一次性补偿，补偿金额 5 万元/每份。

不参加第一阶段设计方案投标的投标人，不得参加第二阶段最终技术方案和商务报价的投标。

问题：

1. 该工程可以采用两阶段招标吗？说明理由。

2. 该工程对投标人资质设置要求方面应该如何考虑？

3. 由于项目采用 EPC 模式进行建设，承包人如果是联合体投标，对于联合体投标成员在招标文件中可以提出哪些要求？

4. 该项目第一阶段招标中，招标人设置设计方案补偿合理吗？目的是什么？

5. 单选题

（1）采用工程总承包方式的政府投资项目，进行工程总承包项目发包原则上应当在（　　）。

A. 投资决策审批后　　　　　　　　B. 初步设计审批完成后

C. 可行性研究报告编制完成后　　　D. 项目勘察报告完成后

（2）该项目采用两阶段招标时，如果招标人要求投标人提交投标保证金的，提出的时间是（　　）。

A. 第一阶段　　　　　　　　　　　B. 第二阶段

C. 招标公告或投标邀请书发出时　　D. 确定中标人时

6. 多选题

（1）按照规定，EPC 工程总承包项目招标文件主要包括（　　）。

A. 投标人须知

B. 建设单位提供的资料和条件

C. 评标办法和标准

D. 拟签订合同的主要条款

E. 招标文件格式

（2）关于 EPC 工程项目，下列描述正确的有（　　　）。

A. 签约合同价一般不高于最高投标限价

B. 工程总承包单位不可以采用直接发包的方式进行分包

C. 政府投资项目建设投资原则上不得超过经核定的投资概算

D. EPC 总承包投标文件包括拟采用的合同条款

E. 评标委员会由建设单位代表、具有工程总承包项目管理经验的专家，以及从事设计、施工、造价等方面的专家组成

（3）对于工程总承包项目，建设单位依法选择工程总承包单位可以采用（　　　）。

A. 公开招标

B. 邀请招标

C. 直接发包

D. 竞争性磋商

E. 单一来源采购

分析要点：

本案例主要考核两阶段招标，招标投标程序、方法和投标人资质。

问题 1 和问题 4 主要考核两阶段招标投标程序，主要依据《招标投标法实施条例》。

问题 2 和问题 3 主要考核复杂项目招标时，在招标文件中对投标人资质和能力要求条件的设置。

问题 5 和问题 6 主要考核 EPC 工程总承包招标投标、招标文件和投标文件的内容，主要依据《招标投标法实施条例》和《工程总承包管理办法》。

按照《招标投标法实施条例》规定：对技术复杂或者无法精确拟定技术规格的项目，招标人可以分两阶段进行招标。第一阶段，投标人按照招标公告或者投标邀请书的要求提交不带报价的技术建议，招标人根据投标人提交的技术建议确定技术标准和要求，编制招标文件。第二阶段，招标人向在第一阶段提交技术建议的投标人提供招标文件，投标人按照招标文件的要求提交包括最终技术方案和投标报价的投标文件。招标人要求投标人提交投标保证金的，应当在第二阶段提出。

依照《工程总承包管理办法》规定：建设单位依法采用招标或者直接发包等方式选择工程总承包单位。

工程总承包项目范围内的设计、采购或者施工中，有任一项属于依法必须进行招标的项目范围且达到国家规定规模标准的，应当采用招标的方式选择工程总承包单位。

采用工程总承包方式的政府投资项目，原则上应当在初步设计审批完成后进行工程

总承包项目发包。其中，按照国家有关规定简化报批文件和审批程序的政府投资项目，应当在完成相应的投资决策审批后进行工程总承包项目发包。

工程总承包单位应当同时具有与工程规模相适应的工程设计资质和施工资质，或者由具有相应资质的设计单位和施工单位组成联合体。工程总承包单位应当具有相应的项目管理体系和项目管理能力、财务和风险承担能力，以及与发包工程相类似的设计、施工或者工程总承包业绩。

设计单位和施工单位组成联合体的，应当根据项目的特点和复杂程度，合理确定牵头单位，并在联合体协议中明确联合体成员单位的责任和权利。

建设单位应当根据招标项目的特点和需要编制工程总承包项目招标文件，主要包括以下内容：①投标人须知；②评标办法和标准；③拟签订合同的主要条款；④发包人要求，列明项目的目标、范围、设计和其他技术标准，包括对项目的内容、范围、规模、标准、功能、质量、安全、节约能源、生态环境保护、工期、验收等的明确要求；⑤建设单位提供的资料和条件，包括发包前完成的水文地质、工程地质、地形等勘察资料，以及可行性研究报告、方案设计文件或者初步设计文件等；⑥投标文件格式；⑦要求投标人提交的其他材料。

评标委员会应当依照法律规定和项目特点，由建设单位代表、具有工程总承包项目管理经验的专家，以及从事设计、施工、造价等方面的专家组成。

工程总承包单位可以采用直接发包的方式进行分包。但以暂估价形式包括在总承包范围内的工程、货物、服务分包时，属于依法必须进行招标的项目范围且达到国家规定规模标准的，应当依法招标。

政府投资项目建设投资原则上不得超过经核定的投资概算。

答案：

问题1：

答：根据《招标投标法实施条例》规定"对技术复杂或者无法精确拟定技术规格的项目，招标人可以分两阶段进行招标。第一阶段，投标人按照招标公告或者投标邀请书的要求提交不带报价的技术建议，招标人根据投标人提交的技术建议确定技术标准和要求，编制招标文件。第二阶段，招标人向在第一阶段提交技术建议的投标人提供招标文件，投标人按照招标文件的要求提交包括最终技术方案和投标报价的投标文件"。由于工程存在工艺和技术方案多样，在技术方案不定的情况下开展采购招标活动，各投标人商务报价可能出现很大偏差，需要先确定合理、明确的技术方案，项目选择两阶段招标方式选择承包人是允许和合理的。

问题2：

答：由于承包人是EPC工程总承包，因此在资质要求方面应：同时具有与工程规模相适应的工程设计资质和施工资质，或者由具有相应资质的设计单位和施工单位组成联合体。

问题 3：

答：联合体成员最好不超过（含）3 家，由具有独立法人地位的实体组成，应体现设计或施工、设备供应优势，提交联合体协议并注明牵头人及各方拟承担的工作和责任。

问题 4：

答：项目第一阶段招标中，招标人设置设计方案补偿合理。由于存在工艺和技术多样，在技术方案不定的情况下开展，可以通过第一阶段招标选择合适的项目技术方案，由于每个投标人的方案可能从不同的角度进行，各有优劣，可以通过补偿的方式约定：设计成果文件的署名权由各投标人所有，所有权归采购人所有，另有约定的除外；支付补偿费之后采购人不再归还各投标人提交的有效方案设计成果文件，并有权使用方案设计成果内容的合理要素；各投标人提交的方案设计成果应保持原创性，不得包含任何侵犯第三方知识产权的材料，否则由此产生的后果由投标人承担。

通过方案整合、优化，在第二阶段招标时，提出相对成熟或主导的技术方案，便于投标人在此基础上报价，方便评标。

问题 5：

（1）B　　　（2）B

问题 6：

（1）ABCD　　　（2）ACE　　　（3）ABC

【案例十】

背景：

某工业厂房项目的招标人经过多方了解，邀请了 A、B、C 三家技术实力和资信俱佳的投标人参加该项目的投标。

在招标文件中规定：评标时采用最低综合报价（相当于经评审的最低投标价）中标的原则，但最低投标价低于次低投标价 10% 的报价将不予考虑。工期不得长于 18 个月，若投标人自报工期少于 18 个月，在评标时将考虑其给招标人带来的收益，折算成综合报价后进行评标。若实际工期短于自报工期，每提前 1 天奖励 1 万元；若实际工期超过自报工期，每拖延 1 天罚款 2 万元。

A、B、C 三家投标人投标书中与报价和工期有关的数据汇总于表 4-9。

假定：为方便计算现值，贷款月利率 i 假定为 1%，现值系数见表 4-10，各分部工程每月完成的工作量相同，在评标时考虑工期提前给招标人带来的收益为每月 40 万元。

表 4-9 投标参数汇总表

投标人	基础工程		上部结构工程		安装工程		安装工程与上部结构工程搭接时间/月
	报价/万元	工期/月	报价/万元	工期/月	报价/万元	工期/月	
A	400	4	1000	10	1020	6	2
B	420	3	1080	9	960	6	2
C	420	3	1100	10	1000	5	3

表 4-10 现值系数表

系数	n													
	2	3	4	5	6	7	8	9	10	12	13	14	15	16
$(P/A,1\%,n)$	1.970	2.941	3.902	4.853	5.795	6.728	7.625	8.566	9.471	—	—	—	—	—
$(P/F,1\%,n)$	0.980	0.971	0.961	0.952	0.942	0.933	0.923	0.914	0.905	0.887	0.879	0.870	0.861	0.853

在项目投标及评标过程中发生了以下事件：

事件 1：投标人 A 在对设计图纸和工程量清单复核时发现分部分项工程量清单中某分项工程的特征描述与设计图纸不符。

事件 2：投标人 B 采用不平衡报价的策略，对前期工程和工程量可能减少的工程适度提高了报价，对暂估价材料采用了与最高投标限价中相同材料的单价计入了综合单价。

事件 3：投标人 C 结合自身情况，并根据过去类似工程投标经验数据，认为该工程投高标的中标概率为 0.3，投低标的中标概率为 0.6。投高标中标后，经营效果可分为好、中、差三种可能，其概率分别为 0.3、0.6、0.1，对应的损益值分别为 500 万元、400 万元、250 万元；投低标中标后，经营效果同样可分为好、中、差三种可能，其概率分别为 0.2、0.6、0.2，对应的损益值分别为 300 万元、200 万元、100 万元。编制投标文件以及参加投标的相关费用为 3 万元。经过评估，投标人 C 最终选择了投低标。

事件 4：评标中评标委员会成员普遍认为招标人规定的评标时间不够。

问题：

1. 我国《招标投标法》对中标人的投标应当符合的条件是如何规定的？

2. 若不考虑资金的时间价值，应选择哪家投标人作为中标人？如果该中标人与招标人签订合同，则合同价为多少？

3. 若考虑资金的时间价值，应选择哪家投标人作为中标人？

4. 事件 1 中，投标人 A 应当如何处理？分部分项工程的特征应该如何描述？事件 2 中，投标人 B 的做法是否妥当？并说明理由。事件 3 中，投标人 C 选择投低标是否合理？并通过计算说明理由。事件 4，招标人应当如何处理？并说明理由。

分析要点：

本案例考核我国《招标投标法》关于中标人投标应当符合的条件的规定以及最低投标价格中标原则的具体运用。

明确规定允许最低投标价格中标是《招标投标法》与我国过去招标投标有关法规的重要区别之一，符合一般项目招标人的利益。但招标人在运用这一原则时，需把握两个前提：一是中标人的投标应当满足招标文件的实质性要求，二是投标价格不得低于成本。本案例背景资料隐含了这两个前提。

本案例并未直接采用最低投标价格中标原则，而是将工期提前给招标人带来的收益折算成综合报价，以综合报价最低者（即经评审的最低投标价）中标，并分别从不考虑资金时间价值和考虑资金时间价值的角度进行定量分析，其中前者较为简单和直观，而后者更符合一般投资者（招标人）的利益和愿望。

在解题时需注意以下几点：

一是各投标人自报工期的计算，应扣除安装工程与上部结构工程的搭接时间；

二是在搭接时间内现金流量应叠加，在现金流量图上一定要标明，但在计算年金现值时，并不一定要把搭接期独立开来计算；

三是在求出年金现值后再按一次支付折成现值的时点，尤其不要将各投标人报价折现的时点相混淆；

四是经评审的投标价只是选择中标人的依据，既不是投标价，也不是合同价。

关于评标时间，我国相关法规并无对评标时间的统一规定。招标人应当根据项目规模和技术复杂程度等因素合理确定评标时间。超过三分之一的评标委员会成员认为评标时间不够的，招标人应当适当延长。

答案：

问题 1：

答：我国《招标投标法》第四十一条规定，中标人的投标应当符合下列条件之一：

（1）能够最大限度地满足招标文件中规定的各项综合评价标准；

（2）能够满足招标文件的实质性要求，并且经评审的投标价格最低；但是投标价格低于成本的除外。

问题 2：

解：

1. 计算各投标人的综合报价（即经评审的投标价）。

（1）投标人 A 的总报价为：400+1000+1020=2420（万元）

总工期为：4+10+6-2=18（月）

相应的综合报价 $P_A = 2420$（万元）

（2）投标人 B 的总报价为：420+1080+960=2460（万元）

总工期为：3+9+6-2=16（月）

相应的综合报价 $P_B = 2460-40\times(18-16)=2380$（万元）

（3）投标人 C 的总报价为：420+1100+1000=2520（万元）

总工期为：3+10+5-3=15（月）

相应的综合报价 $P_C = 2520-40\times(18-15)=2400$（万元）

因此，若不考虑资金的时间价值，投标人 B 的综合报价最低，应选择其作为中标人。

2. 合同价为投标人 B 的投标价 2460 万元。

问题 3：

解 1：

1. 计算投标人 A 综合报价的现值

基础工程每月工程款 $A_{1A} = 400/4 = 100$（万元）

上部结构工程每月工程款 $A_{2A} = 1000/10 = 100$（万元）

安装工程每月工程款 $A_{3A} = 1020/6 = 170$（万元）

其中，第 13 和第 14 月的工程款为：$A_{2A} + A_{3A} = 100 + 170 = 270$（万元）

则投标人 A 的综合报价的现值为：

$$PV_A = A_{1A}(P/A, 1\%, 4) + A_{2A}(P/A, 1\%, 8)(P/F, 1\%, 4) +$$
$$(A_{2A} + A_{3A})(P/A, 1\%, 2)(P/F, 1\%, 12) + A_{3A}(P/A, 1\%, 4)(P/F, 1\%, 14)$$
$$= 100 \times 3.902 + 100 \times 7.625 \times 0.961 + 270 \times 1.970 \times 0.887 + 170 \times 3.902 \times 0.870$$
$$= 2171.86 \text{（万元）}$$

2. 计算投标人 B 综合报价的现值

基础工程每月工程款 $A_{1B} = 420/3 = 140$（万元）

上部结构工程每月工程款 $A_{2B} = 1080/9 = 120$（万元）

安装工程每月工程款 $A_{3B} = 960/6 = 160$（万元）

工期提前每月收益 $A_{4B} = 40$（万元）

其中，第 11 和第 12 月的工程款为：$A_{2B} + A_{3B} = 120 + 160 = 280$（万元）

则投标人 B 的综合报价的现值为：

$$PV_B = A_{1B}(P/A,1\%,3) + A_{2B}(P/A,1\%,7)(P/F,1\%,3) +$$
$$(A_{2B}+A_{3B})(P/A,1\%,2)(P/F,1\%,10) + A_{3B}(P/A,1\%,4)(P/F,1\%,12) -$$
$$A_{4B}(P/A,1\%,2)(P/F,1\%,16)$$
$$= 140\times2.941 + 120\times6.728\times0.971 + 280\times1.970\times0.905 + 160\times3.902\times0.887 -$$
$$40\times1.970\times0.853$$
$$= 2181.44 \ （万元）$$

3. 计算投标人 C 综合报价的现值

基础工程每月工程款 $A_{1C} = 420/3 = 140$ （万元）

上部结构工程每月工程款 $A_{2C} = 1100/10 = 110$ （万元）

安装工程每月工程款 $A_{3C} = 1000/5 = 200$ （万元）

工期提前每月收益 $A_{4C} = 40$ （万元）

其中，第 11 至第 13 月的工程款为：$A_{2C}+A_{3C} = 110+200 = 310$ （万元）

则投标人 C 的综合报价的现值为：

$$PV_C = A_{1C}(P/A,1\%,3) + A_{2C}(P/A,1\%,7)(P/F,1\%,3) +$$
$$(A_{2C}+A_{3C})(P/A,1\%,3)(P/F,1\%,10) + A_{3C}(P/A,1\%,2)(P/F,1\%,13) -$$
$$A_{4C}(P/A,1\%,3)(P/F,1\%,15)$$
$$= 140\times2.941 + 110\times6.728\times0.971 + 310\times2.941\times0.905 + 200\times1.970\times0.879 -$$
$$40\times2.941\times0.861 = 2200.49 \ （万元）$$

因此，若考虑资金的时间价值，投标人 A 的综合报价最低，应选择其作为中标人。

解 2：

1. 计算投标人 A 综合报价的现值

先按解 1 计算 A_{1A}、A_{2A}、A_{3A}，则投标人 A 综合报价的现值为：

$$PV_A = A_{1A}(P/A,1\%,4) + A_{2A}(P/A,1\%,10)(P/F,1\%,4) + A_{3A}(P/A,1\%,6)(P/F,1\%,12)$$
$$= 100\times3.902 + 100\times9.471\times0.961 + 170\times5.795\times0.887$$
$$= 2174.19 \ （万元）$$

2. 计算投标人 B 综合报价的现值

先按解 1 计算 A_{1B}、A_{2B}、A_{3B}，则投标人 B 综合报价的现值为：

$$PV_B = A_{1B}(P/A,1\%,3) + A_{2B}(P/A,1\%,9)(P/F,1\%,3) + A_{3B}(P/A,1\%,6)(P/F,1\%,10) -$$
$$A_{4B}(P/A,1\%,2)(P/F,1\%,16)$$
$$= 140\times2.941 + 120\times8.566\times0.971 + 160\times5.795\times0.905 - 40\times1.970\times0.853$$
$$= 2181.75 \ （万元）$$

3. 计算投标人 C 综合报价的现值

先按解 1 计算 A_{1C}、A_{2C}、A_{3C}，则投标人 C 综合报价的现值为：

$$PV_C = A_{1C}(P/A,1\%,3) + A_{2C}(P/A,1\%,10)(P/F,1\%,3) + A_{3C}(P/A,1\%,5)(P/F,1\%,10) - A_{4C}(P/A,1\%,3)(P/F,1\%,15)$$

$$= 140×2.941 + 110×9.471×0.971 + 200×4.853×0.905 - 40×2.941×0.861$$

$$= 2200.44 \ （万元）$$

因此，若考虑资金的时间价值，投标人 A 的综合报价最低，应选择其作为中标人。

问题 4：

答：

事件 1 中，投标人应在招标答疑时将发现的分部分项工程量清单中项目特征描述与设计图纸不符的内容向招标人提出。招标人如果修改招标文件清单中的项目特征描述，投标人应按照修改后的清单编制清单报价。如果招标人不修改招标文件清单中的项目特征描述，投标人应按照招标工程量清单项目特征报价，结算时按实际调整。

分部分项工程量清单项目特征应按《清单计价标准》附录中规定的项目特征，结合拟建工程项目的实际予以描述。

事件 2 中，投标人 B 对前期工程报高价妥当，对工程量可能减少的工程报高价不妥，应当报低价；对材料暂估价按照最高投标限价中的相同单价计入综合单价不妥，应当按照招标文件中规定的单价计入综合单价。

事件 3 中，不合理，因为投高标的收益期望值为：

$$0.3×(0.3×500 + 0.6×400 + 0.1×250) - 3 = 121.5 \ （万元）$$

投低标的收益期望值为：

$$0.6×(0.2×300 + 0.6×200 + 0.2×100) - 3 = 117.0 \ （万元）$$

投高标收益期望值大，所以投标人 C 应当投高标。

事件 4 中，招标人应当延长评标时间，根据相关法规超过 1/3 评标委员会人员认为评标时间不够，招标人应当延长评标时间。

【案例十一】

背景：

我国西部地区某世界银行贷款项目采用国际公开招标，共有 A、C、F、G、J 五家投标人参加投标。

招标公告中规定：2016 年 6 月 1 日起发售招标文件。

招标文件中规定：2016 年 8 月 31 日为投标截止日，投标有效期到 2016 年 10 月 31 日为止；允许采用不超过 3 种的外币报价，但外汇金额占总报价的比例不得超过 30%；评标采用经评审的最低投标价法，评标时对报价统一按人民币计算。

招标文件中的工程量清单按我国《建设工程工程量清单计价规范》编制。

各投标人的报价组成见表4-11，中国银行公布的2016年7月18日至9月4日的外汇牌价见表4-12，投标人C对部分结构工程的报价见表4-13。

计算结果保留两位小数。

表 4-11 各投标人报价汇总表 单位：万元

投标人	人民币	美元	欧元	日元
A	50894.42	2579.93	—	—
C	43986.45	1268.74	1859.58	—
F	49993.84	780.35	1498.21	—
G	51904.11	—	2225.33	—
J	49389.79	499.37	—	197504.76

表 4-12 外汇牌价

币种	日期					
	7.18-7.24	7.25-7.31	8.1-8.7	8.8-8.14	8.15-8.21	8.22-8.28	8.29-9.4
美元	6.6590	6.6588	6.6499	6.6488	6.6470	6.6420	6.6418
欧元	7.6709	7.6678	7.5079	7.5065	7.5021	7.5012	7.5002
日元	0.0668	0.0665	0.0663	0.0655	0.0664	0.0664	0.0663

表 4-13 投标人C部分结构工程报价单

序号	项目编码	项目名称	工程数量	单位	单价/（元/单位）	合价/元
15	（略）（下同）	带形基础 C40	863.00	m³	474.65	409622.95
16		满堂基础 C40	3904.00	m³	471.42	1540423.68
18		设备基础 C30	40.00	m³	415.98	16639.20
31		矩形柱 C50	138.54	m³	504.76	69929.45
35		异形柱 C60	16.46	m³	536.03	8823.05
41		矩形梁 C40	269.00	m³	454.02	132131.38
47		矩形梁 C30	54.00	m³	413.91	22351.14
51		直形墙 C50	606.00	m³	472.69	286450.14

续表

序号	项目编码	项目名称	工程数量	单位	单价/（元/单位）	合价/元
61		楼板 C40	1555.00	m³	45.11	701460.50
71		直形楼梯	217.00	m²	117.39	25473.63
91		预埋铁件	1.78	t		
101		钢筋（网、笼）制作、运输、安装	13.71	t	4998.96	68535.74

问题：

1. 各投标人的报价按人民币计算分别为多少？其外汇占总报价的比例是否符合招标文件的规定？

2. 评标时，由于技术标评审花费了较多时间，因此，招标人以书面形式要求所有投标人延长投标有效期。投标人 F 要求调整报价，而投标人 A 拒绝延长投标有效期。对此，招标人应如何处理？说明理由。

3. 投标人 C 对部分结构工程的报价如表 4-13 所示，请指出其中的不当之处，并说明应如何处理？

4. 如果评标委员会认为投标人 C 的报价可能低于其个别成本，应当如何处理？

分析要点：

本案例主要考核在多种货币报价时对投标价的换算和在工程量清单计价模式条件下对投标价的审核，还涉及投标有效期的延长和对低于成本报价的确认。

在投标人以多种货币报价时，一般都要换算成招标人规定的同一货币进行评标。在这种情况下，主要涉及两个问题：一是采用什么时间的汇率，二是对外汇金额占总报价比例的限制。对于多种货币之间的换算汇率，世界银行贷款项目和 FIDIC 合同条件都规定，除非在合同条件第二部分（即专用条件）中另有说明，应采用投标文件递交截止日期前 28d 当天由工程施工所在国中央银行决定的通行汇率；而我国《评标委员会和评标方法暂行规定》规定："以多种货币报价的，应当按照中国银行在开标日公布的汇率中间价换算成人民币。"本案例的问题 1 就是针对这两者之间的区别设计的，投标人 C 的报价如果按我国有关法规的规定是符合招标文件规定的，而按世界银行贷款项目的规定则是不符合招标文件规定的。

在工程量清单计价模式条件下对投标价的审核，要注意用数字表示的数额与用文字表示的数额的一致性，单价和工程量的乘积与相应合价的一致性，有无报价漏项等问题。

在本案例中，仅涉及后两个问题。我国《工程建设项目施工招标投标办法》规定，用数字表示的数额与用文字表示的数额不一致时，以文字数额为准；单价与工程量的乘积与总价（该法规原文如此，实际应为"合价"）之间不一致时，以单价为准。若单价有明显的小数点错位，应以总价为准，并修改单价。另外，若投标人对工程量清单中列明的某些项目没有报价（即漏项），不影响其投标文件的有效性，招标人可以认为投标人已将该项目的费用并入其他项目报价，即使今后该项目的实际工程量大幅增加，也不支付相应的工程款。

需要注意的是，《招标投标法》规定投标人的报价不得低于其成本，否则评标委员会应当否决其投标，作为无效投标文件处理。然而如何识别投标人的报价是否低于其成本是实践工作中的难题，评标委员会发现某投标人的报价明显低于其他投标人的报价或者在设有标底时明显低于标底时不能简单认为其投标报价低于成本，而应当按照《评标委员会和评标方法暂行规定》，要求该投标人作出书面说明并提供相关证明材料。投标人不能合理说明或者不能提供相关证明材料的，由评标委员会认定该投标人以低于成本报价竞标，应当否决其投标。

答案：

问题 1：

解：

1. 各投标人按人民币计算的报价分别为：

投标人 A：50894.42+2579.93×6.6499＝68050.70（万元）

投标人 C：43986.45+1268.74×6.6499+1859.58×7.5079＝66384.98（万元）

投标人 F：49993.84+780.35×6.6499+1498.21×7.5079＝66431.50（万元）

投标人 G：51904.11+2225.33×7.5079＝68611.67（万元）

投标人 J：49389.79+499.37×6.6499+197504.76×0.0663＝65805.12（万元）

将以上计算结果汇总于表 4-14。

表 4-14 各投标人报价汇总表 单位：万元

投标人	人民币	美元	欧元	日元	总价
A	50894.42	2579.93	—	—	68050.70
C	43986.45	1268.74	1859.58	—	66384.98
F	49993.84	780.35	1498.21	—	66431.50
G	51904.11	—	2225.33	—	68611.67
J	49389.79	499.37	—	197504.76	65805.12

2. 计算各投标人报价中外汇所占的比例：

投标人 A：（68050.70－50894.42）/68050.70＝25.21%

投标人 C：（66384.98－43986.45）/66384.98＝33.74%

投标人 F：（66431.50－49993.84）/66431.50＝24.74%

投标人 G：（68611.67－51904.11）/68611.67＝24.35%

投标人 J：（65805.12－49389.79）/65805.12＝24.95%

由以上计算结果可知，投标人 C 报价中外汇所占的比例超过 30%，不符合招标文件的规定，而其余投标人报价中外汇所占的比例均符合招标文件的规定。

问题 2：

答：我国《工程建设项目施工招标投标办法》规定，在原投标有效期结束前，出现特殊情况的，招标人可以书面形式要求所有投标人延长投标有效期。投标人同意延长的，不得要求或被允许修改其投标文件的实质性内容，但应相应延长其投标保证金的有效期；投标人拒绝延长的，其投标失效，但投标人有权收回其投标保证金。因延长有效期造成投标人损失的，招标人应当给予补偿。因此，投标人 F 的报价不得调整，但应补偿其延长投标保证金有效期所增加的费用；投标人 A 的投标文件按失效处理，不再评审，但应退还其投标保证金。

问题 3：

答：投标人 C 的报价表中有下列不当之处：

1. 满堂基础 C40 的合价 1540423.68 元错误，其单价合理，故应以单价为准，将其合价修改为 1840423.68 元；

2. 矩形梁 C40 的合价 132131.38 元数值错误，其单价合理，故应以单价为准，将其合价修改为 122131.38 元；

3. 楼板 C40 的单价 45.11 元/m³ 显然不合理，参照矩形梁 C40 的单价 454.02 元/m³ 和楼板 C40 的合价 701460.50 元可以看出，该单价有明显的小数点错位，应以合价为准，将原单价修改为 451.10 元/m³；

4. 对预埋铁件未报价，这不影响其投标文件的有效性，也不必作特别的处理，可以认为承包商 C 已将预埋铁件的费用并入其他项目（如矩形柱和矩形梁）报价，今后工程款结算中将没有这一项目内容。

问题 4：

答：根据我国《评标委员会和评标方法暂行规定》，在评标过程中，评标委员会发现投标人 C 的报价明显低于其他投标报价或者在设有标底时明显低于标底，使得其投标报价可能低于其个别成本的，应当要求投标人 C 作出书面说明并提供相关证明材料。投标人 C 不能合理说明或者不能提供相关证明材料的，由评标委员会认定投标人 C 以低于成本报价竞标，其投标应作无效投标文件处理。

【案例十二】

背景：

我国西南地区某污水处理项目拟采用国际公开招标，初步确定由世界银行提供贷款，截至 2022 年 4 月 5 日，国内部分的建设资金尚在落实中，建设项目方案设计完成，等待审批，按照项目建设的一般程序，设计方案审批通过，才能进行初步设计。项目贷款方为项目建设单位，也是项目招标人。

项目实施中，招标人有如下行为：

（1）2022 年 4 月 5 日，项目招标人向世界银行提供项目总采购公告，以便安排在联合国出版的《发展商务报》上刊出。招标人拟准备在 2022 年 5 月 5 日发售招标文件。

（2）用于拟建项目是一个大而复杂的工程，招标人拟进行资格预审，以确定投标人是否有资格进行投标和确定投标人是否有资格享受国家或地区的优惠待遇。

（3）假定经过资格预审后，符合标准的合格承包商有 20 家。招标人按照这些合格承包商 2021 年各自签订的所有工程合同金额大小排序，通知前 10 名购买招标文件。

（4）招标人委托一家招标代理机构编制了招标文件，未报世界银行批准，在合理时间进行公开发售。

假设项目招标文件有如下规定：

（1）投标文件必须寄交某邮政信箱。

（2）开标时一般允许提问或解释，但不允许记录和录音。

（3）投标截止期后收到的标书，尤其是宣读标书后收到的标书，不论出于何种原因，都拒绝，作为无效投标文件处理。

问题：

1. 按照世界银行国际公开招标程序，招标人的行为哪些是错误的，并说明正确做法。

2. 招标文件的规定，哪些是错误的，并说明原因。

3. 项目总采购公告是否为投标邀请书？

4. 请简单描述公开开标的变通办法"两个信封制度"？

分析要点：

本案例主要考核世界银行贷款项目国际工程招标投标的流程、惯例和开标办法。

在国际工程中，通过招标投标选择承包商是最重要的发包方式，许多国际机构都制定了招标投标程序，其中世界银行的招标投标程序最为完善、最有影响、适用范围也最大。

世界银行贷款项目采购程序包括：①发布总采购公告；②资格预审和资格定审；③准备招标文件；④发布具体合同招标广告（投标邀请书）；⑤开标；⑥评标；⑦授予合同或拒绝所有投标；⑧合同谈判和签订合同。

在发布总采购公告时，项目的资金来源已初步确定，包括初步确定由世界银行提供贷款，本国配套资金也已基本落实，项目初步设计已经完成，项目评估已经确定须以国际竞争性招标方法进行采购的那部分设备和工程。总采购通告需及早送交世界银行，最迟不应迟于招标文件已经准备好、将向投标人公开发售之前 60 天，安排免费在联合国出版的《发展商务报》上刊登。

工程的招标是否要资格预审，由借款人和世界银行充分协商后，在贷款协定中明确规定。资格预审首先确定投标人是否有投标资格，在有优惠待遇的情况下，也可确定其是否有资格享受本国或地区优惠待遇。资格预审预先规定评审标准及合格要求，并将合同的规模和合格要求通知愿意参加预审的承包商或供应商。经过评审后，凡符合标准的，都应准予投标，而不应限定预审合格的投标人的数量。

需要注意的是，招标文件的各项条款应符合《采购指南》的规定。世界银行虽然并不"批准"招标文件，但需其表示"无意见"（No objection）后招标文件才可以公开发售。

对于世界银行贷款项目国际工程招标，除了总采购通告外，借款人应将具体合同的投标机会及时通知国际社会。需要及时刊登具体合同的招标广告，即投标邀请书。与总采购通告有所不同，这类具体合同招标广告不要求，但鼓励刊登在联合国《发展商务报》上。至少应刊登在借款人国内广泛发行的一种报纸上；如有可能，也应刊登在官方公报上。

对于投标，提交标书的方式不得加以限制（如规定必须寄交某邮政信箱），以免延误。应该允许投标人亲自或派代表投交标书。开标时间一般应是投标截止时间或紧接在截止时间之后。开标应做出记录，列明到会人员及宣读的有关标书的内容。如果世界银行有要求，还应将记录的副本送交世界银行。开标时一般不允许提问或作任何解释，但允许记录和录音。

在投标截止期以后收到的标书，尤其是已经开始宣读标书以后收到的标书，不论出于何种原因，都应加以拒绝。

世界银行贷款项目采用国际竞争性招标方法时必须遵循公开开标的程序。公开开标也有变通办法，例如"两个信封制度"（Two envelope system），即要求投标书的技术性部分密封装入一个信封，而将报价装入另一个密封信封。第一次开标会时先开启技术性标书的信封；然后将各投标人的标书交评标委员会评比，视其是否在技术方面符合要求。如标书在技术上不符合要求，即通知该标书的投标人。技术上不符合要求的标书，其第二个信封不再开启。第二次开标会时再将技术上符合要求的标书报价公开读出。

答案：

问题1：

解：

（1）错误，项目招标人应在项目的资金来源已初步确定，项目初步设计已经完成，项目评估已经确定须以国际竞争性招标进行采购，总采购公告再送交世界银行，并且最迟不应迟于招标文件已经准备好、将向投标人公开发售之前60天。

（2）正确。

（3）错误，应通知所有合格的承包商购买招标文件。

（4）错误，需要将招标文件提交世界银行备案审查，世界银行表示"无意见"后招标文件才可以公开发售。

问题2：

答：

（1）错误，提交标书的方式不得加以限制（如规定必须寄交某邮政信箱），以免延误。允许投标人亲自或派代表投交标书。

（2）错误，开标应做出记录。如果世界银行有要求，还应将记录的副本送交世界银行。开标时一般不允许提问或作任何解释，但允许记录和录音。

（3）正确。

问题3：

答：项目总采购公告不是投标邀请书。项目总采购公告是世界银行及其他国际开发机构所要求的，目的是使所有合格而且有能力、符合要求的投标人不受歧视地能有公平的投标机会，同时使业主或购货人能进一步了解市场供应情况，有助于经济、有效地达到采购的目的。

投标邀请书是具体合同的招标广告。

问题4：

答：两个信封制度是公开开标的一种变通形式，要求投标书的技术性部分密封装入一个信封，报价装入另一个密封信封。第一次开标会时先开启技术性标书的信封；然后将各投标人的标书交评标委员会评比，评审是否在技术方面符合要求。如标书在技术上不符合要求，即通知该标书的投标人。技术上不符合要求的标书，其第二个信封不再开启。第二次开标会时再将技术上符合要求的标书报价公开读出。

第五章　工程合同价款管理

本章基本知识点：

1. 工程合同价款的约定与调整起因；

2. 工程变更的处理；

3. 工程现场签证的处理；

4. 工程索赔的内容与分类；

5. 工程索赔成立的条件与证据；

6. 工程索赔程序；

7. 工程索赔文件的组成；

8. 工程索赔的计算；

9. 工程合同争议的处理。

【案例一】

背景：

某国有建设单位（甲方）拟建造一大型星级酒店精装修建设项目，采用设计-采购-施工的工程总承包（EPC）模式。总建筑面积约 8 万 m²，发包范围包括：建筑与装饰工程、强电工程、给水排水工程、消防工程、弱电智能化工程、暖通工程等。该项目有较完善细致的发包人要求，配有模拟工程量清单，合同模式明确约定为固定总价合同。

中标 EPC 单位为 B 建筑施工企业（乙方），该项目合同签订时间为 2024 年 1 月 10 日。实际情况为 2024 年底已完成 95% 的工作量，剩余部分接近收尾阶段，此时总承包单位及其下属分包企业停止施工工作，提出合同约定的价款无法完成对应的工作内容，至今已基本完工但无法竣工，目前计划竣工时间未定，处于半停工状态下费用争议阶段。

甲乙双方签订的 EPC 总承包合同摘要如下：

一、协议书中的部分条款

1. 合同工期

计划开工日期：2024 年 2 月 1 日；计划竣工日期：2024 年 12 月 31 日。

工期总日历天数：330天（扣除"五一"假期两天、"十一"假期三天共计5天时间）。

2. 质量标准

工程质量符合发包人需求和相应的质量标准。

3. 签约合同价与合同价格形式

签约合同价：人民币（大写）叁亿叁仟万元（￥330000000.00元）。

合同价格形式：固定总价合同。

4. 项目经理

承包人项目经理：在开工前由承包人采用内部竞聘方式确定。

二、专用条款中有关阶段性管理和合同价款的部分条款

1. 工程总承包单位（乙方）在完成各项设计工作后，需要及时提供对应设计概算，以有利于甲方督促总承包单位严格执行限额设计。

2. 合同价款及其调整。

本合同价款除如下约定外，不得调整。

（1）当工程量清单项目出现工程量的任何变化，合同价款均不得作调整；

（2）当材料价格上涨超过15%时，经双方协商，甲方同意后可以调整相应分项工程价款。

3. 合同价款的支付。

（1）工程预付款：于施工开工前20日支付合同总价的10%作为预付款。工程实施后，预付款从工程后期进度款中扣回。

（2）工程进度款：基础工程完成后，支付合同总价的10%；主体结构三层完成后，支付合同总价的20%；主体结构全部封顶后，支付合同总价的20%；工程基本竣工时，支付合同总价的30%。为确保工程如期竣工，乙方不得因甲方资金的暂时不到位而停工和拖延工期。

（3）竣工结算：工程竣工验收后，进行竣工结算。结算时按工程结算总额的3%扣留工程质量保证金。在保修期（50年）满后，质量保证金及其利息扣除已支出费用后的剩余部分退还给乙方。

三、补充协议条款

在上述总承包合同协议条款签订半个月后，甲乙双方又接着签订了补充合同协议条款。摘要如下：

补1. 木门窗均用水曲柳板包门窗套；

补2. 铝合金窗90系列改用42型系列某铝合金厂产品；

工程在施工过程中发生如下事项：

1. 总承包单位派驻项目的管理团队未能充分理解和执行 EPC 模式下的项目管理工作，对项目的限额设计工作不开展或完全交由下属的分包单位各自完成。

2. EPC 总承包单位未能按照合同约定要求，在完成各项设计工作后未提供对应设计概算，导致发包人对总承包单位的限额设计工作未能予以充分的分析、监督和预警，任由总承包单位自由发挥。

3. 分包通过成本核算，发现已经收不抵支，与 EPC 总承包 B 沟通无果后便私下停工。

分析要点：

本案例主要涉及建设项目工程总承包合同的约定和合同价款的约定、支付、调整、纠纷处理方式等内容。涉及合同条款签订中易发生争议的若干问题；施工过程中出现合同未规定的承包人义务，但又必须进行的工程内容，承包人如何处理；以及工程质量保证金的扣留与返还；违约责任及纠纷的处理等问题。主要依据文件包括：《建设项目工程总承包合同（示范文本）》GF-2020-0216、《建设项目工程总承包计价规范》T/CCEAS 001-2022 和《建筑工程施工质量验收统一标准》GB 50300-2013 等。

按照团体标准《建设项目工程总承包计价规范》T/CCEAS 001-2022，工程总承包投标报价由工程费用、工程总承包其他费及预备费组成。其中，工程费用指建设项目投资中包括的，用于完成建设项目发生的建筑工程、安装工程和设备购置所需的费用；明确采用总价合同的，除合同约定可以调整的情形外，合同总价一般不予调整。总价合同不是包死价，固定总价合同也不是无限风险合同，可以再行约定调整合同价款事项。在我国的工程实践中，总承包项目主要采用明确发包人要求下的总价合同和模拟工程量清单下的单价合同。该项目已经明确固定总价合同方式，并未涉及模拟工程量清单下的报价，因此提供模拟工程量清单并不影响该合同的法律效力。

对于存在可以明示的企业或行业的质量标准的，合同可以约定采用该标准作为工程质量标准。没有明确标准的建设项目，应以《建筑工程施工质量验收统一标准》中规定的质量标准作为该工程的质量标准。《旅游饭店星级的划分与评定》GB/T 14308-2023 是推荐性标准，不属于国标强制性标准，因此该工程项目的质量标准，也可以遵照《旅游饭店星级的划分与评定》GB/T 14308-2023 执行，也可以自行约定质量标准，自行约定标准通常应高于行业标准。

分包商的收不抵支原因较为复杂，分包商的施工主要受法律和施工合同约束，从本案例提供的背景材料看，未出现直接的发包人未履行施工合同主要义务的违约事项，部分出现未履行协助承包人等其他合同义务。总承包商与发包人之间相互存在违约责任，与分包商无关。分包商与总承包商沟通无果私下停工，必然构成违约。

问题：

1. 单选题

（1）下列有关该项目的合同签订时间与开工日期的说法，错误的是（   ）。

A. 该合同签订日期 2024 年 1 月 10 日即为合同生效日期

B. 计划开工日期 2024 年 3 月 1 日不一定是实际开工日期

C. 固定总价 EPC 工程总承包合同通常也是固定工期

D. 开工日期的认定一般就是施工合同约定的开工日期

（2）该项目的合同工期应该是（   ）天。

A. 330   B. 332   C. 335   D. 336

（3）对于该合同约定的星级酒店的工程质量标准，说法正确的是（   ）。

A. 合同约定正确，甲方有权自行约定所有建设项目的验收标准

B. 合同约定不正确，必须以《建筑工程施工质量验收统一标准》中规定的质量标准作为该工程的质量标准

C. 合同约定不严谨，发包人需求和相应的质量标准还需要符合相应的星级酒店的行业标准才可以作为质量标准

D. 国家星级酒店推荐性标准和发包人需求不一致的，应以合同约定为主

（4）结合本案例，有关承包人确定项目经理的方式，说法正确的有（   ）。

A. 该合同约定正确，为了获取优秀的项目经理，承包人开工前用内部竞聘方式可行

B. 合同约定无效，项目经理必须是投标文件中拟定的项目经理

C. 发包人对项目经理的使用没有决策权

D. 项目经理人选可以不是投标文件中拟定的项目经理，但写入合同前应与发包人协商，且必须征得监理人和甲方同意

（5）该项目约定 EPC 固定价格合同，为 3.3 亿元，该部分费用包含（   ）。

A. 该费用是需要支付给 EPC 承包商的工程费用

B. 该费用涵盖了 EPC 承包商在酒店装修过程中发生的工程费用、工程总承包其他费

C. 该费用涵盖了 EPC 承包商在酒店装修过程中发生的工程费用、工程总承包其他费及预备费

D. 合同约定的完成酒店装修项目发生的建筑工程、安装工程和设备购置所需的一切费用

（6）该装修项目的工程质量保证金返还时间应为（   ）。

A. 1 年   B. 2 年   C. 5 年   D. 50 年

（7）对于该项目补充协议的两条相应约定条款，分析正确的是（　　）。

A. 改变工程材质和型号通常被认为是改变"发包人需求"，不适合于 EPC 固定总价合同

B. 补充协议可以调整工程内容，该项目仅更改工程材质和型号，不涉及价款调整

C. 该补充协议属于发包人指示变更，因此还需要同步说明工期，价款不用调整

D. 根据补充工程内容，还需要增加说明工期和合同价款是否需要调整，若需调整则如何调整

（8）该项目的分包通过成本核算，发现已经收不抵支，与总承包 B 沟通无果后便私下停工，对该行为评论正确的是（　　）。

A. 收不抵支的结果并不是总承包商未履行施工合同的主要义务造成的，因此私下停工属于分包商违约行为，分包商应负违约责任

B. 收不抵支是发包人监督管理不力造成的，分包商为了保护自己的利益，私下停工属于先履行不安抗辩权

C. 只有出现合同约定的突发事件和不可抗力，分包商才可以合法停工，其他停工都构成违约

D. 分包商与承包人 B 沟通无果后，私下停工必然构成违约

2. 多选题

（1）该项目约定采用固定总价合同，有关该合同的说法正确的是（　　）。

A. 固定总价合同不能调整，合同又约定价格上涨超过 15% 可以调整合同价款，前后矛盾，价格上涨的价款调整约定无效

B. 通常总价合同在专用合同条件中约定，将发承包时无法把握施工条件变化的某些项目单独列项，按照应予计量的实际工程量和单价进行结算支付

C. 该项目一方面采用明确发包人要求下的总价合同，另一方面又提供了模拟工程量清单，因此该合同无效

D. 总承包项目在明确发包人要求下通常采用总价合同

E. 固定总价合同是无限风险合同，超出风险边界范围的事项也不可调整合同价款

（2）总价合同模式下，该发包人承担的风险主要包括（　　）。

A. 主要工程材料、设备、人工价格与招标时基期价相比，波动幅度超过合同约定幅度的部分

B. 因国家法律法规政策变化引起的合同价格的变化

C. 不可预见的地质条件造成的工程费用和工期的变化

D. 因承包人原因产生的工程费用和工期的变化

E. 不可抗力造成的工程费用和工期的变化

（3）根据《建设项目工程总承包合同（示范文本）》GF-2020-0216 通用合同条件，变更可以依据合同进行工程总承包合同价款调整，除了该项外，其他还可以进行价款变更的事项包括（　　）。

　A. 暂估价　　　　　　B. 计日工　　　　　　C. 暂列金额　　　　　　D. 总承包服务费

E. 法律变化引起的价格调整

（4）有关该合同的专用条款中有关阶段性管理和部分合同价款的条款，下列选项正确的是（　　）。

A. 工程总承包（EPC）单位在完成各项设计工作后，需要及时提供对应设计概算，以有利于甲方督促总承包单位严格执行限额设计

B. 当工程量清单项目出现工程量的任何变化，合同价款均不得作调整

C. 工程预付款于施工开工前 20 日支付合同总价的 10% 作为预付款。工程实施后，预付款从工程后期进度款中扣回

D. 为确保工程如期竣工，乙方不得因甲方资金的暂时不到位而停工和拖延工期

E. 在保修期（50 年）满后，质量保证金及其利息扣除已支出费用后的剩余部分退还给乙方

（5）该项目由于发包人需求变化、项目管理不规范等诸多问题，导致项目竣工延迟和造价纠纷。就发包人需求来说，避免该类问题的出现而在招标文件里改进的方法包括（　　）。

A. 发包人要求应尽可能清晰准确，列明项目的目标、范围、功能需求、设计和其他技术标准

B. 对于可以进行定量评估的工作，发包人要求不仅应明确，并且要规定偏离的范围和计算方法，以及检验、试验、试运行的具体要求

C. 项目的内容、范围、规模、标准、功能、质量、安全、节约能源、生态环境保护、工期、验收等均要有明确要求

D. 对于承包人负责提供的有关设备和服务，对发包人人员进行培训和提供一些消耗品等，在发包人要求中应一并明确规定

E. 改变"发包人要求"所造成的工程变更通常由承包人承担责任，该项目补充协议经过承包人同意才生效

答案：

1. 单选题（1）D　　　（2）C　　　（3）D　　　（4）D　　　（5）C　　　（6）B
（7）D　　　（8）D

2. 多选题　（1）BD　　　（2）ABCE　　　（3）ABCE　　　（4）AC　　　（5）ABCD

【案例二】

背景：

某城市为提升核心产业竞争力，经批准兴建某产业园区。该园区管理单位作为甲方于××××年 10 月 10 日分别与某建筑工程公司（乙方）、某外资装饰工程公司（丙方）签订了主体建筑工程施工合同和装饰工程施工合同。

合同约定主体建筑工程施工于当年 11 月 10 日正式开工，合同工期为 2 年 5 个月。为保证工期，甲方、乙方与丙方约定：主体与装饰施工采取立体交叉作业，即主体完成三层，装饰工程承包商立即进入装饰作业。为保证装饰工程达到办公要求，业主委托某监理公司实施"装饰工程监理"。

在工程施工 1 年 6 个月时，甲方要求乙方将竣工日期提前 2 个月，双方协商修订施工方案后达成协议。

该工程按变更后的合同工期竣工，经验收后投入使用。

在该工程投入使用 3 年 2 个月后，乙方因甲方少付工程款起诉至法院。诉称：甲方在工程验收合格后签发了竣工验收报告，并已开张营业。在结算工程款时，甲方本应付工程总价款 16000 万元人民币，但只付 14000 万元人民币。特请求法庭判决被告支付剩余的 2000 万元人民币及拖期的利息。

在庭审中，被告答称：原告施工质量有问题，如：办公大堂、厂房墙面等主体施工质量不合格。因此，装修商进行返工，并提出索赔，经监理工程师签字报业主代表认可，共支付 152 万美元，折合人民币 1100 万元。此项费用应由原告承担。另还有其他质量问题，并造成厂房、机房设备、设施损失计人民币 900 万元。共计损失人民币 2000 万元，应从总工程款中扣除，故支付乙方主体工程款总额为 14000 万元人民币。

原告辩称：被告称产业园区主体施工质量不合格不属实，并向法庭呈交了业主及有关方面签字的合格竣工验收报告及业主致乙方的感谢信等证据。

被告又辩称：竣工验收报告及感谢信，是在原告法定代表人宴请我方时，提出为了企业晋级的情况下，我方代表才签的字。此外，被告代理人又向法庭呈交业主被装饰工程公司提出的索赔 152 万美元（经监理工程师和业主代表签字）的清单 56 件。

原告再辩称：签署竣工验收报告即为认可施工质量，请求法庭以文字为证。又指出：如果真的存在被告所说的情况，被告应当在装饰施工前通知我方修理。

原告最后请求法庭关注：从签发竣工验收报告到起诉前，乙方向甲方多次以书面方式提出结算要求。在长达 3 年多的时间里，甲方从未向乙方提出过工程存在质量问题。

分析要点：

本案例主要考核如何依法进行建设工程合同纠纷的处理。本案例所涉及的法律法规有：《中华人民共和国民法典》、《建设工程施工合同（示范文本）》GF-2021-0201、《建设工程质量管理条例》等。

问题：

1. 单选题

（1）对于原、被告之间的合同效力，说法正确的是（　　）。

A. 合同有效　　　　B. 合同效力待定　　C. 合同无效　　　　D. 部分合同无效

（2）在装修施工过程中，发现主体工程施工质量有问题时，业主采取的处理方式妥当的是（　　）。

A. 为了保证工期，可以安排丙方先行修理，将其相关费用及时通知给乙方，在乙方的工程款进行扣除

B. 发现主体工程施工质量有问题时，应当在装饰施工前通知乙方修理，该修理事项只能由乙方完成

C. 发现主体工程施工质量有问题时，业主应及时通知承包商进行修理，并由甲方承担修理费用

D. 业主先通知乙方修理，承包商在期限内不派人修理才可委托其他人员修理，修理费用从扣留的保修费用内支付

（3）依据背景资料，乙方与丙方约定的主体与装饰施工采取立体交叉作业，对该约定有效性说法正确的是（　　）。

A. 乙方与丙方没有直接的合同关系，因此该约定无效

B. 乙方与丙方都与甲方分别签订合同，在甲方的认可下，交叉作业的约定才能生效

C. 该约定是乙方和丙方的共同约定，有没有甲方的认可并不重要，该约定双方认可即有效

D. 该约定是甲方、乙方和丙方的共同约定，因此交叉作业的约定有效

（4）出现合同纠纷时，本案例所采用的处理方法是（　　）。

A. 甲乙自行协商　　B. 第三方调解　　　C. 仲裁　　　　　　D. 诉讼

（5）《中华人民共和国民法典》中对诉讼时效期的规定为（　　）。

A. 一年　　　　　　B. 两年　　　　　　C. 三年　　　　　　D. 五年

（6）结合背景材料，分析本案例甲乙双方的纠纷中，甲方诉讼时效期限应从（　　）开始计算。

A. 装饰工程合同约定的工期结束日

B. 甲方开具竣工验收报告载明的竣工验收日

C. 装饰工程监理发出的装饰工程开工日期

D. 乙方最后一次提出结算要求之日

（7）结合背景材料，本案例的乙方诉讼时效期限应从（　　）开始计算。

A. 装饰工程合同约定的工期结束日

B. 甲方开具竣工验收报告载明的实际验收日

C. 装饰工程监理发出的装饰工程开工日期

D. 乙方最后一次提出结算要求之日

2. 多选题

（1）背景材料中提到"在工程施工1年6个月时，甲方要求乙方将竣工日期提前2个月，双方协商修订施工方案后达成协议"，依照《建设工程施工合同（示范文本)》，关于施工合同履行过程中，发包人出于某种考虑要求提前竣工，则发包人应（　　）。

A. 负责修改施工进度计划

B. 向承包人直接发出提前竣工的指令

C. 与承包人协商并签订提前竣工协议

D. 为承包人提供赶工的便利条件

E. 追加合同价款

（2）依据背景材料，装饰合同执行中的索赔，对乙方是否具有约束力的分析表述正确的是（　　）。

A. 主体工程合同与装饰工程合同是两个分别独立的合同，再结合案例背景，装饰合同执行中的索赔对乙方无约束力

B. 主体工程合同与装饰工程合同虽然是两个分别独立的合同，但由于交叉作业和甲方的指令，装饰合同执行中的索赔对乙方具有约束力

C. 如果确因主体工程质量不合格，装修商进行返修向甲方提出索赔，根据《建设工程施工合同（示范文本)》之规定，甲方应在索赔事件发生14天内向乙方发出索赔通知，否则乙方可不接受业主索赔要求

D. 如果确因主体工程质量不合格，装修商进行返修向甲方提出索赔，根据《建设工程施工合同（示范文本)》之规定，甲方应在索赔事件发生28天内向乙方发出索赔通知，否则乙方可不接受业主索赔要求

E. 乙方与丙方因本案例中装饰合同执行中的索赔对乙方无约束力

答案：

1. 单选题（1）A　　　（2）D　　　（3）D　　　（4）D　　　（5）C　　　（6）B　　　（7）D

2. 多项选择题　（1）CDE　　　（2）AD

【案例三】

背景：

某新建特大型装配式钢结构预制构件生产厂房建设项目，采用可研批准后的 EPC 方式发包。招标内容包括方案设计、初步设计、施工图设计、采购、施工及工程保修等。招标文件要求承包人在投标之前完成施工现场踏勘。确定某承包人为中标人后，发承包双方依据《建设项目工程总承包合同（示范文本）》GF-2020-0216 签订了 EPC 工程总承包固定总价合同（约定主要工程材料、设备、人工价格与招标时基期价相比，波动幅度 10%以内不调整），并定于当年 5 月 1 日开工。

开工后，承包人在土方工程施工中遇到了业主提供的基础材料里没有列出的孤石和更多坚硬的岩层，使开挖工作变得困难。尽管承包人采用克服困难的合理措施继续施工，但实际生产率比原计划降低，导致影响工期 0.5 个月。由于施工进度减慢，当地迎来雨季，赶上数天季节性大雨，随后转为特大暴雨并导致山洪暴发，造成现场临时道路、管网和甲乙方施工现场办公用房等设施以及已施工的部分基础被冲坏，施工设备损坏，运进现场的部分材料被冲走，已入场的乙方购买的部分构件和部品发生损坏，乙方数名施工人员受伤。雨后，承包人用了很多工时进行清理和修复。为此，承包人准备对以上事件提出索赔。

分析要点：

本案例主要涉及装配式建筑项目工程总承包固定总价合同背景下索赔成立的条件与索赔责任的划分，索赔的内容与证据，索赔文件的内容与形式、施工中发现不利的物质条件、异常恶劣的气候条件、出土文物等情况的处理；还涉及承包人依据《建设项目工程总承包合同（示范文本）》GF-2020-0216 的规定，规范化处理变更问题的工作内容与方法等。

《建设项目工程总承包合同（示范文本）》GF-2020-0216 中通用条款 17.4 不可抗力后果的承担约定：

不可抗力导致的人员伤亡、财产损失、费用增加和（或）工期延误等后果，由合同当事人按以下原则承担：

（1）永久工程，包括已运至施工现场的材料和工程设备的损害，以及因工程损害造成的第三人人员伤亡和财产损失由发包人承担；

（2）承包人提供的施工设备的损坏由承包人承担；

（3）发包人和承包人各自承担其人员伤亡及其他财产损失；

（4）因不可抗力影响承包人履行合同约定的义务，已经引起或将引起工期延误的，应当顺延工期，由此导致承包人停工的费用损失由发包人和承包人合理分担，停工期间必须支付的现场必要的工人工资由发包人承担；

（5）因不可抗力引起或将引起工期延误，发包人指示赶工的，由此增加的赶工费用由发包人承担；

（6）承包人在停工期间按照工程师或发包人要求照管、清理和修复工程的费用由发包人承担。

不可抗力引起的后果及造成的损失由合同当事人按照法律规定及合同约定各自承担。不可抗力发生前已完成的工程应当按照合同约定进行支付。

问题：

1. 单选题

（1）项目采用 EPC 方式发包，下列选项对 EPC 方式适用性分析正确的是（　　　）。

A. 可行性研究报告批准后，宜采用 EPC 模式，本案例采用的 EPC 发包模式正确

B. 通常情况下，方案设计批准后，就不适合采用 EPC 模式

C. 初步设计批准后，宜采用 DB 模式，不适宜采用 EPC 模式

D. 采用什么样的承发包模式主要取决于业主需求和业主的管理水平，没有什么模式限制

（2）在土方施工过程中，遇到孤石和坚硬岩石索赔的情况处理与表述正确的是（　　　）。

A.《建设项目工程总承包合同（示范文本)》GF-2020-0216 规定，承包人承担基础资料错误造成的责任

B. 招标文件要求承包商在提交投标之前完成施工现场踏勘，孤石和坚硬岩石属于可预见的困难、是有经验的承包人在施工现场遇到的可预见的自然物质条件

C. 承包人遇到该类困难时，应采取克服不可预见的困难的合理措施继续施工，并及时通知工程师并抄送发包人。通知应载明不可预见的困难的内容、承包人认为不可预见的理由以及承包人制定的处理方案

D. 工程师可依据实际情况判断是否需要发出指示，指示构成变更的，按合同约定的变更与调整条款执行。承包人因此增加的费用和（或）延误的工期由承包人承担

（3）本案例中天气条件变化及引起的索赔处理，正确的是（　　　）。

A. 前期的季节性大雨这是一个有经验的承包商预先能够合理估计的因素，应在合同工期内考虑，由此造成的工期延长和费用损失不能给予补偿

B. 后期特大暴雨引起的山洪暴发通常被视为一个有经验的承包商预先能够合理估计

的因素，应按专门恶劣气候条件处理

C. 季节性大雨和后期的特大暴雨都属于恶劣的气候条件，承包人采取合理措施增加的费用、延误的工期，由发包人承担

D. 该项目后期的山洪暴发由于不可预见，实践中通常按照专门恶劣的气候条件处理

（4）在随后的施工中又发现了较有价值的出土文物，造成承包方部分施工人员和机械窝工，同时承包方为保护文物付出了一定的措施费用。请问承包方的处理举措先后顺序应为（　　）。

①立即停工，保护好文物现场

②报告给政府行政管理部门

③通知监理人

④做好相关增加费用和延误工期的记录

⑤按照合同约定的索赔程序，按时提交索赔文件

A. ①②③④⑤　　　　　　　　B. ③②①④⑤

C. ②③①④⑤　　　　　　　　D. ②①③④⑤

2. 多选题

（1）根据背景材料，发包人承担的经济损失包括（　　）。

A. 被冲坏的发包方提供的道路和管线

B. 被冲坏施工现场自行接引的道路和管线

C. 被冲坏的发包方施工现场办公用房以及已施工的部分基础、被冲走的部分材料

D. 工程清理和修复作业等经济损失

E. 损坏的施工设备、预制构件

（2）在装配式建筑工程总承包项目施工中，对于甲方而言，下列选项可以作为索赔证据的有（　　）。

A. 工程各项有关发包人要求、变更图纸、变更施工指令等

B. 监理工程师签认的有关孤石和坚硬岩石的签证

C. 工程实施中的各项往来信件、指令、信函、通知、答复等

D. 由于季节性暴雨产生工期延误的各项佐证材料

E. 山洪暴发引起的施工设备损失的图片

（3）承包商准备对案例背景条件涉及的所有事件提出索赔，该索赔文件包括（　　）。

A. 索赔意向通知书　　　　　　　B. 索赔通知

C. 索赔报告　　　　　　　　　　D. 索赔证据等附件

E. 索赔项目计算书等附件

（4）由于工期延误太久，发包人指示赶工，承包人决定制定赶工计划加快施工，施工期间由于原材料价格上涨，导致预制构件价格上涨，构件采购成本比预期超出5%。承包人提出：赶工费用由承包人自己承担，而预制构件上涨费用向发包人申请索赔。下列有关承包人做法的分析合理的是（　　　　）。

A. 该项目遇到不利的物质条件和山洪暴发的事件影响，才引起工期延误，发包人指示赶工，由此增加的赶工费用由发包人承担

B. 承包人制定赶工计划是合理的，赶工费用自行承担属于承包人的商业选择行为，法律应支持

C. 预制构件价格上涨的费用可以向发包人进行索赔

D. 该项目签署的合同是固定总价合同，出现任何情况均不能调整价格

E. 材料价格上涨的损失应由承包人自行承担

答案：

1. 单选题　（1）A　　　（2）C　　　（3）A　　　（4）A

2. 多选题　（1）ACD　　　（2）ABC　　　（3）BCDE　　　（4）ABE

【案例四】

背景：

××××年12月29日，某工程项目发承包双方签订了工程施工合同，合同价4800万元，管理费和利润为人材机费用之和的18%，增值税税率为9%。合同工期为第二年3月1日至12月31日。

该工程如期开工后，发生如下两个事件：

事件一：突发公共卫生安全事件

4月15日工程所在地出现突发公共卫生事件，当地政府作出突发公共卫生事件二级响应的决定，工程被迫停工。停工期间，工地现场留有看护人员两名，平均日工资为150元；承包人自有的甲、乙、丙施工机械发生闲置，机械台班费分别为860元/d、340元/d、120元/d。10d后突发公共卫生事件得到有效控制，事态明显好转，当地政府发布允许当地工程项目复工通知。工程复工后，由于工作人员需执行突发公共卫生事件的防护工作导致施工降效，承发包双方经核实确认降效时段为4月26日至4月30日，人机综合降效30%。因施工降效导致人机费用增加120000元。鉴于工期延误时间较长，发包人要求承包人尽快制定赶工方案，弥补工期损失，由发包人支付赶工费用。之后承包人提交的赶

工方案被批准，确认赶工工期为 10d。降效赶工期间，人机增加费和技术措施费共计 240000 元。

为进一步节约工期，实现可视化交底，发包人要求承包人将 BIM 技术应用到工程中，完成项目三维建模，施工场地布置建模和施工进度模拟，增加该项工作内容的费用为 55000 元。

事件二：持续高温

由于项目所在地夏季温度偏高，并时常伴随极端高温天气出现，因此合同中规定施工期间出现白天的平均气温高于 42℃或者当日最高温度超过 45℃的天气条件为专门恶劣的气候条件，如果专门恶劣的气候条件持续时间超过两天，第三天承包人可以按照发生紧急情况处理。

7 月 21 日工程所在地出现极端高温情况，白天平均气温高达 44.1℃，并且超过 42℃的天气状况一直持续到了 8 月 2 日。考虑到施工人员高温作业存在危险，承包人在未通知监理的情况下于 7 月 22 日一早下达暂停施工的指令。停工期间，工地现场看护人员两名，平均日工资为 150 元；承包人自有的甲、乙、丙施工机械再次发生闲置。

8 月 3 日，极度恶劣的高温天气情况有所好转，发承包双方宣布 8 月 3 日复工，但当地气温依旧在 40℃左右，因此承包方规定每日的上午 11 点至下午 4 点不进行施工作业，该规定一直进行到 8 月 30 日，8 月 31 日开始气温下降，恢复到正常施工状态。承发包双方经核实确认高温降效时段为 2022 年 8 月 3 日至 2022 年 8 月 30 日，人机综合降效 25%。因施工降效导致人机费用增加 80000 元。高温工作期间，承包方采购了药品和防暑降温的物品，共计 28300 元。

根据工程所在地相关文件规定，因专门恶劣的气候条件停工期间，永久工程、已运至施工现场的材料、工程设备、周转性材料的损坏由发包人承担；承包人在施工场地的施工机械设备损坏及机械停滞台班等停工损失由承包人承担。增加的工程费用，只计取税金，不计取管理费和利润。

10 月 31 日，承包人提交了事件二的工期索赔报告如下：

（1）专门恶劣的气候条件影响的工期，7.22—8.2，10+2 = 12（d）。

（2）施工降效影响的工期，28×25% = 7（d）。

工期索赔合计：12+7 = 19（d）。

问题：

1. 请计算事件一应予批准的工期索赔为多少天？

2. 请指出承包人对事件二的工期索赔计算不合理之处，并简单说明理由。应予批准的工期索赔为多少天？

3. 请说明事件一和事件二是否可以进行费用索赔？费用索赔总额为多少元？

分析要点：

本案例涉及的主要知识点为突发公共卫生事件引起的索赔责任划分、专门恶劣的气候条件、紧急情况下的暂停施工和暂定施工后的复工等几种情况下的索赔分析。

突发公共卫生事件应界定为不可预见、无法避免的不可抗力事件。按照突发公共卫生事件的影响范围、危害程度等，突发公共卫生事件应急响应分为Ⅰ级、Ⅱ级、Ⅲ级、Ⅳ级四个等级。Ⅱ级响应由省人民政府决定启动Ⅱ级应急响应，并向各有关单位发布启动相关应急程序的命令。它的发生是双方不能控制与克服的自然干扰事件，影响到了合同的正常履行，并且会造成工期延长、费用增加。因此，承包人可以就突发公共卫生事件造成的工期和费用损失事实，根据合同条款、法律法规、政府的有关规定等积极主张工期索赔和费用索赔。

针对突发公共卫生事件引起的停工、施工降效等均可以申请工期索赔。工期索赔计算的起止时点为从启动突发公共卫生事件响应时间开始，到实际复工时间为止。若发包人要求承包人赶工，工期索赔的时间应减去赶工工期（在降效当日不赶工的降效影响工期可以进行索赔，而在降效当日赶工的降效影响工期则不予索赔），发包人要求赶工的，自然要承担因此而增加的费用。

不可预见的突发公共卫生事件的费用索赔有以下几点：①停工期间留在施工场地的看护人员的费用由发包人承担；②永久工程、已运至施工现场的材料、工程设备、周转性材料的损坏由发包人承担；③材料包装与运输增加费、材料采购合同解除损失费由发包人承担；④停工、复工的技术措施费由发包人承担；⑤突发公共卫生事件防控措施费符合《清单计价标准》的3.2.5款安全生产措施费应按国家及省级、行业主管部门的相关规定计价。住房和城乡建设部提出因疫情防控增加的防疫费用，可计入工程造价；⑥停工期间机械设备闲置费用由承包人承担；⑦承发包双方各自承担法律法规和政策文件规定的其他各自损失。

事件二属于专门恶劣的气候条件。根据《建设工程施工合同（示范文本）》GF—2021—0201的规定，专门恶劣的气候条件是指有经验的承包人在签订合同时不可预见的，对合同履行造成实质性阻碍的，但尚未构成不可抗力事件的恶劣气候条件。合同当事人在专用合同条款中对专门恶劣的气候条件和紧急情况进行了约定，因此按合同条款的规定来处理专门恶劣的气候条件和因紧急情形需暂停施工的具体情况。因紧急情形需暂停施工时，如果监理人未及时下达暂停施工指示的，承包人可先暂停施工，并及时通知监理人。并且，承包人因采取合理措施而增加的费用和（或）延误的工期由发包人承担。

答案：

问题1：

答：

（1）突发公共卫生事件属于不可抗力，因此影响的工期顺延：4月15日—4月25日：共计11d；

（2）4月26日—4月30日为施工降效时段，施工降效影响的工期：5×30%=1.5d；

（3）双方确认的赶工工期：10d；

共计：11+1.5-10=2.5d。

事件一应予批准的工期索赔为2.5d。

问题2：

答：

（1）工期索赔计算不合理之处及其理由：

双方合同对于专门恶劣的气候条件的处理进行了规定，合同表明在专门恶劣的气候条件持续两天后才可以按照紧急情况进行停工，因此索赔的工期应从7月23日起计算。

（2）应予批准的工期索赔：

1）专门恶劣的气候条件影响的工期，2022.7.23—2022.8.2，9+2=11（d）；

2）施工降效影响的工期，28×25%=7（d）；

共计：11+7=18（d）。

事件二应予批准的工期索赔为18d。

问题3：

事件一：费用索赔计算

（1）停工期间看护人员工资：2×150×11=3300（元）；

（2）突发公共卫生事件下停工期间机械设备闲置费用由承包人自行承担，不予索赔；

（3）因施工降效增加人机费用：120000元；

（4）赶工期间的人机增加费和技术措施费：240000元；

（5）发包人要求承包人应用BIM技术增加的费用：55000元。

事件一费用索赔合计：（3300+120000+240000+55000）×（1+9%）=418300×1.09=455947（元）。

事件二：费用索赔计算

（1）停工期间看护人员工资：2×150×11=3300（元）；

（2）专门恶劣的气候条件停工期间机械设备闲置费用由承包人自行承担，不予索赔；

（3）因施工降效增加人机费用：80000元；

（4）承包方采购的药品和防暑降温物品等必要的防暑措施费：28300元。

事件二费用索赔合计：（3300＋80000＋28300）×（1＋9%）＝111600×1.09＝121644（元）。

【案例五】

背景：

某工程项目采用了固定总价合同。工程招标文件参考资料中提供的用砂地点距工地4km。但是开工后，检查该砂质量不符合要求，承包商只得从另一距工地20km的供砂地点采购。而在一个关键工作面上又发生了5项临时停工事件：

事件1：5月20日至5月26日承包商的施工设备出现了从未出现过的故障；

事件2：应于5月24日交给承包商的后续图纸直到6月10日才交给承包商；

事件3：6月7日到6月12日施工现场下了罕见的特大暴雨；

事件4：6月11日到6月14日该地区的供电全面中断；

事件5：钢材价格波动上涨，施工现场钢材储备紧张，因缺少钢材导致6月16日至6月17日停工，且后续购入钢材比预计的成本高出50万元。

问题：

1. 承包商的索赔要求成立的条件是什么？

2. 由于供砂距离的增大，必然引起费用的增加，承包商经过仔细认真计算后，在业主指令下达的第3天，向业主的造价工程师提交了将原用砂单价每1m³提高5元人民币的索赔要求。该索赔要求是否成立？为什么？

3. 若承包商对因业主原因造成窝工损失进行索赔时，要求设备窝工损失按台班价格计算，人工的窝工损失按日工资标准计算是否合理？如不合理应怎样计算？

4. 承包商按规定的索赔程序针对上述5项临时停工事件向业主提出了索赔，试说明每项事件工期和费用索赔能否成立？为什么？

5. 试计算承包商应得到的工期和费用索赔是多少（如果费用索赔成立，则业主按2万元人民币/d补偿给承包商）？

6. 在业主支付给承包商的工程进度款中是否应扣除因设备故障引起的竣工拖期违约损失赔偿金？为什么？

分析要点：

首先，要弄清工程索赔的概念，工程索赔成立的条件，施工进度拖延和费用增加的责任划分与处理原则与方法，以及竣工拖期违约损失赔偿金的处理原则与方法。

其次，本案例签订的是固定总价合同，俗称"闭口合同""包死合同"。所谓"固定"，是指这种价款一经约定，除业主增减工程量和设计变更外，一律不调整。

最后，确定出现共同延误情况下的工期和（或）费用损失由谁承担，要看谁的责任事件（或风险事件）发生在先，如果是业主的责任事件（或风险事件）发生在先，则共同延误期间的工期和（或）费用损失由业主承担，反之由承包商承担。

答案：

问题 1：

答：承包商的索赔要求成立必须同时具备如下四个条件：

（1）与合同相比较，已造成了实际的额外费用和（或）工期损失；

（2）造成费用增加和（或）工期损失的原因不是由于承包商的过失；

（3）造成的费用增加或工期损失不是应由承包商承担的风险；

（4）承包商在事件发生后的规定时间内提出了索赔的书面意向通知和索赔报告。

问题 2：

答：

因供砂距离增大提出的索赔不能被批准，原因是：

（1）双方签订的是固定总价合同；

（2）承包商应对自己就招标文件的解释负责；

（3）承包商应对自己报价的正确性与完备性负责；

（4）作为一个有经验的承包商可以通过现场踏勘确认招标文件参考资料中提供的用砂质量是否合格，若承包商没有通过现场踏勘发现用砂质量问题，其相关风险应由承包商承担。

问题 3：

答：

不合理。因窝工闲置的设备按折旧费或停滞台班费或租赁费计算，不包括运转费部分；人工费损失应考虑这部分工作的工人调做其他工作时工效降低的损失费用；一般用工日单价乘以一个测算的降效系数计算这一部分损失，而且只按成本费用计算，不包括利润。

问题 4：

答：

事件 1：工期和费用索赔均不成立，因为设备故障属于承包商应承担的风险。

事件 2：工期和费用索赔均成立，因为延误图纸属于业主应承担的责任。

事件 3：特大暴雨属于双方共同的风险，工期索赔成立，设备和人工的窝工费用索赔不成立。

事件 4：工期和费用索赔均成立，因为停电属于业主应承担的风险。

事件 5：工期和费用索赔均不成立，因为缺少材料导致停工是承包人应承担的风险。本案例签订的是固定总价合同，材料价格波动应是承包商在投标时可以预见的，这也是承包商应当承担的商业风险。

问题 5：

答：

事件 2：5 月 27 日至 6 月 9 日，工期索赔 14d，费用索赔 14d×2 万/d＝28（万元）。

事件 3：6 月 10 日至 6 月 12 日，工期索赔 3d。

事件 4：6 月 13 日至 6 月 14 日，工期索赔 2d，费用索赔 2d×2 万/d＝4（万元）。

合计：工期索赔 19d，费用索赔 32 万元。

问题 6：

答：

业主不应在支付给承包商的工程进度款中扣除竣工拖期违约损失赔偿金。因为设备故障引起的工程进度拖延不等于竣工工期的延误。如果承包商能够通过施工方案的调整将延误的工期补回，不会造成工期延误。如果承包商不能通过施工方案的调整将延误的工期补回，将会造成工期延误。所以，工期提前奖励或拖期罚款应在竣工时处理。

【案例六】

背景：

某厂（甲方）与某建筑公司（乙方）订立了某工程项目施工合同，同时与某降水公司订立了工程降水合同。甲乙双方合同规定：采用单价合同，每一分项工程的实际工程量增加（或减少）超过招标文件中工程量的 15% 时调整单价；工作 B、E、G 作业使用的施工机械甲一台，台班费为 600.00 元/台班，其中台班折旧费为 360.00 元/台班；工作 F、H 作业使用的施工机械乙一台，台班费为 400.00 元/台班，其中台班折旧费为 240.00 元/台班。施工网络进度计划如图 5-1 所示（单位：d），图中：箭线上方字母为工作名称，箭线下方数据为持续时间，双箭线为关键线路。假定除工作 F 按最迟开始时间安排作业外，其余各项工作均按最早开始时间安排作业。

甲乙双方合同约定 8 月 15 日开工。工程施工中发生如下事件：

事件 1：降水方案错误，致使工作 D 推迟 2d，乙方人员配合用工 5 个工日，窝工 6 个工日；

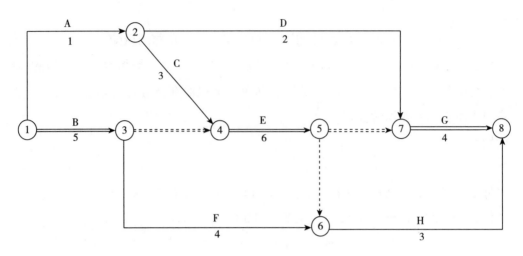

图 5-1　施工网络进度计划

事件 2：8 月 23 日至 8 月 24 日，因供电中断停工 2d，造成全场性人员窝工 36 个工日；

事件 3：因设计变更，工作 E 工程量由招标文件中的 300m³ 增至 350m³，超过了 15%；合同中该工作的全费用单价为 110.00 元/m³，经协商调整后全费用单价为 100.00 元/m³；

事件 4：为保证施工质量，乙方在施工中将工作 B 原设计尺寸扩大，增加工程量 15m³，该工作全费用单价为 128.00 元/m³；

事件 5：在工作 D、E 均完成后，甲方指令增加一项临时工作 K，且应在工作 G 开始前完成。经核准，完成工作 K 需要 1d 时间，消耗人工 10 工日、施工机械丙 1 台班（500.00 元/台班）、材料费 2200.00 元。

问题：

1. 如果乙方就工程施工中发生的 5 项事件提出索赔要求，试问工期和费用索赔能否成立？说明其原因。

2. 每项事件工期索赔各是多少？总工期索赔多少天？

3. 工作 E 结算价应为多少？

4. 假设人工工日单价为 80.00 元/工日，合同规定：窝工人工费补偿按 45.00 元/工日计算；窝工施工机具使用费补偿按台班折旧费计算；因增加用工所需各项管理费为人工费的 40%；工作 K 的管理费为人工、材料、施工机具使用费的 20%；人工和机械窝工补偿管理费为人工、材料、施工机具使用费的 10%，增值税税率为 9%。试计算除事件 3 外合理的费用索赔总额。

分析要点：

本案例考核合同的计价及价格调整方式，索赔的分类，索赔事件的责任划分，工期索赔、费用索赔的计算及应用网络进度计划技术处理工程索赔的方法。

问题 1 的解答要求逐项事件说明乙方的工期和（或）费用索赔能否成立，是什么原因造成的，属于谁的责任。

问题 2 的解答要求根据问题 1 的分析结果，确定每项可索赔事件的工期索赔天数，能够列式计算的应列出计算式。

问题 3 的解答要求理解单价合同计价方式下，单价调整的方法，正确列出计算式计算。全费用单价是指完成单位合格产品所需要的人材机费、管理费、利润和税金等全部费用。

问题 4 的解答要求列式计算，注意区分各种可索赔事件的费用索赔的不同计算方法，特别是费用索赔的取费基数不同。工程造价取费基数分为三种：①以人工费为基数；②以人工费加施工机具使用费之和为基数；③以人材机费用之和为基数。按现行清单计价的规定，人工和机械窝工费用也要计取税金。此外，对于工期索赔成立的事件，在计算窝工费用索赔时也应适当计取现场管理费。因为，工期延长必然导致现场管理费用的增加。本案例中给出的人工和机械窝工补偿综合税费包含了部分现场管理费和税金。

答案：

问题 1：

答：

事件 1：工期索赔不成立，费用索赔成立，因为降水工程由甲方另行发包，是甲方应承担的责任，费用损失应由甲方承担，但是延误的时间（2d）没有超过工作 D 的总时差（8d），不影响工期。

事件 2：工期和费用索赔成立，因为供电中断是甲方应承担的风险，延误的时间（2d）将导致工期延长。

事件 3：工期和费用索赔成立，因为设计变更是甲方的责任，由设计变更引起的工程量增加将导致费用增加和工作 E 作业时间的延长，且工作 E 为关键工作。

事件 4：工期和费用索赔不成立，因为保证施工质量的技术措施费应已包括在合同价中。

事件 5：工期和费用索赔成立，因为由甲方指令增加工作引起的费用增加和工期延长，是甲方的责任。

问题 2：

解：

事件 2：工期索赔 2d。

事件 3：工期索赔 (350−300)/(300/6) = 1（d）。

事件 5：工期索赔 1d。

总计工期索赔：4d。

问题 3：

解：

按原单价结算的工程量：300×(1+15%) = 345（m³）

按新单价结算的工程量：350−345 = 5（m³）

总结算价 = 345×110.00+5×100.00 = 38450.00（元）

问题 4：

解：

事件 1：[6×45.00×(1+10%)+5×80.00×(1+40%)]×(1+9%) = 934.13（元）

事件 2：(36×45.00+2×360.00+2×240.00)×(1+10%)×(1+9%) = 3381.18（元）

事件 5：[(10×80.00+1×500.00+2200.00)×(1+20%)+1×360.00×(1+10%)]×(1+9%) = 5009.64（元）

费用索赔合计：934.13+3381.18+5009.64 = 9324.95（元）

【案例七】

背景：

某建筑公司（承包方）与某建设单位（发包方）签订了建筑面积为 2100m² 的单层工业厂房的施工合同，合同工期为 20 周。承包方按时提交了施工方案和施工网络进度计划，如图 5-2 和表 5-1 所示，并获得工程师代表的批准。该项工程中各项工作的计划资金需用量由承包方提交，经工程师代表审查批准后，作为施工阶段投资控制的依据。

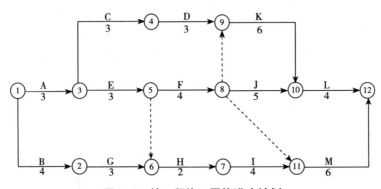

图 5-2 某工程施工网络进度计划

表 5-1　　　　　　　　　　　　网络进度计划工作时间及费用

项目	工作名称												
	A	B	C	D	E	F	G	H	I	J	K	L	M
持续时间（周）	3	4	3	3	3	4	3	2	4	5	6	4	6
资金用量（万元）	10	12	8	15	24	28	22	16	12	26	30	23	24

实际施工过程中发生了如下几项事件：

（1）在工程进行到第 9 周结束时，检查发现 A、B、C、D、E、G 工作均全部完成，F 和 H 工作实际完成的资金用量分别为 14 万元和 8 万元。且前 9 周各项工作已完工程的实际投资与计划投资均相符。

（2）在随后的施工过程中，J 工作由于施工质量问题，工程师代表下达了停工令使其暂停施工，并进行返工处理 1 周，造成返工费用 2 万元；M 工作因发包方要求的设计变更，使该工作因施工图纸晚到，推迟 2 周施工，并造成承包方因停工和机械闲置而损失 1.2 万元。为此承包方向发包方提出了 3 周工期索赔和 3.2 万元的费用索赔。

问题：

1. 试绘制该工程的早时标网络进度计划，根据第 9 周末的检查结果标出实际进度前锋线，分析 D、F 和 H 三项工作的进度偏差；到第 9 周末的实际累计资金用量是多少？

2. 如果后续施工按计划进行，试分析发生的进度偏差对计划工期产生什么影响？其总工期是否大于合同工期？

3. 试重新绘制第 10 周开始至完工的早时标网络进度计划。

4. 承包方提出的索赔要求是否合理？并说明原因。

5. 合理的工期索赔、费用索赔是多少？

分析要点：

本案例主要考核网络进度计划的编制与应用，分析进度偏差对工期的影响以及由此引起的工期索赔和费用索赔。

问题 1 要求掌握时标网络进度计划的绘制和实际进度前锋线的标注方法，借助实际进度前锋线分析确定 D、F、H 三项工作是否产生了进度偏差和计算到第 9 周末时实际累计资金用量。

问题 2 要求将 D、F、H 三项工作的进度偏差代入网络进度计划中，并计算出考虑上述偏差情况下的工期；将该工期与原计划工期和合同工期对比，即可作出判断。

问题 3 要求绘制出第 10 周以后的早时标网络进度计划，并作为分析问题 5 的依据。

问题 4 要求首先明确承包方提出的索赔要求是否合理，然后对造成工期拖延和费用损失的责任加以说明。

问题 5 要求正确分析出工期索赔和费用索赔的数值。

答案：

问题 1：

答：该工程早时标网络进度计划及第 9 周末的实际进度前锋线如图 5-3 所示。

通过对图 5-3 的分析：

D 工作进度正常；F 工作进度拖后 1 周；H 工作进度拖后 1 周。

第 9 周末的实际累计投资额为 10+12+8+15+24+14+22+8＝113（万元）。

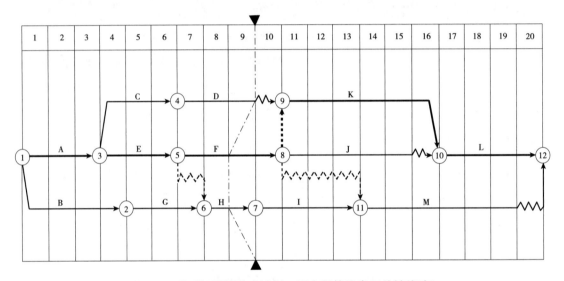

图 5-3　早时标网络进度计划（图中粗箭线表示关键线路）

问题 2：

答：通过分析可知：

F 工作的进度拖后 1 周，影响工期，因为该工作在关键线路上，导致工期延长 1 周，总工期将大于合同工期 1 周。

H 工作的进度拖后 1 周，不影响工期，因为该工作不在关键线路上，有 1 周的总时差，拖后的时间没有超过总时差。

问题 3：

答：重新绘制的第 10 周开始至完工的早时标网络进度计划如图 5-4 所示。

问题 4：

答：承包方提出的索赔要求不合理。因为 J 工作由于施工质量问题造成返工，其责任在承包方；而 M 工作造成的损失属于非承包方的责任。故承包方仅能就设计变更使 M 工作造成的损失向发包方提出索赔。

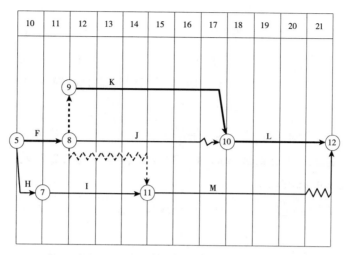

图 5-4 第 10 周开始至完工的早时标网络进度计划

问题 5：

答：

（1）M 工作本身拖延时间为 2 周，而根据图 5-4 的分析 M 工作的总时差 1 周。由此可知 M 工作的拖延使计划工期又延长 1 周，实际工期达到 22 周。可索赔工期为 1 周。

（2）费用索赔为 M 工作因停工和机械闲置造成的损失 1.2 万元。

【案例八】

背景：

某施工单位（乙方）与某建设单位（甲方）签订了建造无线电发射试验基地施工合同。合同工期为 38d。由于该项目急于投入使用，在合同中规定，工期每提前（或拖后）1d 奖励（或罚款）5000 元（含税）。乙方按时提交了施工方案和施工网络进度计划（图 5-5），并得到甲方代表的批准。

图 5-5 发射塔试验基地工程施工网络进度计划（单位：d）

实际施工过程中发生了如下几项事件：

事件 1：在房屋基坑开挖后，发现局部有软弱下卧层，按甲方代表指示乙方配合地质复查，配合用工为 10 个工日。地质复查后，根据经甲方代表批准的地基处理方案，增加人材机费用 4 万元，因地基复查和处理使房屋基础作业时间延长 3d，人工窝工 15 个工日。

事件 2：在发射塔基础施工时，因发射塔原设计尺寸不当，甲方代表要求拆除已施工的基础，重新定位施工。由此造成增加用工 30 工日，材料费 1.2 万元，机械台班费 3000 元，发射塔基础作业时间拖延 2d。

事件 3：在房屋主体施工中，因施工机械故障，造成工人窝工 8 个工日，该项工作作业时间延长 2d。

事件 4：在房屋装修施工基本结束时，甲方代表对某项电气暗管的敷设位置是否准确有疑义，要求乙方进行剥离检查。检查结果为某部位的偏差超出了规范允许范围，乙方根据甲方代表的要求进行返工处理，合格后甲方代表予以签字验收。该项返工及覆盖用工 20 个工日，材料费为 1000 元。因该项电气暗管的重新检验和返工处理使安装设备的开始作业时间推迟了 1d。

事件 5：在敷设电缆时，因乙方购买的电缆线材质量不合格，甲方代表令乙方重新购买合格线材。由此造成该项工作多用人工 8 个工日，作业时间延长 4d，材料损失费 8000 元。

事件 6：鉴于该工程工期较紧，经甲方代表同意乙方在安装设备作业过程中采取了加快施工的技术组织措施，使该项工作作业时间缩短 2d，该项技术组织措施人材机费用为 6000 元。

其余各项工作实际作业时间和费用均与原计划相符。

问题：

1. 在上述事件中，乙方可以就哪些事件向甲方提出工期补偿和（或）费用补偿要求？为什么？

2. 该工程的实际施工天数为多少天？可得到的工期补偿为多少天？工期奖励（或罚款）金额为多少？

3. 假设工程所在地人工费标准为 98 元/工日，应由甲方给予补偿的窝工人工费补偿标准为 58 元/工日；该工程综合取费率为人材机费用的 20%（人工窝工综合取费为窝工人工费 15%）。则在该工程结算时，乙方应该得到的索赔款为多少？

分析要点：

本案例以实际工程网络进度计划及其实施过程中发生的若干事件为背景，考核对工程索赔成立的条件，施工进度拖延和费用增加的责任划分与处理原则，利用网络分析法处理工期索赔、工期奖罚的方法。除此之外，增加了建筑安装工程费用计算的简化方法。建筑安装工程费用的计算方法一般是首先计算人材机费用，然后以人材机费用为基数，根据有关规定计算管理费、利润和税金等。本案例为简化起见，将人材机费用以外的管理费、利润和税金等费用处理成以人材机费用为基数的一个综合费率，人工窝工综合取费包括现场管理费和税金。

答案：

问题1：

答：

事件1可以提出工期补偿和费用补偿要求，因为地质条件变化属于甲方应承担的责任，且该项工作位于关键线路上。

事件2可以提出费用补偿要求，不能提出工期补偿要求，因为发射塔设计位置变化是甲方的责任，由此增加的费用应由甲方承担，但该项工作的拖延时间（2d）没有超出其总时差（8d）。

事件3不能提出工期和费用补偿要求，因为施工机械故障属于乙方应承担的责任。

事件4不能提出工期和费用补偿要求，因为乙方应该对自己完成的产品质量负责。甲方代表有权要求乙方对已覆盖的分项工程剥离检查，检查后发现质量不合格，其费用由乙方承担；工期也不补偿。

事件5不能提出工期和费用补偿要求，因为乙方应该对自己购买的材料质量和完成的产品质量负责。

事件6不能提出补偿要求，因为通过采取施工技术组织措施使工期提前，可按合同规定的工期奖罚办法处理，因赶工而发生的施工技术组织措施费应由乙方承担。

问题2：

答：

（1）通过对图5-5的分析，该工程施工网络进度计划的关键线路为①—②—④—⑥—⑦—⑧，计划工期为38d，与合同工期相同。将图5-5中所有各项工作的持续时间均以实际持续时间代替，计算结果表明：关键线路不变（仍为①—②—④—⑥—⑦—⑧），实际工期为42d。

（2）将图5-5中所有由甲方负责的各项工作持续时间延长天数加到原计划相应工作的持续时间上，计算结果表明：关键线路亦不变（仍为①—②—④—⑥—⑦—⑧），工期为41d。41-38=3（d），所以，该工程可补偿工期天数为3d。

（3）工期罚款金额为：[42-(38+3)]×5000=5000（元）

问题 3：

解：

（1）由事件 1 引起的索赔款：

（10×98+40000）×（1+20%）+15×58×（1+15%）= 50176.50（元）

（2）由事件 2 引起的索赔款：

（30×98+12000+3000）×（1+20%）= 21528.00（元）

所以，乙方应该得到的索赔款为：50176.50+21528.00 = 71704.50（元）

【案例九】

背景：

某工程项目业主通过工程量清单招标确定某承包商为该项目中标人，并签订了工程合同，工期为 16d。该承包商编制的初始网络进度计划，如图 5-6 所示，图中箭线上方字母为工作名称，箭线下方括号外数字为持续时间（单位：d），括号内数字为总用工日数（人工工资标准均为 80 元/工日，窝工补偿标准均为 45 元/工日）。

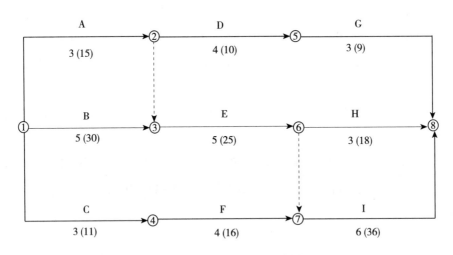

图 5-6　初始网络进度计划

由于施工工艺和组织的要求，工作 A、D、H 需使用同一台施工机械（该种施工机械运转台班费 800 元/台班，闲置台班费 550 元/台班），工作 B、E、I 需使用同一台施工机械（该种施工机械运转台班费 600 元/台班，闲置台班费 400 元/台班），工作 C、E 需由同一班组工人完成作业，为此该计划需做出相应的调整。

问题：

1. 请对图 5-6 所示的进度计划做出相应的调整，绘制出调整后的施工网络进度计划，并指出关键线路。

2. 试分析工作 A、D、H 的最早开始时间、最早完成时间。如果该三项工作均以最早开始时间安排作业，该种施工机械需在现场多长时间？闲置多长时间？若尽量使该种施工机械在现场的闲置时间最短，该三项工作的开始作业时间如何安排？

3. 承包商使机械在现场闲置时间最短的合理安排得到监理人的批准。在施工过程中，由于设计变更，致使工作 E 增加工程量，作业时间延长 2d，增加用工 10 个工日，材料费用 2500 元，增加相应的措施人材机费用 900 元；因工作 E 作业时间的延长，致使工作 H、I 的开始作业时间均相应推迟 2d；由于施工机械故障，致使工作 G 作业时间延长 1d，增加用工 3 个工日，材料费用 800 元。因业主原因的某项工作延误致使其紧后工作开始时间的推迟，需给予人工窝工补偿。如果该工程管理费按人工、材料、施工机具使用费之和的 7%（其中现场管理费为 4%）计取，利润按人工、材料、施工机具使用费和管理费之和的 4.5% 计取，增值税税率为 9%。试问：承包商应得到的工期和费用索赔是多少？

分析要点：

本案例考核了工程网络施工进度计划的调整、施工机械时间利用分析与优化和工程量清单计价条件下工程变更和索赔的处理方法等内容。

在对双代号工程网络施工进度计划进行调整时，要注意利用虚工作来正确表达各项工作之间的逻辑关系。

在分析施工机械时间利用情况时，需要掌握各项工作时间参数的概念与分析计算方法，以及在时差范围内，施工机械时间的调整方法。

当发生索赔事件后，除了要合理分析计算该索赔事件直接涉及的工作的时间和费用索赔之外，还要分析该索赔事件对后续工作有无影响。本案例根据题意，因设计变更致使工作 E 作业时间延长后，还要分析工作 E 作业时间延长对后续工作 H、I 的影响。

在处理工程量清单计价条件下工程变更和索赔问题时，需要掌握建筑安装工程费用的构成和工程量清单计价的基本方法。根据《清单计价标准》的规定，清单计价项目应该包括分部分项工程项目、措施项目、其他项目和增值税等部分，相应分部分项工程费用应包括人工费、材料费、施工机具使用费、管理费、利润及风险等费用。

由窝工引起的人工窝工费用和机械闲置费用索赔额应计取现场管理费和税金。

答案：

问题 1：

答：根据施工工艺和组织的要求，对初始网络进度计划做出调整后的网络进度计划如图 5-7 所示。关键线路为图中粗线所示。

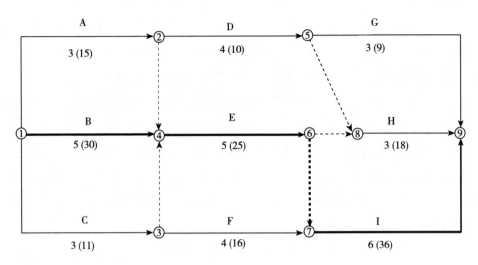

图5-7　调整后的施工网络进度计划

问题2：

答：

（1）根据图5-7所示的施工网络进度计划，工作A、D、H的最早开始时间分别为0、3、10，工作A、D、H的最早完成时间分别为3、7、13。

（2）如果该三项工作均以最早开始时间开始作业，该种施工机械需在现场时间由工作A的最早开始时间和工作H的最早完成时间确定为：13-0=13（d）；

在现场工作时间为：3+4+3=10（d）；在现场闲置时间为：13-10=3（d）。

（3）若使该种施工机械在现场的闲置时间最短，则应令工作A的开始作业时间为2（即第3天开始作业），令工作D的开始作业时间为5或6（即工作A完成后可紧接着开始工作D或间隔1d后开始工作D），令工作H按最早开始时间开始作业，这样，该种机械在现场时间为11d，在现场工作时间仍为10d，在现场闲置时间为：11-10=1（d）。

问题3：

答：

（1）工期索赔2d。

因为只有工作I（该工作为关键工作）的开始作业时间推迟2d导致工期延长，且该项拖延是甲方的责任；工作H（该工作为非关键工作，总时差为3d）的开始作业时间推迟2d不会导致工期延长；由于施工机械故障致使工作G作业时间延长1d，其责任不在甲方。

（2）费用索赔9595.84元，包括：

1）工作 E 费用索赔 =（分项工程人材机费用+措施人材机费用）×（1+管理费率）×

$$（1+利润率）×（1+税率）$$

$$=（10×80.00+2500+2×600+900）×（1+7\%）×$$

$$（1+4.5\%）×（1+9\%）=6581.43 （元）$$

2）工作 H 费用索赔 =（人工费用增加+施工机具使用费用增加）×（1+现场管理费率）×

$$（1+税率）$$

$$=（18/3×2×45.00+2×550）×（1+4\%）×（1+9\%）$$

$$=1859.10 （元）$$

3）工作 I 费用索赔 = 人工费用增加×（1+现场管理费率）×（1+税率）

$$=36/6×2×45.00×（1+4\%）×（1+9\%）$$

$$=612.14 （元）$$

费用索赔合计 =6581.43+1859.10+612.14=9052.67 （元）

【案例十】

背景：

某施工单位（乙方）与建设单位（甲方）签订了某工程施工总承包合同，合同约定：工期 600d，工期每提前（或拖后）1d 奖励（或罚款）1 万元（含税费）。经甲方同意乙方将电梯和设备安装工程分包给具有相应资质的专业承包单位（丙方）。分包合同约定：分包工程施工进度必须服从施工总承包进度计划的安排，施工进度奖罚约定与总承包合同的工期奖罚相同；因发生甲方的风险事件导致的工人窝工和机械闲置费用，只计取税金。因甲方的责任事件导致的工人窝工和机械闲置，除计取税金外，还应补偿现场管理费，补偿标准约定为 500 元/d。乙方按时提交了施工网络进度计划，如图 5-8 所示（时间单位：d），并得到了批准。

图 5-8　某工程施工总承包网络进度计划

施工过程中发生了以下事件：

事件 1：7 月 25 日至 26 日基础工程施工时，由于特大暴雨引起洪水突发，导致现场无法施工，基础工程专业队 30 名工人窝工，天气转好后，27 日该专业队全员进行现场清理，所用机械持续闲置 3 个台班（台班费：800 元/台班），28 日乙方安排基础作业队修复被洪水冲坏的部分基础 12m³（综合单价：480 元/m³）。

事件 2：8 月 7 日至 10 日主体结构施工时，乙方租赁的大模板未能及时进场，随后的 8 月 9 日至 12 日，工程所在地区供电中断，造成 40 名工人持续窝工 6d，所用机械持续闲置 6 个台班（台班费：900 元/台班）。

事件 3：屋面工程施工时，乙方的劳务分包队伍人员未能及时进场，造成施工时间延长 8d。

事件 4：设备安装过程中，甲方采购的制冷机组因质量问题退换货，造成丙方 12 名工人窝工 3d，租赁的施工机械闲置 3d（租赁费 600 元/d），设备安装工程完工时间拖延 3d。

事件 5：因甲方对室外装修设计的效果不满意，要求设计单位修改设计，致使图纸交付拖延，使室外装修作业推迟开工 10d，窝工 50 个工日，租赁的施工机械闲置 10d（租赁费 700 元/d）。

事件 6：应甲方要求，乙方在室内装修施工中，采取了加快施工的技术组织措施，使室内装修施工时间缩短了 10d，技术组织措施人材机费用 8 万元。

其余各项工作未出现导致作业时间和费用增加的情况。

问题：

1. 从工期控制的角度看，该工程中的哪些工作是主要控制对象？

2. 乙方可否就上述每项事件向甲方提出工期和（或）费用索赔？请简要说明理由。

3. 丙方因制冷机组退换货导致的工人窝工和租赁设备闲置费用损失应由谁给予补偿？

4. 工期索赔多少天？实际工期为多少天？工期奖（罚）款是多少元？

5. 假设工程所在地人工费标准为 80 元/工日，窝工人工费补偿标准为 50 元/工日；机械闲置补偿标准为正常台班费的 60%；该工程管理费按人工、材料、施工机具使用费之和的 6% 计取，利润按人工、材料、施工机具使用费和管理费之和的 4.5% 计取，增值税税率为 9%。试问：承包商应得到的费用索赔是多少？

分析要点：

本案例按照清单计价模式，以工程网络进度计划及其实施过程中发生的若干事件为背景，涉及了处理工期和费用索赔问题的方法。分析和求解本案例需注意：

问题 1 的解答需要掌握网络进度计划关键线路与工期的确定方法。从工期控制的角度来看，位于关键线路上的工作为工期控制的主要对象（即为关键工作）。

问题2的解答首先要分析每项事件的责任方，只有业主方的责任事件或者是业主方的风险事件发生导致的工期和（或）费用增加，承包商才有理由向业主提出索赔。

问题3的解答应注意合同关系，丙方（分包商）的损失只能由乙方（总承包商）补偿。因为丙方与乙方有合同关系，对于分包合同来讲，制冷机组质量问题是乙方的风险事件。

问题4的解答应采用网络分析法，计算计划工期、实际工期和处理工期索赔和工期奖罚问题。

问题5的求解需注意可进行索赔事件的费用索赔计算方法和取费基数。还需要注意，责任事件是指自身不当行为等导致的工程工期和（或）费用的损失，是通过自身努力可以避免其发生的事件；风险事件是指非自身不当行为等导致的工程工期和（或）费用的损失，是非自身能够避免的事件，如本案例发生的洪水突发、地区停电等。

答案：

问题1：

答：

该工程进度计划的关键线路：①—②—③—④—⑥—⑧。从工期控制的角度看，位于关键线路上的基础工程、主体结构、二次结构、设备安装、室内装修工作为主要控制对象。

问题2：

答：

事件1：可以提出工期和费用索赔；因为洪水突发属于不可抗力，是甲、乙双方的共同风险，由此引起的场地清理、修复被洪水冲坏的部分基础的费用应由甲方承担，且基础工程为关键工作，延误的工期顺延。

事件2：可以提出工期和费用索赔；因为供电中断是甲方的风险，由此导致的工人窝工和机械闲置费用应由甲方承担，且主体结构工程为关键工作，延误的工期顺延。

事件3：不可以提出工期和费用索赔；因为劳务分包队伍人员未能及时进场属于乙方的风险（或责任），其费用和时间损失不应由甲方承担。

事件4：可以提出工期和费用索赔，因为该设备由甲方购买，其质量问题导致费用损失应由甲方承担，且设备安装为关键工作，延误的工期顺延。

事件5：可以提出费用索赔，但不可以提出工期索赔，因为设计变更属于甲方责任，但该工作为非关键工作，延误的时间没有超过该工作的总时差。

事件6：不可以提出工期和费用索赔，因为通过采取技术组织措施使工期提前，可按合同规定的工期奖罚办法处理，因赶工而发生的施工技术组织措施费应由乙方承担。

问题3：

答：

丙方的费用损失应由乙方给予补偿。

问题4：

解：

（1）工期索赔：事件1索赔4d；事件2索赔2d；事件4索赔3d。

4+2+3=9（d）

（2）实际工期：关键线路上工作持续时间变化的有：基础工程增加4d；主体结构增加6d；设备安装增加3d；室内装修减少10d。

600+4+6+3-10=603（d）

（3）工期提前奖励：[（600+9）-603]×1=6（万元）

问题5：

解：

事件1费用索赔：[30×80.00×（1+6%）×（1+4.5%）+12×480.00]×（1+9%）=9176.14（元）

事件2费用索赔：（40×2×50.00+2×900×60%）×（1+9%）=5537.20（元）

事件4费用索赔：（12×3×50.00+3×600+3×500）×（1+9%）=5559.00（元）

事件5费用索赔：（50×50.00+10×700+10×500）×（1+9%）=15805.00（元）

费用索赔合计：9176.14+5537.2+5559+15805=36077.34（元）

【案例十一】

背景：

某产业园区6层框架结构综合楼项目，建筑面积8000m²，钢筋混凝土独立柱基础，埋深为2.4m，上设基础梁。施工合同约定钢材由建设单位供应。施工单位制定的基础工程施工方案为：分两个施工段组织施工，根据工期要求编制的基础工程双代号网络施工进度计划如图5-9所示。

图5-9　基础工程网络施工进度计划

假设每项工作均按最早时间安排作业，在工程施工中发生如下事件：

事件1：土方2开挖施工中，发现局部地基持力层为软弱层，经处理作业时间延迟9d。按照清单计价方法核算，该分项工程全费用增加6万元。

事件2：基础梁1施工中，因钢材未及时进场，作业时间延迟3d。按照清单计价方法核算，该分项工程全费用增加2万元。

事件3：基础梁2施工时，因施工单位原因造成工程质量事故，返工处理致使作业时间延迟5d。按照清单计价方法核算，该分项工程全费用增加5万元。

问题：

1. 指出基础工程网络施工进度计划的关键线路，并计算计划工期。

2. 针对本案例上述各事件，施工单位是否可以提出工期和（或）费用索赔，并分别说明理由。

3. 上述事件发生后，该基础工程网络进度计划的关键线路是否发生改变？如有改变，请指出实际的关键线路。该基础工程实际工期是多少天？可索赔工期多少天？

4. 计算承包商应得到的费用索赔是多少？

5. 在表5-2中以横道形式分别绘出该基础工程计划和实际施工进度。

表5-2　　　　　　　　基础工程计划和实际施工横道进度表

序号	分项工程	进度计划/d																							
		2	4	6	8	10	12	14	16	18	20	22	24	26	28	30	32	34	36	38	40	42	44	46	48	50
1	土方开挖																									
2	柱基础																									
3	基础梁																									
4	土方回填																									

备注：计划施工进度用实线——表示，实际施工进度用虚线----表示。

分析要点：

本案例采用网络图和横道图两种形式表达施工进度计划，并依此考核工期索赔和费用索赔问题。

问题1的解答应根据总持续时间最长的线路为关键线路的原则，找出关键线路，并计算计划工期。

问题2的解答要求逐项事件说明施工单位的工期索赔是否成立，是什么原因造成的，属于谁的责任或风险。

问题3的解答要求根据问题2的分析结果，重新确定关键线路，并列式计算实际工期和工期索赔天数。

问题4的解答需要注意，本案例中的分项工程全费用包括人工、材料、施工机具使用费和管理费、利润和税金。

问题5的解答需要根据原始进度计划和施工过程中实际发生的事件，分别绘制计划和实际施工横道进度。

答案：

问题1：

解：

关键线路为：①—②—③—⑤—⑥—⑦—⑧

计划工期为：6+14+14+6+3＝43（d）

问题2：

答：

事件1，可以提出工期索赔和费用索赔，因为提供地质资料有误是建设单位的责任，且延误的时间（9d）超过了该分项工程的总时差（8d）。

事件2，可以提出费用索赔，但不可以提出工期索赔，因为虽然延误属建设单位的责任，但延误的时间（3d）未超过该分项工程的总时差（9d）。

事件3，不可以提出工期索赔和费用索赔，发生工程质量事故是施工单位的责任。

问题3：

答：

（1）将发生的三项事件导致的拖延时间均调整到相应分项工程的持续时间上，关键路线变更为：①—②—⑤—⑥—⑦—⑧。实际工期为：6+（6+9）+14+（6+5）+3＝49（d）。

（2）将可以提出工期索赔的事件1和事件2导致的拖延时间均调整到相应分项工程的持续时间上，重新确定的关键线路仍为：①—②—⑤—⑥—⑦—⑧。工期为：6+（6+9）+14+6+3＝44（d）。

（3）工期索赔天数为：44-43＝1（d）

问题4：

解：

费用索赔总额为：6+2＝8（万元）

问题5：

解：该基础工程计划和实际施工横道进度见表5-3。

表 5-3　　　　　　　　　基础工程计划和实际施工横道进度表

序号	分项工程	进度计划/d																							
		2	4	6	8	10	12	14	16	18	20	22	24	26	28	30	32	34	36	38	40	42	44	46	48	50
1	土方开挖																									
2	柱基础																									
3	基础梁																									
4	土方回填																									

备注：计划施工进度用实线——表示，实际施工进度用虚线----表示。

【案例十二】

背景：

某施工承包商与某业主签订了某建筑工程项目施工承包合同。合同专用条款约定，采用综合单价形式计价；人工日工资标准为 80 元；管理费和利润为人工费用的 28%（人工窝工计取管理费为人工费用的 12%，不计取利润）；增值税税率为 9%。

承包商的项目经理部在开工前制定了施工方案，拟按三个施工段组织流水施工。施工过程划分及作业内容和每个施工段作业时间安排如表 5-4 所示，并编制了施工进度计划如表 5-5 所示。

表 5-4　　　　　　　　施工过程、作业内容与每个施工段作业时间

施工过程	作业内容	每个施工段作业时间/周	说　明
Ⅰ	土方开挖、地基处理	2	1. Ⅲ、Ⅳ之间技术间歇时间不小于 2 周； 2. 钢筋由业主采购； 3. 水电设备工程实行专业分包，主要设备由业主采购
Ⅱ	基础施工、土方回填	2	
Ⅲ	地上承重结构	6	
Ⅳ	地上非承重结构	4	
Ⅴ	水电、装饰装修	4	

表 5-5　　　　　　　　　　　　施工进度计划

施工过程	施工进度/周															
	2	4	6	8	10	12	14	16	18	20	22	24	26	28	30	32
Ⅰ																

续表

施工过程	施工进度/周															
	2	4	6	8	10	12	14	16	18	20	22	24	26	28	30	32
II																
III																
IV																
V																

总监理工程师批准了该施工方案，施工单位如期开工。施工过程中发生了如下几项事件：

事件 1：业主未能按合同约定提供充分的场地条件，使施工过程 I 在第一、二施工段作业效率降低，作业时间比原计划分别延长 3d 和 2d，增加 A 种租赁机械作业 5 个台班（机械租赁费用为 900 元/台班），多用人工 50 个工日。

事件 2：施工劳务作业队伍人员数量不足，使施工过程 II 在第一、二施工段作业时间比原计划均延长 2d，增加 B 种自有机械作业延长 4 个台班（施工机具使用费用为 800 元/台班）。

事件 3：业主提供的钢材进场时间比原计划时间推迟 7d，使施工过程 III 在钢材进场后才开始作业，C、D 两种按原计划时间进场的机械均发生闲置（C 种机械租赁费用为 1200 元/台班、D 种自有施工机具使用费用为 700 元/台班），35 名工人也因此窝工。

事件 4：业主提供的某种主要设备进场验收时，发现型号与设计不符，因其退换货使施工过程 V 在第一、二施工段作业时间比计划作业时间分别延长 7d、5d，设备安装专业工人窝工 30 个工日，同时影响到装饰装修作业效率，使装饰装修专业工人多用人工 40 个工日。

其他施工过程均按计划进行。

问题：

1. 根据表 5-5 分析，在不影响工期的前提下，哪些作业有机动时间？其机动时间分别为多少周？

2. 逐项分析每项事件发生后，工期拖延几天？承包商可否就每项事件向业主索赔工期和（或）费用？可以索赔工期为多少天？

3. 每项事件发生后，累计索赔工期和预计工期为多少天？

4. 如果自有机械闲置索赔标准为台班费的 60%，租赁机械闲置索赔标准为租赁台班费，工人窝工索赔标准为日工资的50%，逐项计算每项事件可以索赔的费用为多少元？总计费用索赔为多少元？

分析要点：

工程施工进度计划有横道图和网络图两种基本形式。本案例为根据横道进度计划，处理工期和费用索赔的案例。对于本案例的分析求解，需要掌握如下几个要点：

1. 从工期控制的角度来讲，工程施工横道进度计划中，有的施工过程在有的施工段上的作业有机动时间，有的没有机动时间。没有机动时间的作业是工程进度控制的重点对象。

2. 每项施工过程在不同施工段上的作业，一般是由同一个作业队伍进行的。因此，同一项施工过程在前一施工段上的作业时间延误，将会导致在后一施工段的作业时间延误，但不会导致后一施工段作业的人工窝工和机械闲置。

3. 每个施工段上不同施工过程的作业，一般是由不同作业队伍进行的。因此，前一项施工过程作业时间延误，既可能导致后一项施工过程作业的时间延误，还可能会导致后一项施工过程作业的人工窝工和机械闲置。

4. 本案例中，计价项目包括分部分项工程项目、措施项目、其他项目；计价项目费用是指计价项目工程量与其综合单价的乘积，即：包括了计价项目的人工费、材料费、施工机具使用费和管理费、利润，并考虑一定风险费用，不包括税金。费用索赔计算公式可简化为：

费用索赔额=计价项目费用×(1+税率)

答案：

问题1：

答：在不影响工期的前提下，施工过程Ⅰ、Ⅱ在第二、三施工段上的作业（Ⅰ$_2$、Ⅰ$_3$、Ⅱ$_2$、Ⅱ$_3$）有机动时间，分别为：Ⅰ$_2$、Ⅱ$_2$机动时间为4周，Ⅰ$_3$、Ⅱ$_3$机动时间为8周。

问题2：

答：

（1）每项事件发生后，工期拖延分析：

事件1：工期拖延3d；因为施工过程Ⅰ在第一施工段的作业时间拖延影响工期，在第二施工段的作业时间拖延没有超过机动时间，不影响工期。

事件2：工期拖延2d；因为施工过程Ⅱ在第一施工段的作业时间拖延影响工期，在第二施工段的作业时间拖延没有超过机动时间，不影响工期。

事件3：工期拖延2d；因为施工过程Ⅲ开始作业时间比原计划拖延7d，其中的5d是与事件 1、事件 2 造成的作业时间拖延 5d（3+2＝5d）同时发生的。

事件 4：工期拖延 5d；因为事件 3 发生后，施工过程 Ⅲ、Ⅳ 在第三施工段的开始作业时间均推迟了 7d，导致施工过程 Ⅴ 在第一、二施工段上有 7d 的机动时间，事件 4 发生后使施工过程 Ⅴ 作业时间延长 12d（7+5＝12d），超过机动时间 5d（12−7＝5d）。

（2）每项事件发生后，可否索赔工期和（或）费用，可索赔工期分析：

事件 1：可以向业主提出工期和费用索赔，因为这是由于业主未能完全履行合同约定义务的责任事件造成的，其时间和费用损失应由业主承担；可以索赔工期 3d。

事件 2：不可以向业主提出工期和（或）费用索赔，因为这是由于承包商责任事件造成的，其时间和费用损失应由承包商承担。

事件 3：可以向业主提出工期和费用索赔，因为这是由于业主负责采购的钢材进场时间推迟造成的，其时间和费用损失应由业主承担；可以索赔工期 2d。

事件 4：可以向业主提出工期和费用索赔，因为这是由于业主负责采购的设备退换货造成的，其时间和费用损失应由业主承担；可以索赔工期 5d。

问题 3：

解：

每项事件发生后，累计预计工期和索赔工期分析：

预计工期、累计索赔工期分析过程见表 5-6。

表 5-6 　　　　　　　　　　　　预计工期、索赔工期分析表

序号	发生事件	工期拖延/d	预计工期/d	索赔工期/d	累计索赔工期/d
0	—	—	32×7＝224	—	—
1	事件 1	3	224+3＝227	3	3
2	事件 2	2	227+2＝229	0	3
3	事件 3	2	229+2＝231	2	5
4	事件 4	5	231+5＝236	5	10

问题 4：

解：

事件 1 费用索赔：

$[5×900+50×80×(1+28\%)]×(1+9\%)＝10485.80$（元）

事件 3 费用索赔：

$2×[(1200+700×60\%)+35×80×50\%×(1+12\%)]×(1+9\%)＝6949.84$（元）

事件 4 费用索赔：

$[30×80×50\%×(1+12\%)+40×80×(1+28\%)]×(1+9\%)=5296.60$（元）

总计费用索赔：$10485.8+6949.84+5929.6=23365.24$（元）

【案例十三】

背景：

某工程项目业主通过工程量清单招标确定某施工单位中标并签订了施工合同，工期为 15 个月。合同约定：管理费按人材机费用之和的 10% 计取，利润按人材机费用和管理费之和的 6% 计取，增值税税率为 9%；施工机械台班单价为 1500 元/台班，施工机械闲置补偿按施工机械台班单价的 60% 计取，人工窝工补偿为 50 元/工日，人工窝工补偿、施工待用材料损失补偿、机械闲置补偿不计取管理费和利润；措施费按分部分项工程费的 25% 计取。（各费用项目价格均不包含增值税可抵扣进项税额）

施工前，施工单位向项目监理机构提交并经确认的施工网络进度计划，如图 5-10 所示（每月按 30d 计）。

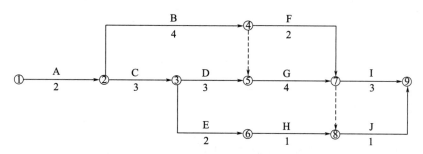

图 5-10　施工网络进度计划（单位：月）

该工程施工过程中发生如下事件：

事件 1：基坑开挖工作（A 工作）施工过程中，遇到了持续 10d 的季节性大雨，在第 11 天，大雨引发了附近的山体滑坡和泥石流。受此影响，施工现场的施工机械、施工材料、已开挖边坡永久性支撑结构、施工办公设施等受损，部分施工人员受伤。

经施工单位和项目监理机构共同核实，该事件中，季节性大雨造成施工单位人员窝工 180 工日，机械闲置 60 个台班。山体滑坡和泥石流事件使 A 工作停工 30d，造成施工机械损失 8 万元，施工待用材料损失 24 万元，边坡永久性支撑结构全部损失 30 万元，施工办公设施损失 3 万元，施工人员受伤损失 2 万元。修复实体工程发生人材机费用共 21 万元。灾后，施工单位及时向项目监理机构提出费用索赔和工期延期 40d 的要求。

事件 2：基坑开挖工作（A 工作）完成后验槽时，发现基坑底部部分土质与地质勘察报告不符。地勘复查后，设计单位修改了基础工程设计，由此造成施工单位人员窝工 150

工日，机械闲置 20 个台班，修改后的基础分部工程增加人材机费用 25 万元。监理工程师批准 A 工作增加工期 30d。

事件 3：E 工作施工前，业主变更设计增加了一项 K 工作，K 工作持续时间为 2 个月。根据施工工艺关系，K 工作为 E 工作的紧后工作，为 I、J 工作的紧前工作。因 K 工作与原工程的工作内容和性质均不同，在已标价的工程量清单中没有适用也没有类似的项目，监理工程师编制了 K 工作的综合单价，经业主确认后，提交给施工单位作为结算的依据。

事件 4：考虑到上述 1~3 项事件对工期的影响（事件 1 中季节性大雨时施工单位已经采取了赶工措施），业主与施工单位约定，工程项目仍按原合同工期 15 个月完成，实际工期比原合同工期每提前 1 个月，奖励施工单位 30 万元。施工单位对进度计划进行了调整，将 D、G、I 工作的顺序施工组织方式改变为分段流水作业组织方式以缩短施工工期，流水节拍见表 5-7。

表 5-7　　　　　　　　　　　　　　　流水节拍　　　　　　　　　　　　（单位：月）

施工过程	流水段		
	①	②	③
D	1	1	1
G	1	2	1
I	1	1	1

问题：

1. 针对事件 1，确定施工单位和业主在山体滑坡和泥石流事件中各自应承担损失的内容；列式计算施工单位可以获得的费用补偿数额；确定项目监理机构应批准的工期延期天数，并说明理由。

2. 事件 2 中，应给施工单位的窝工补偿和机械闲置费用为多少万元？修改后的基础分部工程增加的工程造价为多少万元？

3. 针对事件 3，绘制批准 A 工作工期索赔和增加 K 工作后的施工网络进度计划；指出监理工程师做法的不妥之处，说明理由并写出正确做法。

4. 事件 4 中，按分段组织 D、G、I 工作流水施工的工期为多少个月？施工单位可获得的工期提前奖励金额为多少万元？

分析要点：

本案例考查了费用索赔和工期索赔的计算及其依据、网络进度计划的绘制、流水工期的计算等知识点。

事件 1 是季节性大雨转为山洪暴发，要明确季节性大雨不属于不可抗力范畴，大雨引发的山体滑坡和泥石流属于不可抗力范畴。本案例中施工单位应承担的损失有：施工机械损失，施工人员受伤损失，施工办公设施损失；业主应承担的损失有：施工待用材料损失，已开挖边坡永久性支撑结构损失，修复工作费用。

事件 2 是基础资料有误引起的索赔。发包人应当对提供相关资料的真实性、准确性和完整性负责。该项目发现基坑底部部分土质与地质勘察报告不符，地勘复查后设计单位修改了基础工程设计，应由发包人承担由此增加的费用和（或）延误的工期。

事件 3 是工程变更引起的索赔。发包人增加工程内容应承担相应的费用，如果因此延误工期，应予以顺延。工程变更导致增加的工程内容，在已标价工程量清单或预算书中无相同项目及类似项目单价的，按照合理的成本与利润构成的原则，由合同当事人按照约定变更合同价格。新增工作的综合单价应由施工单位提出，报业主确认后执行。

事件 4 求解的关键是流水步距、工期的计算，应根据流水施工原理确定相邻施工过程（或专业工作队）之间的流水步距并计算工期。本问题的难点在于 I 工作因受其紧前工作 K 的影响，其开始作业时间还应在按计算出的与 G 工作之间的流水步距基础上推迟 1 个月。

答案：

问题 1：

解：

（1）施工单位应承担的损失有：施工机械损失，施工人员受伤损失，施工办公设施损失；业主应承担的损失有：施工待用材料损失，已开挖边坡永久性支撑结构损失，修复工作费用。

（2）施工单位可获得的费用补偿：

$(24+30) \times (1+9\%) + 21 \times (1+10\%) \times (1+6\%) \times (1+25\%) \times (1+9\%) = 58.86 + 33.36 = 92.22$（万元）

（3）应批准工期延期：30d；理由：A 为关键工作；持续 10d 的季节性大雨造成的工期延误风险由施工单位承担，工期不给予补偿；山体滑坡和泥石流作为不可抗力造成的 30d 工期延误，属于业主承担的风险，应给予工期补偿。

问题 2：

解：

（1）补偿费用：$(150 \times 50 + 20 \times 1500 \times 60\%) \times (1+9\%)/10000 = 2.78$（万元）

（2）增加造价：$25 \times (1+10\%) \times (1+6\%) \times (1+25\%) \times (1+9\%) = 39.71$（万元）

问题 3：

解：

（1）工期索赔和增加 K 工作后的网络进度计划调整结果，如图 5-11 所示。

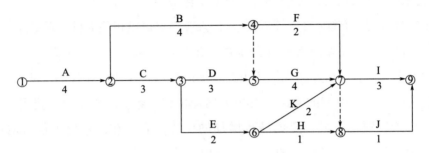

图 5-11　网络进度计划调整结果

（2）不妥之处：监理工程师编制 K 工作的结算综合单价。

理由：因 K 工作为新增工作，已标价的工程量清单中没有适用也没有类似的变更工程项目，不属于由"监理或造价工程师暂定"的"争议解决"项目。

正确做法：由施工单位提出 K 工作的综合单价，报业主确认后调整。

问题 4：

解：

（1）D、G、I 工作之间的流水步距与工期

① D 与 G 之间：

$$
\begin{array}{r}
1,\ 2,\ 3 \\
-\quad 1,\ 3,\ 4 \\
\hline
1,\ 1,\ 0,\ -4
\end{array}
$$

流水步距为：max [1, 1, 0, -4] = 1（月）

② G 与 I 之间：

$$
\begin{array}{r}
1,\ 3,\ 4 \\
-\quad 1,\ 2,\ 3 \\
\hline
1,\ 2,\ 2,\ -3
\end{array}
$$

流水步距为：max [1, 2, 2, -3] = 2（月）

因 K 工作是 I 工作的紧前工作，受 K 工作影响，G 工作与 I 工作之间的流水步距应增加 1 个月。

③ 工期：1+（2+1）+3＝7（月）

（2）工期提前奖励

① A、C 工作和流水工期合计为：（2+2）+3+7＝14（月）

（或关键线路 A→C→E→K→I 为：14 个月）

② 比原合同工期 15 个月提前 1 个月，故施工单位可获得工期提前奖励 30 万元。

【案例十四】

背景：

某机场航站楼土建工程由于地质勘查资料有误，导致产生新增工程和费用增加，从而发生费用索赔，施工单位提交的费用索赔申请表如表 5-8 所示。

表 5-8 　　　　　　　　　　　　　**费用索赔申请表**

工程名称：T4 航站楼土建工程　　　　标段：二标段　　　　　　　　编号：016

致：××机场有限公司
根据施工合同条款第 9.1.3 条的约定，由于地质勘查资料有误的原因，我方土石方工程施工工程量有所增加，应被视为工程变更。请予审批。

附：工程变更原因及主要内容

　　基坑开挖至设计基底标高（-5m）后，由建设单位、勘察设计单位、监理单位、施工单位共同进行验槽，在基底-5m 以下局部，发现有地质勘察资料中没有载明的建筑垃圾，根据编号 009 的设计变更通知单，应将建筑垃圾清除，用其他部位的原挖方土料回填。

　　具体工程量如下：

1. 建筑垃圾（Ⅲ类土）挖掘与运输 1500m³；

2. 回填土 1500m³；

3. 建筑垃圾排放量 1500m³。

签证意见	建设单位	监理单位	施工单位
			已处理完毕。
	业主代表：××× 2024 年 5 月 4 日	专业监理工程师：××× 总监理工程师：××× 2024 年 5 月 4 日	专业工程师：××× 项目经理：××× 2024 年 5 月 4 日

问题：

1. 请指出现场签证单中的不妥之处，并说明理由。

2. 试根据下列资料完成现场签证表和现场签证计算书：

乙方提出的施工方案：采用反铲挖掘机挖掘建筑垃圾（Ⅲ类土），自卸汽车运输（运距 15km）；支设钢挡土板（疏撑，钢支撑），该方案得到甲方的批准后予以实施。甲乙双方认可的工程估价见表 5-9。

表 5-9　　　　　　　　　　　　　　工程估价表　　　　　　　　　　　　单位：元

序号	项目名称	单位	人材机费合计	人工费	材料费	施工机具使用费
1	挖掘机挖掘建筑垃圾（Ⅲ类土），自卸汽车运输（运距 15km）	1000m³	32291.90	211.20	2165.70	29915.00
2	回填土	100m³	1232.54	1034.88	—	197.66

该工程采用工程量清单计价，承包单位报价中，管理费费率为 20%、利润和风险率为 18%（以上两项均以人工和施工机具使用费之和为取费基数），该地区，建筑垃圾排放费标准为 3 元/m³，增值税税率为 9%。

分析要点：

现场签证单是甲乙双方结算的重要依据，现场签证管理注意的问题主要有：

1. 签证内容要明确，为造价调整提供详细的依据。如案例未就建筑垃圾（Ⅲ类土）挖运、回填土就缺少具体的施工方案。

2. 索赔费用申请表宜按照《清单计价标准》提供的形式编写，需要建设、监理、施工单位三方代表共同签字、盖章才能生效。

3. 索赔事项必须注明发生时间，因为工程造价的计价依据是有时效性的。

4. 索赔费用的工程量及计价要有计算过程和必需的图示说明。

5. 索赔计算工作要严谨规范，往往不规范的索赔计算使得索赔不能顺利获得审批。

答案：

问题 1：

答：

（1）建筑垃圾挖运（Ⅲ类土）作业内容不明确，没有具体的施工方案，挖运机械选择、挖运方式、建筑垃圾处理方式、运距等均没有说明。

（2）回填土作业内容不明确，没有具体的施工方案。

（3）申请单中没有说明变更发生的具体时间。在使用有时效性的计价依据时，容易引起争议。

（4）费用索赔申请单中没有图示说明和工程量计算过程、具体的索赔金额。

（5）费用索赔申请单中没有监理、建设单位的签证意见。索赔申请表需要编制人员、一级注册造价工程师的签字和盖章，以及建设、监理、施工单位三方共同签字或盖章才能生效。缺少任何一方的签字都属于不规范的签证，不能作为结算的依据。

问题 2：

解：

（1）费用索赔申请表如表 5-10 所示。

表 5-10   **费用索赔申请表**

工程名称：T1 航站楼土建工程   标段：   编号：016

致：××机场有限公司 （发包人全称）
根据编号 009 的设计变更通知单，我方按要求完成此项工作，我方要求支付该部分索赔价款金额为（大写）壹拾万肆仟贰佰叁拾壹元贰角伍分，（小写）104231.25 元，请予核准。 附：1. 费用索赔的详细理由和依据：（见设计变更通知单）； 2. 索赔金额的计算：（见索赔金额计算书）； 3. 证明材料。 承包人（章） 编制人员_____ 承包人代表___×××___ 日期_2024.5.14_

复核意见：	复核意见：
根据施工合同条款 9.1.3 条的约定，你方提出的此项费用索赔申请经复核： □不同意此项索赔，具体意见见附件。 □同意此项索赔，索赔金额的计算，由造价工程师复核。 监理工程师_____ 日 期_____	根据施工合同条款 9.1.3 条的约定，你方提出的此项费用索赔申请经复核，索赔金额为（大写）_____元，（小写）_____元。 一级注册造价工程师_____ 日 期_____

审核意见： □不同意 □同意 发包人（章） 发包人代表_____ 日 期_____

注：1. 在选择栏中的"□"内作标识"√"。

2. 本表一式四份，由承包人填报，发包人、监理人、造价咨询人、承包人各存一份。

3. 编制人员、一级注册造价工程师应签字和盖章，承包人代表、监理工程师、发包人代表应签字或盖章。

（2）现场签证计算书，见表 5-11。

表 5-11　　　　　　　　　　　　　现场签证计算书

> （一）建筑垃圾挖运：
>
> 1. 综合单价：$[(211.20+29915.00)×(1+20\%+18\%)+2165.70]÷1000$
>
> 　　　　　　 $=[30126.20×1.38+2165.70]÷1000=43.74$（元/m³）
>
> 2. 签证款：$1500×43.74×(1+9\%)=71514.90$（元）
>
> （二）回填土：
>
> 1. 综合单价：$1232.54÷100×1.38=17.01$（元/m³）
>
> 2. 签证款：$1500×17.01×(1+9\%)=27811.35$（元）
>
> （三）建筑垃圾排放：
>
> 　　　$3×1500×(1+9\%)=4905.00$（元）
>
>
> 签证款合计：$71514.90+27811.35+4905.00=104231.25$（元）

【案例十五】

背景：

非洲某国一高新技术产业园建设项目，包括 8 栋生产和办公、生活建筑，业主为该国政府科技部，工程师为美国咨询公司，承包商为中国某工程承包公司。业主和承包商采用 2017 版 FIDIC 施工合同条件签订了该工程承包合同，合同额 1.2 亿美元，工期 24 个月。

在工程实施过程中发生了如下几项事件：

事件 1：在该项目最先施工的工程基础开挖时，经验槽发现该场地大量膨胀土的影响，工程师提出考虑到报业主同意后向承包商下达基础结构形式变更指令。要求将所有建筑基础由筏板基础改为混凝土灌注桩基础。因需重新对基础进行设计，在图纸尚未完成前，承包商只能暂停施工 19d，经工程师确认的承包商停工期间的经济损失为 58.274 万美元。在暂停施工前，承包商按原基础形式采购的定尺钢筋材料已入场 20%，其余部分的 30% 已交定金，承包商对该两部分材料要求赔偿 12.458 万美元。经核查，工程师认定已入场的钢筋可以部分利用于变更后基础形式，该部分钢筋价值为 6.3 万美元。

事件 2：在该项目大部分工程进入主体结构施工阶段时，遭遇强暴风雨，给现场造成较大破坏。部分在建工程柱、墙结构件折断，一栋已封顶工程的部分屋面结构材料被掀翻，部分已进场水泥等材料因遮护被破坏遭受雨淋浸泡，某工程塔式起重机因暴风导致吊臂折断等。在强暴风雨过后，承包商立即对现场进行清理，对部分受损工程予以修补，并对部分受损较严重的柱、墙结构件与工程师协商确定解决方案。为此，承包商按合同约定向工程师发出了关于该例外事件使其工期延长 10d 费用损失 85.476 万美元等要求。

事件 3：在该项目大部分工程陆续进入装饰施工阶段时，工地工人之间发生种族冲突引发械斗暴力事件。承包商紧急通知工程师，并采取应急措施，在业主的配合下，封存工地和将中方人员转移到安全的地方。该暴力事件发生 7d 后，事态逐渐平息。对此，承包商向工程师提出延长工期 7d 和经济损失补偿 96.42 万美元的要求，得到工程师现场确认。

问题：

1. 工程变更有哪两种？本案例中的变更属于何种变更？简述其变更程序。

2. 2017 版 FIDIC 合同条件下的工程变更引起索赔与 1999 版的有何不同？

3. FIDIC 合同条款对索赔时效有何要求？

4. 例外事件具有哪些特征？在国际工程中，哪些事件属于例外事件？

5. 承包商按合同工期向开户银行提交的保函费为 272 万美元，工期延长导致相应保函费增加。请计算该项目可获得的工期索赔多少天？费用索赔（包括保函费增加）总额为多少万美元？

分析要点：

在 2017 版 FIDIC 合同条件中，需要注意到变更和索赔的区分、例外事件（等同于国内的不可抗力，本案例中发生的强暴风雨和械斗暴力事件应属于例外事件）的认定。需要考生熟悉 FIDIC 合同中的各方权利和义务。

需要注意，按照 FIDIC 合同规定，承包商负责工地现场安全，业主负责工地外部安全，承包商要求业主在保证工地安全的情况下才会进驻工地。

答案：

问题 1：

答：

工程变更包括工程师指示变更和承包商建议变更，本案例的基础形式变更是工程师指示变更。工程师指示变更的程序如下：①工程师发出书面变更指令；②承包商应当在收到工程师指令的 28d（或者承包商提请工程师同意的其他期限）内，针对变更工作的实施提交实施计划及建议；③工程师应当与双方当事人商定或作出决定顺延工期（如果有）和（或）调整合同价格。

问题 2：

答：

与 1999 年版《施工合同条件》不同的是，在明确构成工程变更的情况下，承包商当然享有工期顺延和调价的权利，无须再依据索赔程序发出索赔通知。

问题 3：

答：

根据 FIDIC 施工合同条件第 20.1 款，按索赔程序进行索赔，并注意索赔的时效性。承包商的通知应尽快在承包商觉察或应已察觉该事件或情况后 28d 内发出。如果承包商未能在上述 28d 期限内发出索赔通知，则竣工时间不得延长，承包商也无权获得追加付款，而业主应免除有关该索赔的全部责任。

问题 4：

答：

例外事件是项目实施过程中所面临的一类特殊风险，有四个基本特征：一方无法控制的；该方在签订合同前，不能对之进行合理预防的；发生后，该方不能合理避免或克服的；不能实质性归因于另一方的。包括战争、敌对行为、入侵、外敌行为；叛乱、恐怖主义、暴动、军事政变或内战；承包商及其分包商所属人员的罢工或停工；战争军火、爆炸物质、电离辐射或放射性污染，但可能因承包商使用此类军火、炸药、辐射或放射性引起的除外；自然灾害，如地震、海啸、火山活动、飓风或台风。

问题 5：

解：

（1）工期索赔＝19+10+7＝36（d）

（2）保函费增加＝$272 \times \dfrac{36}{365 \times 2} = 13.414$（万美元）

（3）索赔数额＝58.274+（12.458-6.3）+85.476+96.42+13.414＝259.742（万美元）

第六章　工程结算与决算

本章基本知识点:

1. 工程结算种类与方法;

2. 工程预付款的计算与支付;

3. 工程进度款的计算与支付;

4. 工程合同价款调整方法;

5. 过程结算与竣工结算款的计算与支付;

6. 资金使用计划编制及投资数据统计;

7. 投资偏差、进度偏差分析;

8. 工程利润水平分析;

9. 新增资产构成及其价值确定;

10. 竣工决算的内容与编制。

【案例一】

背景:

某施工单位承包某工程项目施工,与建设单位签订的关于工程价款的合同内容有:

1. 工程签约合同价 660 万元,建筑材料和设备费占施工产值的比重为 60%;

2. 工程预付款为签约合同价的 20%。工程实施后,工程预付款从未施工工程尚需的建筑材料及设备费相当于工程预付款数额时起扣,从每次结算工程价款中按建筑材料和设备费占施工产值的比重扣抵工程预付款,竣工前全部扣清;

3. 工程进度款在施工过程中按实际完成产值逐月结算与支付;

4. 工程质量保证金为工程造价的 3%,竣工结算时一次性扣留;

5. 当地工程造价主管部门颁布的年度工程价款结算文件规定,因材料价格上涨超过 5%、施工机具台班价格上涨超过 10% 和计取施工现场特殊防疫费用导致的工程造价增加在竣工结算时一次性调整(根据规定核定,该工程造价增加 39.6 万元)。

工程各月实际完成产值(不包括调整部分),见表 6-1。

表 6-1　　　　　　　　　各月实际完成产值　　　　　　　单位：万元

指标	月份					合计
	2	3	4	5	6	
完成产值	55	110	165	220	110	660

问题：

1. 工程结算包括哪些种类？

2. 施工过程结算与竣工结算的前提是什么？

3. 该工程的工程预付款、起扣点分别为多少万元？

4. 该工程 2 月至 5 月每月支付工程进度款为多少万元？累计支付工程进度款为多少万元？

5.6 月份办理竣工结算，该工程竣工结算总造价为多少万元？甲方应支付竣工结算款为多少万元？

分析要点：

本案例主要考核工程结算种类和工程款的计算与支付。

《清单计价标准》将工程结算划分为四种类型，并明确了施工过程结算与竣工结算的前提条件。需要注意的是，通过施工过程验收的分部分项工程，在竣工时仍须按规定进行竣工验收。施工过程验收不能代替竣工验收，不能免除或减轻在工程竣工验收时质量不合格承包人应承担的整改义务，施工过程结算也不应影响缺陷责任期及质量保修期。

业主向承包商支付的施工项目工程款包括：①项目开工前，业主提前支付的工程预付款；②项目施工过程中，按照合同约定的节点和方式支付的工程进度款；③项目竣工后支付的竣工结算款；④缺陷责任期满后的工程质量保证金结清款。

本案例涉及的主要知识点包括：①工程预付款及其理论起扣点的计算；②按月结算工程进度款的计算与支付；③工程合同价款调整和工程质量保证金、工程竣工结算款的计算等。

本案例的工程预付款是指开工前业主预支给承包商的预付备料款。

答案：

问题 1：

答：工程结算种类包括施工过程结算、合同解除结算、竣工结算及工程保修结清等。施工过程结算可以根据工程合同约定，按时间节点结算（如按月度、季度、年度结算）和按工程节点结算（如按工程形象目标节点、工程进度节点结算）等。

问题 2：

答：施工过程结算的前提是结算项目已按合同约定完成，相关质量合格证明等过程验收资料齐全。竣工结算的前提是合同工程已按合同约定完成，整体竣工验收质量合格。

问题 3：

解：

工程预付款：660×20%＝132（万元）

起扣点：660－132/60%＝440（万元）

问题 4：

解：各月支付和累计支付工程进度款为：

2月：支付工程进度款 55 万元，累计支付工程进度款 55 万元

3月：支付工程进度款 110 万元，累计支付工程进度款＝55＋110＝165（万元）

4月：支付工程进度款 165 万元，累计支付工程进度款＝165＋165＝330（万元）

5月：累计完成产值＝330＋220＝550（万元）＞起扣点 440 万元

支付工程进度款＝220－（220＋330－440）×60%＝154（万元）

累计支付工程进度款＝330＋154＝484（万元）

问题 5：

解：

工程结算总造价：660＋39.6＝699.6（万元）

甲方应支付竣工结算款：699.6－484－（699.60×3%）－132＝62.612（万元）

【案例二】

背景：

某工程项目业主与承包商签订了工程施工承包合同。合同中估算工程量为 5300m³，全费用单价为 180 元/m³。合同工期为 6 个月。有关付款条款如下：

（1）开工前业主应向承包商支付估算合同总价 20% 的工程预付款；

（2）业主自第 1 个月起，从承包商的工程款中，按 3% 的比例扣留质量保证金；

（3）当实际完成工程量增加（或减少）幅度超过估算工程量的 15% 时，可进行调价，调价系数为 0.9（或 1.1）；

（4）每月支付工程款最低金额为 15 万元；

（5）工程预付款从累计已完工程款超过估算合同总价的 30% 以后的下一个月起，至第 5 个月均匀扣回。

承包商每月实际完成并经业主确认的工程量如表 6-2 所示。

表 6-2　　　　　　　　　　　　　　　每月实际完成工程量

指标	月份					
	1	2	3	4	5	6
完成工程量/m³	800	1000	1200	1200	1200	800
累计完成工程量/m³	800	1800	3000	4200	5400	6200

问题：

1. 估算合同总价为多少万元？

2. 工程预付款为多少万元？工程预付款从哪个月起扣回？每月应扣工程预付款为多少万元？

3. 每月工程量价款为多少万元？业主应支付给承包商的每月工程进度款为多少万元？

分析要点：

本案例的主要考核知识点与前一案例的区别在于工程预付款的预付与扣回方法不同，根据合同条款约定计算、支付和扣回工程预付款，比按照理论计算方法处理工程预付款操作方便，而且实用性强。

本案例涉及采用估算工程量单价合同情况下，合同单价的调整方法等。本案例提到的全费用单价包括完成单位工程量所需的全部费税，包含人材机费（为人工费、材料费、施工机具使用费之和的简称）和管理费、利润、税金。

答案：

问题 1：

解：估算合同总价：5300×180/10000＝95.4（万元）

问题 2：

解：

（1）工程预付款金额：95.4×20%＝19.08（万元）

（2）工程预付款应从第 3 个月起扣回，因为第 1、2 两个月累计已完工程款：

1800×180/10000＝32.4（万元）＞95.4×30%＝28.62（万元）

（3）每月应扣工程预付款：19.08÷3＝6.36（万元）

问题 3：

解：

（1）第 1 个月工程量价款：800×180/10000＝14.40（万元）

应扣留质量保证金：14.40×3%＝0.432（万元）

本月应支付工程进度款：14.40-0.432=13.968（万元）<15 万元

第 1 个月不予支付工程进度款。

（2）第 2 个月工程量价款：1000×180/10000=18.00（万元）

应扣留质量保证金：18.00×3%=0.54（万元）

本月应支付工程进度款：18.00-0.54=17.46（万元）

13.968+17.46=31.428（万元）>15 万元

第 2 个月业主应支付给承包商的工程进度款为 31.428 万元。

（3）第 3 个月工程量价款：1200×180/10000=21.60（万元）

应扣留质量保证金：21.60×3%=0.648（万元）

应扣回工程预付款：6.36 万元

本月应支付工程进度款：21.60-0.648-6.36=14.592（万元）<15 万元

第 3 个月不予支付工程进度款。

（4）第 4 个月工程量价款：1200×180/10000=21.60（万元）

应扣留质量保证金：0.648 万元

应扣回工程预付款：6.36 万元

本月应支付工程进度款：14.592 万元

14.592+14.592=29.184（万元）>15 万元

第 4 个月业主应支付给承包商的工程进度款为 29.184 万元。

（5）第 5 个月累计完成工程量为 5400m³，比原估算工程量超出 100m³，但未超出估算工程量的 15%，所以仍按原单价结算。

本月工程量价款：1200×180/10000=21.60（万元）

应扣留质量保证金：0.648 万元

应扣回工程预付款：6.36 万元

本月应支付工程进度款：14.592 万元<15 万元

第 5 个月不予支付工程进度款。

（6）第 6 个月累计完成工程量为 6200m³，比原估算工程量超出 900m³，已超出估算工程量的 15%，对超出的部分应调整单价。

应按调整后的单价结算的工程量：6200-5300×（1+15%）=105（m³）

本月工程量价款：[105×180×0.9+（800-105）×180]/10000=14.211（万元）

应扣留质量保证金：14.211×3%=0.426（万元）

本月应支付工程进度款：14.211-0.426=13.785（万元）

第 6 个月业主应支付给承包商的工程进度款为 14.592+13.785=28.377（万元）。

【案例三】

背景：

某承包商于某年承包某工程项目施工任务，该工程施工时间从当年 5 月开始至 9 月为止，与造价相关的合同内容有：

1. 工程合同价 2000 万元，工程价款采用调值公式动态结算。该工程的不调值部分价款占合同价的 15%，5 项可调值部分价款分别占合同价的 35%、23%、12%、8%、7%。调值公式如下：

$$P = P_0 \left[A + \left(B_1 \times \frac{F_{t1}}{F_{01}} + B_2 \times \frac{F_{t2}}{F_{02}} + B_3 \times \frac{F_{t3}}{F_{03}} + B_4 \times \frac{F_{t4}}{F_{04}} + B_5 \times \frac{F_{t5}}{F_{05}} \right) \right]$$

式中：　　　　　　P——结算期已完工程调值后结算价款；

P_0——结算期已完工程未调值合同价款；

A——合同价中不调值部分的权重；

B_1、B_2、B_3、B_4、B_5——合同价中 5 项可调值部分的权重；

F_{t1}、F_{t2}、F_{t3}、F_{t4}、F_{t5}——合同价中 5 项可调值部分结算期价格指数；

F_{01}、F_{02}、F_{03}、F_{04}、F_{05}——合同价中 5 项可调值部分基期价格指数。

2. 开工前业主向承包商支付合同价 20% 的工程预付款，在工程最后两个月平均扣回。

3. 工程款逐月结算。

4. 业主自第 1 个月起，从给承包商的工程结算款中按 3% 的比例扣留质量保证金。工程质量缺陷责任期为 12 个月。

该工程项目的报价日期（基期）为当年 3 月。基期和各结算期（各月）价格指数如表 6-3 所示。

表 6-3　　　　　　　　　　　　**基期和各结算期价格指数表**

月份	基期价格指数				
	F_{01}	F_{02}	F_{03}	F_{04}	F_{05}
3 月	100	153.4	154.4	160.3	144.4
月份	各结算期价格指数				
	F_{t1}	F_{t2}	F_{t3}	F_{t4}	F_{t5}
5 月	110	156.2	154.4	162.2	160.2
6 月	108	158.2	156.2	162.2	162.2

月份	各结算期价格指数				
	F_{t1}	F_{t2}	F_{t3}	F_{t4}	F_{t5}
7 月	108	158.4	158.4	162.2	164.2
8 月	110	160.2	158.4	164.2	162.4
9 月	110	160.2	160.2	164.2	162.8

未调值前各月完成的工程情况为：

5 月份完成工程 200 万元，本月业主供料部分材料费为 5 万元。

6 月份完成工程 300 万元。

7 月份完成工程 400 万元，另外由于业主方设计变更，导致工程局部返工，因拆除、重新施工增加造价 1.75 万元。

8 月份完成工程 600 万元，另外由于施工中采用的模板形式与定额不同，造成模板增加费用 0.30 万元。

9 月份完成工程 500 万元，另有批准的工程索赔款 1 万元。

问题：

1. 工程预付款为多少万元？工程预付款从哪个月开始起扣，每次扣回多少万元？

2. 确定每月业主应支付给承包商的工程款。

3. 工程在竣工半年后，发生屋面漏水，业主应如何处理此事？

分析要点：

建设工程价款调整方法有：工程造价指数调整法、实际价格调整法、调价文件计算法和调值公式法（又称动态结算公式法）等。本案例主要考核工程价款调整的调值公式法的应用。

在求解本案例之前，对上述内容要进行系统的学习，尤其是关于基期价格指数（报价期价格指数）、结算期价格指数的概念、动态结算方法、工程预付款和质量保证金的处理，要能够熟练地应用动态结算的各种方法和公式进行计算。

答案：

问题 1：

解：

工程预付款 = 2000×20% = 400（万元）

工程预付款从 8 月份开始起扣，每次扣回：400/2 = 200（万元）

问题 2：

解：每月业主应支付的工程款：

5 月份：工程量价款

$$=200\times\left[0.15+\left(0.35\times\frac{110}{100}+0.23\times\frac{156.2}{153.4}+0.12\times\frac{154.4}{154.4}+0.08\times\frac{162.2}{160.3}+0.07\times\frac{160.2}{144.4}\right)\right]$$

$$=209.56（万元）$$

业主应支付工程款 $=209.56\times（1-3\%）-5=198.27$（万元）

6 月份：工程量价款

$$=300\times\left[0.15+\left(0.35\times\frac{108}{100}+0.23\times\frac{158.2}{153.4}+0.12\times\frac{156.2}{154.4}+0.08\times\frac{162.2}{160.3}+0.07\times\frac{162.2}{144.4}\right)\right]$$

$$=313.85（万元）$$

业主应支付工程款 $=313.85\times（1-3\%）=304.44$（万元）

7 月份：工程量价款

$$=400\times\left[0.15+\left(0.35\times\frac{108}{100}+0.23\times\frac{158.4}{153.4}+0.12\times\frac{158.4}{154.4}+0.08\times\frac{162.2}{160.3}+0.07\times\frac{164.2}{144.4}\right)\right]+1.75$$

$$=421.41（万元）$$

业主应支付工程款 $=421.41\times（1-3\%）=408.77$（万元）

8 月份：工程量价款

$$=600\times\left[0.15+\left(0.35\times\frac{110}{100}+0.23\times\frac{160.2}{153.4}+0.12\times\frac{158.4}{154.4}+0.08\times\frac{164.2}{160.3}+0.07\times\frac{162.4}{144.4}\right)\right]$$

$$=635.39（万元）$$

业主应支付工程款 $=635.39\times（1-3\%）-200=416.33$（万元）

9 月份：工程量价款

$$=500\times\left[0.15+\left(0.35\times\frac{110}{100}+0.23\times\frac{160.2}{153.4}+0.12\times\frac{160.2}{154.4}+0.08\times\frac{164.2}{160.3}+0.07\times\frac{162.8}{144.4}\right)\right]+1$$

$$=531.28（万元）$$

业主应支付工程款 $=531.28\times（1-3\%）-200=315.34$（万元）

问题 3：

答：工程在竣工半年后，发生屋面漏水，由于在缺陷责任期内，业主应首先通知原承包商进行维修。如果原承包商不能在约定的时限内派人维修，业主也可委托他人进行修理，费用从质量保证金中支付。需要注意的是，如果屋面漏水是由于业主的不当使用或第三方责任事件或不可抗力（如地震、不明物体撞击等）事件发生等原因造成的，原承包商不承担保修责任，费用应该由业主负责。

【案例四】

背景：

某承包商于 2024 年 6 月与某业主签订了某工程施工合同。合同约定，不含税造价为 510 万元，增值税税率为 9%。施工期间发生的合同内工程费用支出及票据情况见表 6-4。

表 6-4　　　　合同内工程费用支出及票据情况汇总表　　　　金额单位：万元

序号	费用支出项目	不含税金额	计税方法	票据类型	税率/%	进项税额
1	购买材料 A	52.00	简易	专票	3	
2	购买材料 B	38.00	一般	专票	13	
3	购买材料 C	26.00	一般	普票	3	
4	购买材料 D	8.00	一般	专票	13	1.04
5	专业分包	48.00	一般	专票	9	4.32
6	劳务分包	96.00	简易	专票	3/5	4.14
7	机械租赁 1	18.00	简易	专票	3	0.54
8	机械租赁 2	10.00	一般	专票	13	1.30
9	管理费用 1	12.00	一般	普票	3/6	0.48
10	管理费用 2	24.00	一般	专票	6/13	3.42
11	社会保障费	32.00	免税	缴费证明	—	0.00
12	其他支出	86.00	简易/一般	普票	3/6	2.10
				专票	3/6/9/13	4.80
	合计	450.00				

注：（1）购买材料 D 是承包商非正常损失引起的；（2）按政策规定缴纳的社会保障费，经办（或代办、代收）机构向缴纳单位出具电子缴费证明。

施工期间还增加了经业主确认的合同外工程内容（签订了补充协议），含税造价 40 万元，实际费用支出（不含税）30 万元，进项税额 2.6 万元（其中：普通发票 0.9 万元，专用发票 1.7 万元）。

问题：

1. 合同内工程应计增值税额为多少万元？含税总造价为多少万元？

2. 汇总表中前 3 项进项税额分别为多少万元？对于合同内工程，根据实际发生情况，可抵扣进项税额为多少万元？不可抵扣进项税额为多少万元？进项税额合计为多少万元？

3. 合同外应计增值税额为多少万元？

4. 承包商总计应向税务部门缴纳增值税额为多少万元？

5. 承包商的总成本为多少万元？含税总产值与不含税总产值分别为多少万元？净利润为多少万元？成本利润率和不含税产值利润率分别为多少（％）？

分析要点：

要正确掌握增值税知识及其管理方法，需搞清楚如下几个问题：

1. 纳税人身份。分为一般纳税人和小规模纳税人。一般纳税人标准为年应征增值税销售额 500 万元以上，小规模纳税人标准为年应征增值税销售额 500 万元及以下。

2. 计税方法。分为简易计税方法和一般计税方法。

在建筑业，下列情况应采取简易计税方法：

（1）小规模纳税人。

（2）一般纳税人实行清包工（工程材料全部由甲方提供，或主要材料由甲方提供，乙方仅自购辅助材料）的劳务分包工程。

（3）一般纳税人为老项目（合同注明在 2016 年 4 月 30 日以前开工）提供建筑服务的工程。

（4）一般纳税人销售自产的部分地坪材料等（需查阅相关规定）。

除上述几种情况外，应采取一般计税方法计算增值税。

3. 免征增值税政策。国家对于销售利用工业废渣、废料自产的某些材料（货物）实行全部或部分免征增值税政策（需查阅相关规定）。

4. 增值税征收税率。根据纳税人身份、计税方法和应征收税额项目不同，采取不同的增值税税率或征收率。对于建筑施工承包服务来讲，采取简易计税方法增值税征收率大多为 3％（也有 5％ 的情况），采取一般计税方法增值税税率一般为 9％。对于政策规定必须缴纳的社会保障费（包括：养老保险、医疗保险、生育保险、失业保险、工伤保险和住房公积金，即 "五险一金"）免征增值税；管理费根据不同进项内容，增值税税率不同。

5. 增值税发票。分为专用发票（专票）和普通发票（普票）。对于税务政策规定，能够用于抵扣销项税额的进项费用支出，应索要专用发票；不能抵扣销项税额的进项费用支出，可以索要普通发票。进项费用支出取得增值税专用发票，并在开具之日起规定时间内（360d）认证后，可以抵扣销项税额。对于有些进项费用支出，虽取得增值税专用发票，但税务政策规定也不可用于抵扣销项税额（如：因非正常损失引起的材料购买等。如果非正常损失的责任方是承包商的话，业主方是不会额外追加工程款的）。

6. 增值税应纳税额计算

（1）简易计税方法

税法规定小规模纳税人发生应税交易，实行按照销售额和征收率计算应纳税额的简易办法，并不得抵扣进项税额。应纳税额计算公式为：

应纳税额=销售额×征收率

其中：销售额=含税销售额÷（1+征收率）

小规模纳税人增值税的计税基数为税前造价，税前造价为包含增值税进项税额的人工费、材料费、施工机具使用费、企业管理费、利润之和；增值税征收率为3%。

（2）一般计税方法

税法规定一般纳税人应纳税额为当期销项税额抵扣当期进项税额后的余额。应纳税额计算公式为：

应纳税额=当期销项税额−当期进项税额

销项税额是指纳税人发生应税交易，按照销售额乘以法律规定的税率计算的增值税税额，销项税额计算公式为：

销项税额=销售额×税率。

销售额是指纳税人发生应税交易取得的与之相关的价款，包括货币和非货币形式的经济利益对应的全部价款，不包括按照一般计税方法计算的销项税额和按照简易计税方法计算的应纳税额。销售额计算公式为：

销售额=含税销售额÷（1+税率）

建筑施工企业采用一般计税方法时，销项税额的计算公式为：

增值税销项税额=税前造价×税率

税前造价为人工费、材料费、施工机具使用费、企业管理费、利润之和，各费用项目均以不包含增值税可抵扣进项税额的价格计算。建筑业增值税税率为9%。

7. 总成本

价格（价值）原理的基本表达式为：价格（价值）=成本+利润+税金。这三部分是相互独立的。但是，从实施"营改增"之后，财务会计领域都是把普票进项税额和不可抵扣专票进项税额合并计入成本之中。本案例遵从了这一做法。

答案：

问题1：

解：

（1）应计增值税额：不含税造价×税率=510×9%=45.90（万元）

（2）含税总造价：不含税造价+应计增值税额=510+45.9=555.90（万元）

问题 2：

解：

（1）表中前 3 项进项税额：进项税额=不含税费用×税率

材料 A：52×3%=1.56（万元）

材料 B：38×13%=4.94（万元）

材料 C：26×3%=0.78（万元）

（2）可抵扣进项税额：可抵扣专票进项税额之和

1.56+4.94+4.32+4.14+0.54+1.3+3.42+4.8=25.02（万元）

（3）不可抵扣进项税额：普票进项税额与不可抵扣专票进项税额之和

0.78+1.04+0.48+2.1=4.40（万元）

（4）进项税额合计：可抵扣进项税额与不可抵扣进项税额之和

25.02+4.40=29.42（万元）

问题 3：

解：应计增值税额：含税造价×税率/（1+税率）

40×9%/（1+9%）=3.30（万元）

问题 4：

解：应纳增值税额：总计增值税额−总可抵扣进项税额

（45.9+3.30）−（25.02+1.7）=22.48（万元）

问题 5：

解：

（1）总成本：不含税费用支出与普票及不可抵扣专票进项税额之和

（450+4.40）+（30+0.9）=485.30（万元）

（2）含税总产值：合同内外工程含税造价之和

555.90+40=595.90（万元）

（3）不含税总产值：合同内外工程不含税造价之和

510+40/（1+9%）=546.70（万元）

（4）净利润：不含税总产值−总成本

546.70−485.30=61.40（万元）

（5）成本利润率：净利润/总成本×100%

61.40/485.30×100%=12.65%

（6）不含税产值利润率：净利润/不含税总产值×100%

61.40/546.70×100% = 11.23%

【案例五】

背景：

某工程项目业主通过工程量清单招标方式确定中标人，并与其签订了工程承包合同，工期4个月。有关工程价款及其支付条款约定如下：

1. 工程价款

（1）分部分项工程项目清单，含有甲、乙两项混凝土工程及其模板工程，其中：甲项混凝土工程费为179.4万元（工程量2300m³，综合单价780元/m³），乙项混凝土工程费为233.6万元（工程量3200m³，综合单价730元/m³）；甲项混凝土模板工程费为22万元，乙项混凝土模板工程费为26万元。除甲、乙两项混凝土及其模板工程外的其他分部分项工程费为110万元。当某一混凝土工程实际工程量比清单工程量增加（或减少）15%以上时，应进行调价，调价系数为0.9（或1.08）；模板工程费在竣工结算时按相应混凝土工程的工程量变化比例调整，其他分部分项工程费不予调整。

（2）措施项目清单，含有脚手架、垂直运输、大型机械设备进出场及安拆、临时设施、文明施工、环境保护、安全生产、已完工程及设备保护等八项，总费用96万元，其中：安全生产措施费、已完工程及设备保护费分别为24万元、10万元。竣工结算时，已完工程及设备保护费按分部分项工程项目费变化额的1%调整，安全生产措施费按不含安全生产措施费的税前工程造价变化额的3%调整，其余措施项目费不予调整。

（3）其他项目清单，含有暂列金额16万元、专业工程暂估价30万元和总承包服务费三项，总承包服务费为税前专业工程分包价的5%。

（4）增值税税率为9%。

2. 工程预付款与进度款

（1）开工之日10d前，业主向承包商支付工程预付款和安全生产措施费预付款。工程预付款为工程签约合同额（扣除暂列金额和安全生产措施费）的20%，在施工期的最后两个月工程款中平均扣回；安全生产措施费按其签约合同额的70%与工程预付款一起支付给承包商。

（2）甲、乙两项混凝土工程进度款按每月已完工程量计算与支付，模板工程和其余分部分项工程进度款按签约合同价在施工期内每月平均支付。

（3）措施项目费除预付的安全生产措施费外，其余部分按签约合同额在施工期内第2、3月平均支付。

（4）其他项目费在发生当月按实结算。

（5）业主按每次承包商应得工程款的90%支付。

3. 竣工结算

（1）竣工验收通过后30d内结算。

（2）模板工程费、措施项目费按合同约定，在竣工结算时根据取费基数的变化调整。

（3）业主按竣工结算总造价的3%扣留工程质量保证金，其余工程款在收到承包商竣工结算支付申请后14d内支付。

承包商每月实际完成并经现场计量确认的混凝土工程工程量如表6-5所示。

表6-5　　　　　　　　　　每月实际完成混凝土工程工程量表　　　　　　　　单位：m³

混凝土工程项目	月份				累计
	1	2	3	4	
甲	500	800	800	600	2700
乙	700	900	800	300	2700

施工期间，第2月发生零星工作计日工费4.7万元；专业工程分包在第3月进行，实际造价为31万元。

问题：

1. 该工程不含税、含税签约合同价分别为多少万元？开工前业主应支付给承包商的工程预付款和安全生产措施费预付款分别为多少万元？

2. 施工期间，每月承包商已完工程款为多少万元？每月业主应向承包商支付工程款为多少万元？到每月底累计支付工程款为多少万元？

3. 分部分项工程费、措施项目费调整额为多少万元？竣工结算总造价为多少万元？

4. 工程质量保证金为多少万元？竣工结算款为多少万元？

分析要点：

本案例是根据现行工程量清单计价模式进行工程价款结算与支付的案例。在分析计算过程中应注意的问题如下：

1. 清单项目及其费用计算

清单项目包括：分部分项工程项目、措施项目、其他项目和增值税。

（1）分部分项工程项目，应参照各专业工程工程量计算标准的规定列项计量，其费用计算方法为：首先，确定每个分部分项工程量清单项目（子目）的工程量和综合单价；其次，以工程量和综合单价的乘积作为每个分部分项工程量清单项目（子目）的费用；最后，汇总形成分部分项工程费用合计。

（2）措施项目，是指为完成工程项目施工，发生于施工准备和施工及验收过程中的技术、生活、安全生产、环境保护等方面的项目。其列项和费用计算方法应按照国家和省级行业主管部门的相关规定执行，通常是按规定的取费基数乘以取费系数（费率）计算。

（3）其他项目，包括：暂列金额、材料暂估价和专业工程暂估价、计日工、总承包服务费等，应按下列规定计价：①暂列金额应根据工程特点，按有关计价规定估算；②材料暂估价应根据工程造价信息或参考市场价格估算；专业工程暂估价应区分不同专业，按有关计价规定估算，并计入增值税；③计日工应根据工程特点和实际情况及有关计价依据计算；④总承包服务费应根据招标人列出的内容和要求估算。

（4）增值税，应以分部分项工程项目、措施项目、其他项目（专业工程暂估价除外）的合计金额为基数，按规定税率计取。但是，根据《清单计价标准》的规定，其他项目清单中的专业工程暂估价已含增值税，工程量清单中的增值税项目不应再以其为基数计取税金。

2. 应注意的问题

（1）分部分项工程项目的工程量计算，应执行相应的专业工程工程量计算标准的计算规则。

（2）综合单价，包括人工费、材料费、施工机具使用费、管理费、利润，并考虑一定的风险。

（3）根据《清单计价标准》的规定，工程预付款是用于承包人为履行合同而预先采购材料、租赁或采购相关施工机具、搭设现场临时设施、组织施工人员进场等工程施工前发生的必要费用。

（4）工程预付款与安全生产措施费预付款不同。前者属于预支，需要在后期承包商应得工程款中扣回，后者属于工程款提前支付，不能在后期承包商应得工程款中扣回。在计算到每月底累计支付工程款时，应计入安全生产措施费预付款，不计入工程预付款。

（5）竣工结算款是工程竣工结算总造价扣除已支付的预付款、进度款和质量保证金后的剩余部分工程款。

（6）根据《清单计价标准》的规定，分部分项工程费、措施项目费和其他项目费（除专业工程暂估价之外）均包括人工费、材料费、施工机具使用费、管理费、利润和一定范围内的风险费用，不包括增值税。但专业工程暂估价包括增值税。

（7）签约合同价和开工前支付的预付款与施工过程和竣工各阶段支付的各类工程款均应包含增值税。

增值税应按有关规定计算，不得上下浮动。

答案：

问题 1：

解：

（1）不含税、含税签约合同价：

1）不含税签约合同价 $=179.4+233.6+22+26+110+96+16+30\times(1+5\%)/(1+9\%)$

$\qquad\qquad\qquad\qquad =711.899$（万元）

2）含税签约合同价 $=711.899\times(1+9\%)=775.970$（万元）

（2）工程预付款 $=[711.899-(16+24)]\times(1+9\%)\times20\%=146.474$（万元）

（3）安全生产措施费预付款 $=24\times(1+9\%)\times70\%\times90\%=16.481$（万元）

问题 2：

解：

（1）第 1 月

1）承包商已完工程款 $=[(500\times780+700\times730)/10000+(22+26+110)/4]\times(1+9\%)$

$\qquad\qquad\qquad\qquad =141.264$（万元）

2）业主应支付工程款 $=141.264\times90\%=127.138$（万元）

3）累计已支付工程款 $=16.481+127.138=143.619$（万元）

（2）第 2 月

1）承包商已完工程款 $=[(800\times780+900\times730)/10000+(22+26+110)/4$

$\qquad\qquad\qquad\qquad +(96-24\times70\%)/2+4.7]\times(1+9\%)=230.971$（万元）

2）业主应支付工程款 $=230.971\times90\%=207.874$（万元）

3）累计已支付工程款 $=143.619+207.874=351.493$（万元）

（3）第 3 月

1）承包商已完工程款 $=[(800\times780+800\times730)/10000+(22+26+110)/4$

$\qquad\qquad\qquad\qquad +(96-24\times70\%)/2]\times(1+9\%)+31\times(1+5\%)=250.441$（万元）

2）业主应支付工程款 $=250.441\times90\%-146.474/2=152.160$（万元）

3）累计已支付工程款 $=351.493+152.160=503.653$（万元）

（4）第 4 月

1）混凝土工程综合单价调整

甲项混凝土工程累计完成工程量的增加数量超过清单工程量的 15%，超过部分工程量：$2700-2300\times(1+15\%)=55$（m³），其综合单价调整为：$780\times0.9=702$（元/m³）。

乙项混凝土工程累计完成工程量的减少数量超过清单工程量的 15%，其全部工程量的综合单价调整为：$730\times1.08=788.4$（元/m³）。

2）承包商已完工程款 = {[（600−55）×780+55×702+2700×788.4

　　　　　　　−（700+900+800）×730]/10000+（22+26+110）/4}×（1+9%）

　　　　　　　= 134.658（万元）

3）业主应支付工程款 = 134.658×90%−146.474/2 = 47.955（万元）

4）累计已支付工程款 = 503.653+47.955 = 551.608（万元）

问题 3：

解：

（1）分部分项工程费调整

1）混凝土工程费调整

甲项混凝土工程费增加额 =（2300×15%×780+55×702）/10000 = 30.771（万元）

乙项混凝土工程费减少额 =（2700×788.4−3200×730）/10000 = −20.732（万元）

小计：30.771−20.732 = 10.039（万元）

2）模板工程费调整

甲项模板工程费增加额 = 22×（2700−2300）/2300 = 3.826（万元）

乙项模板工程费减少额 = 26×（2700−3200）/3200 = −4.063（万元）

小计：3.826−4.063 = −0.237（万元）

分部分项工程费增加额 = 10.039−0.237 = 9.802（万元）

（2）措施项目费调整

1）已完工程及设备保护费调整额 = 9.802×1% = 0.098（万元）

2）安全生产措施费调整额 =［9.802+0.098+4.7+（31−30）×5%/（1+9%）]×3% = 0.439（万元）

措施项目费增加额 = 0.098+0.439 = 0.537（万元）

（3）竣工结算总造价

775.970+（9.802+0.537+4.7−16）×（1+9%）+（31−30）×（1+5%）= 775.973（万元）

问题 4：

解：

（1）工程质量保证金 = 775.973×3% = 23.279（万元）

（2）竣工结算款 = 775.973−146.474−551.608−23.279 = 54.615（万元）

【案例六】

背景：

某工程项目业主通过工程量清单招标确定某承包商为中标人。双方签订的发承包合同。

合同工程包括的分部分项工程清单项目及其工程量和综合单价以及所需劳动量（98 元/综合工日）如表 6-6 所示。工期为 5 个月（每月按 30d 计）。

表 6-6　　　　　　　　　　　　　分部分项工程计价数据表

数据名称	分部分项工程											合计
	A	B	C	D	E	F	G	H	I	J	K	
清单工程量/m²	150	180	300	180	240	135	230	200	220	180	360	—
综合单价/（元/m²）	180	210	230	240	300	280	330	240	310	270	200	—
费用/万元	2.70	3.78	6.90	4.32	7.20	3.78	7.59	4.80	6.82	4.86	7.20	59.95
劳动量/综合工日	100	130	140	210	200	190	220	150	280	200	180	2000

有关合同价款及支付约定的部分内容如下：

1. 采用单价合同。分部分项工程项目的管理费均按人工费、材料费、施工机具使用费之和的 12% 计算，利润与风险均按人工费、材料费、施工机具使用费和管理费之和的 8% 计算；暂列金额为 10 万元；增值税税率为 9%。

2. 措施项目费为 12 万元（其中含安全生产措施费 3 万元）。安全生产措施费为不含安全生产措施费的税前工程造价的 3%，施工期间随计取基数变化额调整，其余措施项目费不予调整。

3. 材料价差调整约定：实际采购价与承包商的投标报价相比，增加幅度在 5% 以内时不予调整，超过 5% 的部分按实际采购价调整；实际采购价与业主给定的招标暂估价不同时，按实际采购价调整。各种材料价均不含税，材料价差调整部分只计取安全生产措施费和增值税，不计取其他费用。

4. 当分部分项工程的工程量增加（或减少）幅度超过清单工程量的 15% 时，调整综合单价，调整系数为 0.9（或 1.1）。

5. 工程预付款为签约合同价（扣除暂列金额和安全生产措施费）的 20%，在开工前拨付，在施工期的第 3、4 月工程款中平均扣回。

6. 安全生产措施费在开工前与工程预付款同时拨付，其余措施项目费在施工期内前 4 个月平均拨付。

7. 在施工期内第 1 至 4 月末，根据实际完成工程量逐月结算与拨付工程进度款。

8. 业主按承包商每次应得工程款的 90% 拨付。

9. 第 5 月末办理竣工结算，扣留工程实际总造价的 3% 作为工程质量保证金，其余工程款于竣工验收后 30d 内拨付。

10. 因该工程急于投入使用，合同工期不得拖延。如果出现因业主方的工程量增加或其他原因导致关键线路上的工作持续时间延长，承包商应在相应分部分项工程上采取赶工措施，业主方给予承包商赶工补偿 1500 元/d（含税），如因承包商原因造成工期拖延，每拖延工期 1d 罚款 2000 元（含税）。

11. 其他未尽事宜，按《清单计价标准》及行业和项目所在地政府主管部门的相关文件规定执行。

在工程开工之前，承包商提交了施工网络进度计划，如图 6-1 所示，并得到监理方的批准。

图 6-1　施工网络进度计划

在施工过程中，于每月末检查核实的进度如图 6-2 中的实际进度前锋线所示。最后该工程在 5 月末如期竣工。

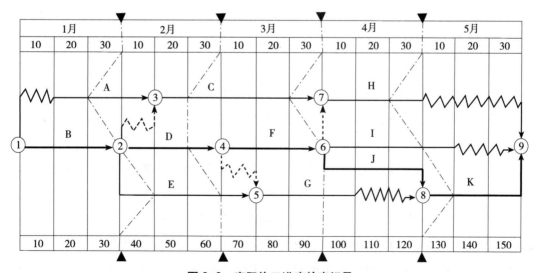

图 6-2　实际施工进度检查记录

注：图中黑三角号代表检查时点；点划线代表实际进度前锋线。

根据经核实的有关记录，有如下几项事件应该在施工过程结算和竣工结算时予以考虑：

1. 第 2 月完成一项因设计变更导致的新增分部分项工程 L，人工费、材料费、施工机具使用费合计 2.8 万元，其作业对工期无影响。

2. 分部分项工程 F 的主要材料量 $140m^2$，投标报价 80 元/m^2，实际采购价 96 元/m^2；分部分项工程 H 的主要材料量 $205m^2$，招标暂估价 90 元/m^2，实际采购价 105 元/m^2。

3. 分部分项工程 J 的实际工程量比清单工程量增加 $60m^2$；

4. 当地造价主管部门规定，从第 4 月起人工综合工日单价上涨为 136 元/工日。在此之前签约的在建工程仅调整人工费、安全生产措施费和增值税，其他费用不予调整。

问题：

1. 该工程签约合同价为多少万元？开工前业主应拨付给承包商的工程预付款和安全生产措施费预付款分别为多少万元？

2. 施工期前 4 个月每月承包商已完工程款为多少万元？业主应支付给承包商的工程款为多少万元？

3. 施工期第 5 月末办理竣工结算，工程实际总造价为多少万元？扣留工程质量保证金后的竣工结算款为多少万元？

分析要点：

本案例是将工程量清单计价模式与施工时标网络进度计划相结合进行施工过程逐月结算与支付工程价款的案例。除了要掌握与案例五基本相同的计算方法之外，还须注意如下几点：

1. 利用时标网络进度计划中标注的实际进度前锋线分析进度是否正常。

2. 利用时标网络进度计划中标注的实际进度前锋线对每月已完工程进行计量，并确定其工程价款。

3. 暂列金额是招标人在工程量清单中暂定并包括在合同价款中的一笔款项。其用途是对于施工合同签订时尚未确定或者事先难以预见的所需材料、设备、服务的采购，施工中可能发生的工程变更、合同约定调整因素出现时的工程价款调整及发生的索赔、计日工等的费用。该费用在施工过程结算和竣工结算时，根据实际发生按合同约定结算。

4. 材料价格上涨风险承担原则是，承包商投标自报材料价格，购买价上涨风险，承包商有限承担，即：承包商在投标时对材料报价的风险，其上涨幅度在 5% 以内的应由承包商承担，超过 5% 的部分应由业主承担；业主规定招标暂估价的材料购买价格上涨风险，由业主完全承担。根据《清单计价标准》规定，材料价差调整部分只计取增值税，不计取其他费用。

5. 当地造价主管部门颁布人工工资单价上涨规定时，该工程为正在施工的在建工程，需调整人工费，不计取管理费和利润。但需注意，因承包商的进度拖延，导致本应在政策规定实施前完成的工程内容拖延至政策规定实施后完成，合同价款也不应调整。

6. 分部分项工程 J 实际工程量增加，而且该分部分项工程位于关键线路上，业主应给予承包商赶工补偿，赶工补偿的金额为：赶工天数(d)×每天补偿标准（元/d）。

7. 工期补偿（或罚款）应在工程竣工时与竣工结算款同期结算。

8. 竣工结算款=实际总造价-工程预付款-安全生产措施预付款

   　　　　　　-施工期累计已拨付工程款-质量保证金

9. 本案例中，人工费、材料费、施工机具使用费与管理费、利润均不含增值税。

答案：

问题 1：

解：

（1）签约合同价：$(59.95+12+10)\times(1+9\%)=89.326$（万元）

（2）工程预付款：$[89.326-(10+3)\times(1+9\%)]\times20\%=15.031$（万元）

（3）安全生产措施费预付款：$3\times(1+9\%)\times90\%=2.943$（万元）

问题 2：

解：

（1）1 月份

已完工程款：$[2.70\times1/3+3.78+7.20\times1/4+(12-3)\times1/4]\times(1+9\%)=9.516$（万元）

应拨付工程款：$9.516\times90\%=8.564$（万元）

（2）2 月份

原合同工程款：$[2.70\times2/3+6.90\times1/5+4.32\times2/3+7.20\times2/4+(12-3)\times1/4]\times(1+9\%)=12.982$（万元）

新增工程 L 工程款：$2.8\times(1+12\%)\times(1+8\%)\times(1+3\%)\times(1+9\%)=3.802$（万元）

已完工程款：$12.982+3.802=16.784$（万元）

应拨付工程款：$16.784\times90\%=15.106$（万元）

（3）3 月份

原合同工程款：$[6.90\times3/5+4.32\times1/3+3.78+7.20\times1/4+7.59\times2/3+(12-3)\times1/4]\times(1+9\%)=20.132$（万元）

分部分项工程 F 主材价差调增：$140\times[96-80\times(1+5\%)]\times(1+3\%)\times(1+9\%)/10000=0.189$（万元）

已完工程款：20.132+0.189＝20.321（万元）

应扣工程预付款：15.031/2＝7.516（万元）

应拨付工程款：20.321×90%−7.516＝10.773（万元）

（4）4 月份

原合同价款：[6.90×1/5+4.8×2/3+6.82×3/4+4.86+7.59×1/3+7.2×1/3+（12−3）×1/4]×（1+9%）＝23.691（万元）

分部分项工程 H 主材价差调增：205×2/3×（105−90）×（1+3%）×（1+9%）/10000＝0.230（万元）

分部分项工程 J 工程量增加调增：[180×15%×270+（60−180×15%）×270×0.9]×（1+3%）×（1+9%）/10000＝1.719（万元）

人工工日单价上涨调增：[150×2/3+280×3/4+200×（1+60/180）+220×1/3+180×1/3]×（136−98）×（1+3%）×（1+9%）/10000＝3.029（万元）

已完工程款：23.691+0.230+1.719+3.029＝28.669（万元）

应扣工程预付款：15.031−7.516＝7.515（万元）

应拨付工程款：28.669×90%−7.515＝18.287（万元）

问题 3：

解：

（1）5 月份已完工程款

原合同价款：（4.8×1/3+6.82×1/4+7.2×2/3）×（1+9%）＝8.834（万元）

分部分项工程 H 主材价差调增：205×1/3×（105−90）×（1+3%）×（1+9%）/10000＝0.115（万元）

人工工日单价上涨调增：（150×1/3+280×1/4+180×2/3）×（136−98）×（1+3%）×（1+9%）/10000＝1.024（万元）

已完工程款：8.834+0.115+1.024＝9.973（万元）

（2）赶工补偿：30×60/180×1500/10000＝1.500（万元）

（3）实际总造价：2.943/90%+9.516+16.784+20.321+28.669+9.973+1.500＝90.033（万元）

（4）工程质量保证金：90.033×3%＝2.701（万元）

（5）竣工结算款：90.033−15.031−2.943−（8.564+15.106+10.773+18.287）−2.701＝16.628（万元）

【案例七】

背景：

某政府投资的公共服务类新基建工程项目通过工程量清单招标确定中标人，发承包双方签订了施工合同。工期为 17 个月，按冬季停工前后划分为第一、第二两个施工年度。

1. 合同约定的工程内容及计价数据如下：

（1）分部分项工程项目 10 项，量价数据、计划施工时间如表 6-7 所示。管理费为分部分项工程人工费、材料费、施工机具使用费之和的 12%。利润为分部分项工程人工费、材料费、施工机具使用费和管理费之和的 7%。

表 6-7　　　　　　　分部分项工程量价数据及计划施工时间表

数据项目名称	分部分项工程项目										备注
	A	B	C	D	E	F	G	H	I	J	
清单工程量	630	230	320	460	420	220	400	220	180	170	A、B、C、D、F、H 量价单位：m^3、元$/m^3$；其余量价单位：m^2、元$/m^2$
综合单价	120	380	450	550	490	460	370	510	310	210	
费用/万元	7.56	8.74	14.40	25.30	20.58	10.12	14.80	11.22	5.58	3.57	合计：121.87 万元
计划施工时间/月	1-2	2-4	3-6	4-7	5-8	8-13	13-14	13-16	14-16	16-17	第 10、11 月冬季停工

（2）措施项目 7 项，总费用 12 万元。其中：安全生产措施费 4.8 万元（第一年度 3 万元、第二年度 1.8 万元）；其余措施项目费 7.2 万元（第一年度 5 万元、第二年度 2.2 万元）。施工期间，安全生产措施费（为不含安全生产措施费的税前工程造价的 3%）随计取基数变化予以调整；其余措施项目费不予调整。

（3）其他项目 2 项，其中：暂列金额 10 万元；分部分项工程 G 主材 G_1 采购量 410m^2，暂估价 105 元$/m^2$。

（4）增值税税率 9%。

2. 工程款结算与支付条款合同约定如下：

（1）第一年度开工前和第二年度复工前 1 周内，支付当年分部分项工程签约合同价的 25% 作为工程预付款，并分别从第一年度第 3、4、5 次和第二年度第 2、3、4 次支付的分部分项工程进度款中平均抵扣。

（2）在支付工程预付款的同时，支付当年安全生产措施费签约合同价的 70% 作为安全生产措施费预付款。

（3）分部分项工程项目、其他项目工程款在每个项目按年度计划工程量全部完成的当月经质量验收和计量确认后支付。假设分部分项工程项目在计划和实际施工时间内每月完成工程量相等。

（4）除安全生产措施费预付款之外，其余措施项目工程款按签约合同价分别于第一年度和第二年度前3次支付分部分项工程进度款的同时平均支付。

（5）发包人按每次承包人应得工程款的80%支付。

（6）第一年度冬季停工后2周内进行年度结算（过程结算），结算款支付至承包人应得工程款的95%。

（7）全部工程完成并通过质量验收后4周内进行竣工结算，在承包人提供工程质量保函（额度为竣工结算总造价的3%）后，支付竣工结算款。

3. 施工期间发生了经发承包双方确认的如下事件：

（1）第6月发生零星工作计日工人材机费用1.6万元。

（2）分部分项工程C实际工程量比清单工程量增加40m^3，仍按原计划施工时间完成。

（3）分部分项工程E招标清单描述与合同图纸及规范要求不符，由于未能在招标时及时发现和处理，导致该项目实际工程量比清单工程量增加80m^2，人材机费用增加30元/m^2。

（4）分部分项工程G主材G$_1$实际采购进场价格为126元/m^2，另外因实际材质和规格与招标清单的参数描述差异导致该材料损耗率由2.5%提升为3.5%。

其他工程内容和价款及其支付均与合同约定一致。

由于事件（3）、（4）导致发承包双方对分部分项工程E、G施工完成后的合同价格调整争议较大。本着不影响工程正常进行的原则，双方商定暂按原合同约定执行，待采取争议评审方式解决。

4. 争议评审意见

竣工前2个月（计划施工时间的第15月），接受发承包双方委托的某工程争议评审机构对分部分项工程E、G的合同价格调整给出如下评审意见：

（1）分部分项工程E应根据增加的人材机费用调整综合单价（计取管理费和利润），增加的工程量超过清单工程量15%的部分，综合单价调整系数为0.85。

（2）分部分项工程G应根据主材G$_1$实际采购进场价格及损耗率变化调整综合单价（不计取管理费和利润）。

发承包双方确认接受争议评审意见，并约定于下个月对合同价格进行调整，支付增加的工程款。

问题：

1. 第一年度、第二年度的计划分部分项工程费为多少元？签约合同总价为多少元？

2. 第一年度开工前发包人应支付工程预付款和安全生产措施费预付款分别为多少元？

3. 第一年度第 6 月承包人已完工程项目工程款为多少元？发包人应支付工程进度款为多少元？

4. 第一年度累计已完成的施工过程结算款、累计已支付的工程进度款分别为多少元？请编制第一年度工程结算款支付申请（核准）表。

5. 根据争议评审意见，计算因分部分项工程 E、G 变化引起的合同增加额。

6. 第二年度已完工程合同价款为多少元？该工程竣工结算总造价和竣工结算款分别为多少元？

分析要点：

本案例为两个施工年度完成的工程项目。合同约定第一年度末进行一次年度结算，工程完工后进行竣工结算。求解过程需要注意如下问题：

1. 预付款，包括工程预付款和安全生产措施费预付款，均按两个年度分别预付。

2. 工程进度款，是指施工期间按合同约定随着工程进展支付的各类工程款，包括分部分项工程进度款、措施项目进度款、其他项目进度款。本案例的分部分项工程和其他项目进度款要在每个项目全部完成并经过质量验收和计量确认后支付。

3. 工程结算款，是指按合同约定在结算节点支付的工程结算款，包括施工过程结算款、工程竣工结算款。对于跨年度工程，按年度结算是施工过程结算的一种常见方式。

4.《清单计价标准》提出的合同价款争议解决方式有：争议评审、调解、仲裁或诉讼等四种。本案例的合同价款争议采用了第一种方式。

5. 第一年度施工过程结算时，跨年度的分部分项工程 F 应按完成的 50% 工程量计算工程结算款。该年度施工过程结算款支付申请（核准）表按《清单计价标准》附表 F.4.1 填写（表中列项和内容填写须符合工程实际）。表中数据计算方法如下：

（1）本年度累计已完成的施工过程结算款=已完成工程内容的签约合同价+合同价调整额。但本案例的分部分项工程 E 因双方争议，暂按原合同约定内容和价款计算；

（2）本年度累计已支付的施工过程结算款=开工前支付的工程预付款和安全生产措施费预付款+施工过程支付的各项进度款；

（3）本年度累计已扣回和扣留的工程款=施工过程中已扣回的工程预付款+每次支付工程款时已扣留（滞留）的工程款（20%）；

（4）本年度应扣留的工程款，是指按合同约定支付本年度施工过程结算款时应扣留（滞留）的工程款（5%）；

（5）本年度应支付的施工过程结算款=本年度累计已完成的施工过程结算款−本年度累计已支付的工程款−本年度应扣留的工程款（5%）。

6. 第一年度完成的分部分项工程 E 的合同增加额，在发承包双方确认接受争议评审意见后的下个月（第 16 月），与分部分项工程 G 的合同增加额一起调整。

答案：

问题 1：

解：

（1）分部分项工程费：

第一年度：75600+87400+144000+253000+205800+101200×2/4＝816400（元）

第二年度：1218700-816400＝402300（元）

（2）签约合同总价：

（1218700+120000+100000）×（1+9%）＝1568183（元）

问题 2：

解：

（1）应支付工程预付款：

816400×（1+9%）×25%＝222469（元）

（2）应支付安全生产措施费预付款：

30000×（1+9%）×70%×80%＝18312（元）

问题 3：

解：

（1）第 6 月已完工程款：

$\{144000+40\times450\times(1+3\%)+[50000+30000\times(1-70\%)]\times1/3+16000\times(1+12\%)\times$

$(1+7\%)\times(1+3\%)\}\times(1+9\%)=220132.37$（元）

（2）第 6 月应支付工程款：

220132.37×80%-222469×1/3＝101949.56（元）

问题 4：

解：

（1）第一年度累计已完成的施工过程结算款：

$\{816400+30000+50000+[40\times450+16000\times(1+12\%)\times(1+7\%)]\times(1+3\%)\}\times(1+9\%)$

$=1018811.70$（元）

（2）第一年度累计已支付的工程进度款：

1018811.70×80%-18312-222469＝574268.36（元）

（3）第一年度工程结算款支付申请（核准）表，如表 6-8 所示。

表6-8　　　　　　　　　　　　**第一年度工程结算款支付申请（核准）表**

工程名称：××××　　　　　　　标段：××××　　　　　　　编号：××××

致：<u>××××（发包人全称）</u>

　　我于<u>××××年4月</u>至<u>××××年12月</u>期间已完成合同<u>第一年度</u>约定的工作，另有经双方确认的已完成的分部分项工程 C 实际工程量比清单工程量增加 40m³；计日工费用 16000 元。根据施工合同的约定，现申请支付本年度工程结算款金额为（大写）<u>壹拾伍万贰仟贰佰零捌元陆角玖分</u>（小写 <u>152208.69 元</u>），请予核准。

　　注：已完成的分部分项工程 E 因招标清单缺陷引起的价格调整双方未达成一致，暂按原合同约定执行。

序号	名称	申请金额（元）	复核金额（元）	备注
1	本年度累计已完成的施工过程结算款	1018811.70		
1.1	累计已完成的分部分项工程项目费	834400.00		
1.2	累计已完成的措施项目费	81115.23		
1.3	累计已完成的其他项目费	19174.40		
1.4	累计应计算的增值税	84122.07		
2	本年度累计已支付的施工过程结算款	815049.36		
2.1	已支付的工程预付款	222469.00		
2.2	已支付的安全生产措施费预付款	18312.00		
2.3	累计已支付的工程进度款	574268.36		
3	本年度累计已扣回、扣留的工程款	425413.92		
3.1	累计已扣回的工程预付款	222469.00		
3.2	累计已扣留的工程款	203762.34		20%
4	本年度应扣留的工程款	50940.59		5%
5	本年度应支付的施工过程结算款	152821.75		

承包人（章）

编制人员＿＿＿＿＿＿　　承包人代表＿＿＿＿＿＿　　　　　　　　日　期＿＿＿＿＿＿

复核意见： □与实际施工情况不相符，修改意见见附件； □与实际施工情况相符，具体金额应由造价工程师复核。 　　　　　　　　　　监理工程师＿＿＿＿＿＿ 　　　　　　　　　　日期＿＿＿＿＿＿	复核意见： 　　你方提出的本年度结算款支付申请经复核，本年度结算款总额为（大写）＿＿＿＿（小写＿＿＿），扣除本年度暂不支付的工程款后，应支付本年度工程结算款金额为（大写）＿＿＿＿（小写＿＿＿）。 　　　　　　　一级注册造价工程师＿＿＿＿＿＿ 　　　　　　　　　　日期＿＿＿＿＿＿

审核意见：
□不同意
□同意

　　　　　　　　　　　　　　　　　　　　　　发包人（章）
　　　　　　　　　　　　　　　　　　　发包人代表＿＿＿＿＿＿
　　　　　　　　　　　　　　　　　　　日　　期＿＿＿＿＿＿

注：1. 应在选择栏中的"□"内作标识"√"；

　　2. 本表应一式四份，由承包人填报，发包人、监理人、工程造价咨询人、承包人各存一份；

　　3. 编制人员、一级注册造价工程师应签字及盖章，承包人代表、监理工程师、发包人代表签字或盖章。

问题 5：

解：

（1）分部分项工程 E 合同增加额：

调整后的综合单价：$490+30\times(1+12\%)\times(1+7\%)=525.95$（元/m²）

原清单工程量费用增加：$420\times(525.95-490)=15099$（元）

增加工程量的费用：$420\times15\%\times525.95+(80-420\times15\%)\times525.95\times0.85$

$\qquad\qquad=40734.89$（元）

费用增加：$15099+40734.89=55833.89$（元）

安全生产措施费增加：$55833.89\times3\%=1675.02$（元）

合同增加额：$(55833.89+1675.02)\times(1+9\%)=62684.71$（元）

（2）分部分项工程 G 合同增加额：

调整后的综合单价：$370+[126\times410\times(1+3.5\%)/(1+2.5\%)-105\times410]/400$

$\qquad\qquad=392.79$（元/m²）

费用增加：$400\times(392.79-370)=9116$（元）

安全生产措施费增加：$9116\times3\%=273.48$（元）

合同增加额：$(9116+273.48)\times(1+9\%)=10234.53$（元）

问题 6：

解：

（1）第二年度已完工程合同价款：

$(402300+18000+22000)\times(1+9\%)+62684.71+10234.53=555026.24$（元）

（2）竣工结算总造价：

$1018811.70+555026.24=1573837.94$（元）

（3）竣工结算款：

$555026.24\times20\%+50940.59=161945.84$（元）

【案例八】

背景：

某工程计划进度与实际进度如表 6-9 所示。表中粗实线表示计划进度（进度线上方的数据为每周计划投资），粗虚线表示实际进度（进度线上方的数据为每周实际投资），假定各分项工程每周计划进度与实际进度均为匀速进度，而且各分项工程实际完成总工程量与计划完成总工程量相等。

表 6-9　　　　　　　　　　　　某工程计划进度与实际进度表　　　　　　　　资金单位：万元

分项工程	进度计划（周）											
	1	2	3	4	5	6	7	8	9	10	11	12
A	5 5	5 5	5 5									
B		4 4	4 4	4 4	4 3	4 3						
C				9	9 9	9 8	9 7	7				
D						5 4	5 4	5 4	5	5	5	
E								3	3	3 3	3	3

问题：

1. 计算每周投资数据，并将结果填入表 6-10。

表 6-10　　　　　　　　　　　　　　投资数据表　　　　　　　　　　　资金单位：万元

项目	时间（周）											
	1	2	3	4	5	6	7	8	9	10	11	12
每周拟完工程计划投资												
拟完工程计划投资累计												
每周已完工程实际投资												
已完工程实际投资累计												
每周已完工程计划投资												
已完工程计划投资累计												

2. 绘制该工程三种投资曲线，即：①拟完工程计划投资曲线；②已完工程实际投资曲线；③已完工程计划投资曲线。

3. 分析第 6 周末、第 10 周末的投资偏差和进度偏差。

分析要点：

本案例主要考核知识点为：三种投资（即：拟完工程计划投资、已完工程实际投资、已完工程计划投资）和两种偏差（即：投资偏差、进度偏差）的正确理解；利用横道进度计划及相应的资金使用计划进行三种投资数据统计的方法；根据工程进度与投资数据的关系绘制三种投资曲线的方法，投资偏差、进度偏差的分析与计算方法。

答案：

问题 1：

解：三种投资数据计算结果见表 6-11。

表 6-11　　　　　　　　　　　　投资数据表　　　　　　　　资金单位：万元

项目	时间（周）											
	1	2	3	4	5	6	7	8	9	10	11	12
每周拟完工程计划投资	5	9	9	13	13	18	14	8	8	3		
拟完工程计划投资累计	5	14	23	36	49	67	81	89	97	100		
每周已完工程实际投资	5	5	9	4	4	12	15	11	11	8	8	3
已完工程实际投资累计	5	10	19	23	27	39	54	65	76	84	92	95
每周已完工程计划投资	5	5	9	4	4	13	17	13	13	7	7	3
已完工程计划投资累计	5	10	19	23	27	40	57	70	83	90	97	100

问题 2：

解：根据表 6-11 中数据绘制出投资曲线图如图 6-3 所示，图中：①拟完工程计划投

图 6-3　投资曲线图

资曲线；②已完工程实际投资曲线；③已完工程计划投资曲线。

问题3：

解：

（1）第6周末投资偏差与进度偏差：

投资偏差＝已完工程计划投资－已完工程实际投资

$$=40-39=1（万元），即：投资节约1万元。$$

进度偏差＝已完工程计划时间－已完工程实际时间

$$=\left(4+\frac{40-36}{49-36}\right)-6=-1.69（周），即：进度拖后1.69周。$$

或：进度偏差＝已完工程计划投资－拟完工程计划投资

$$=40-67=-27（万元），即：进度拖后27万元。$$

（2）第10周末投资偏差与进度偏差：

投资偏差＝90-84=6（万元），即：投资节约6万元。

$$进度偏差=\left(8+\frac{90-89}{97-89}\right)-10=-1.88（周），即：进度拖后1.88周。$$

或：进度偏差＝90-100=-10（万元），即：进度拖后10万元。

【案例九】

背景：

某工程早时标网络进度计划如图6-4所示。工程进展到第5、第10和第15个月底时，分别检查了工程进度，相应地绘制了三条实际进度前锋线，如图6-4中的点划线所示。

问题：

1. 计算第5和第10个月底的已完工程计划投资（累计值）各为多少？

2. 分析第5和第10个月底的投资偏差。

3. 试用投资概念分析进度偏差。

4. 根据第5和第10月底实际进度前锋线分析工程进度情况。

5. 第15个月底检查时，工作⑦→⑨因为特殊恶劣天气造成工期拖延1个月，施工单位损失3万元。因此，施工单位提出要求工期延长1个月和费用索赔3万元。问：造价工程师应批准工期、费用索赔多少？为什么？

分析要点：

本案例要求对工程网络进度计划技术部分的有关内容要达到一定的熟练程度，尤其

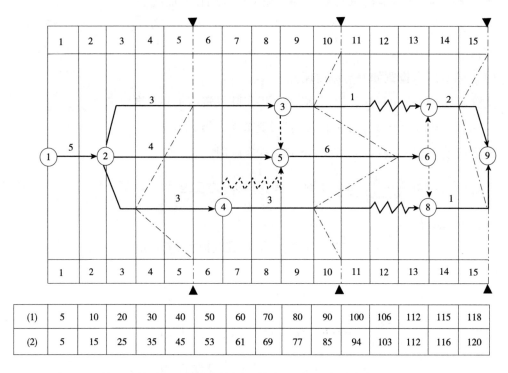

	1	2	3	4	5	6	7	8	9	10	11	12	13	14	15
(1)	5	10	20	30	40	50	60	70	80	90	100	106	112	115	118
(2)	5	15	25	35	45	53	61	69	77	85	94	103	112	116	120

图 6-4　某工程早时标网络进度计划（单位：月）和投资数据（单位：万元）

注：1. 图中每根箭线上方数值为该项工作每月计划投资；

2. 图下方格内(1) 栏数值为该工程计划投资累计值，

(2) 栏数值为该工程已完工程实际投资累计值

是对工程的时标网络进度计划和实际进度前锋线，要能够灵活运用；并掌握投资偏差、进度偏差的基本概念和计算，掌握工程索赔的条件、索赔内容及相应的计算。

答案：

问题 1：

答：

第 5 个月底，已完工程计划投资为：20+6+4=30（万元）

第 10 个月底，已完工程计划投资为：80+6×3=98（万元）

问题 2：

答：

第 5 个月底，投资偏差=已完工程计划投资-已完工程实际投资

$\qquad$ =30-45=-15（万元）　　即：投资增加 15 万元；

第 10 个月底，投资偏差=98-85=13（万元）　　即：投资节约 13 万元。

问题3：

答：根据投资概念分析进度偏差为：

进度偏差＝已完工程计划投资－拟完工程计划投资

第5个月底，进度偏差＝30－40＝－10（万元），即：进度拖延10万元；

第10个月底，进度偏差＝98－90＝8（万元），即：进度提前8万元。

问题4：

答：

第5个月底，工程进度情况为：

②→③工作进度正常；

②→⑤工作拖延1个月，将影响工期1个月，因为是关键工作；

②→④工作拖延2个月，不影响工期，因为有2个月总时差。

从第5个月底的工程进度来看，受②→⑤工作拖延1个月的影响，工期将延长1个月。

第10个月底，工程进度情况为：

③→⑦工作拖延1个月，因为有2个月总时差，不影响工期；

⑤→⑥工作提前2个月，有可能缩短工期2个月，因为是关键工作；

④→⑧工作拖延1个月，但不影响工程进度，因它有2个月的机动时间。

从第10个月底的工程进度来看，受③→⑦工作拖延1个月和⑤→⑥工作提前2个月的共同影响，工期将缩短1个月。

问题5：

答：

造价工程师应批准延长工期1个月；费用索赔不应批准。

因为，特殊恶劣的气候条件应按不可抗力处理，造成的工期拖延，可以要求顺延；但不能要求赔偿经济损失。

【案例十】

背景：

某工程项目包括A、B、C、D、E、F等6项分项工程。该工程采用单价合同，工期为8个月。项目计划部门编制的时标网络进度计划如图6-5所示。

各分项工程的总工程量和计划单价、计划作业起止时间见表6-12中（1）（2）（3）栏所示。各分项工程实际作业起止时间如表6-12中（4）栏所示。

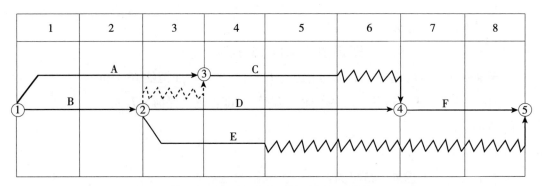

图6-5　某工程项目时标网络进度计划（时间单位：月）

表 6-12 　　　　　　　　各分项工程计划和实际工程量、价格、作业时间表

序号	数据名称	分项工程					
		A	B	C	D	E	F
（1）	总工程量/m³	600	680	800	1200	760	400
（2）	计划单价/（元/m³）	1200	1000	1000	1100	1200	1000
（3）	计划作业起止时间/月	1~3	1~2	4~5	3~6	3~4	7~8
（4）	实际作业起止时间/月	1~3	1~2	5~6	3~6	3~5	7~10

问题：

1. 假定各分项工程的计划进度和实际进度都是匀速的，施工期间1~10月各月结算价格调价系数依次为：1.00、1.00、1.05、1.05、1.05、1.08、1.10、1.10、1.05、1.05。试计算各分项工程的每月拟完工程计划投资、已完工程实际投资、已完工程计划投资，并将结果填入表6-13。

表 6-13 　　　　　　　　各分项工程每月投资数据表 　　　　　　　　单位：万元

分项工程	数据名称	月份									
		1	2	3	4	5	6	7	8	9	10
A	拟完工程计划投资										
	已完工程实际投资										
	已完工程计划投资										

续表

分项工程	数据名称	月份									
		1	2	3	4	5	6	7	8	9	10
B	拟完工程计划投资										
	已完工程实际投资										
	已完工程计划投资										
C	拟完工程计划投资										
	已完工程实际投资										
	已完工程计划投资										
D	拟完工程计划投资										
	已完工程实际投资										
	已完工程计划投资										
E	拟完工程计划投资										
	已完工程实际投资										
	已完工程计划投资										
F	拟完工程计划投资										
	已完工程实际投资										
	已完工程计划投资										

2. 计算该工程项目每月投资数据，并将结果填入表 6-14。

表 6-14　　　　　　　　　　工程项目每月投资数据表　　　　　　　　单位：万元

数据名称	月份									
	1	2	3	4	5	6	7	8	9	10
每月拟完工程计划投资										
拟完工程计划投资累计										
每月已完工程实际投资										
已完工程实际投资累计										
每月已完工程计划投资										
已完工程计划投资累计										

3. 试计算该工程进行到第 8 个月底的投资偏差和进度偏差。

分析要点：

此案例是利用时标网络进度计划编制投资计划和进行投资偏差分析的案例。首先要求熟练时标网络进度计划的有关知识，然后根据时标网络进度计划和匀速施工的假定条件进行投资分解，确定各单位时间内各分项工程的投资数据、整个工程项目投资数据，进而进行投资偏差分析。此案例的难点在于确定各分项工程每月拟完工程计划投资、已完工程实际投资和已完工程计划投资，其计算公式如下：

拟完工程计划投资＝计划工程量×计划单价

已完工程实际投资＝实际工程量×实际单价＝实际工程量×（计划单价×调价系数）

式中：计划单价应理解为全费用单价（含人才机费用和管理费、利润、税金）；调价系数应理解为施工期间 1～10 月各月结算价格指数与计划价格指数的比值（或各月结算价格与计划价格的比值）。

已完工程计划投资＝实际工程量×计划单价

投资偏差＝已完工程计划投资－已完工程实际投资

进度偏差＝已完工程计划投资－拟完工程计划投资

需要指出的是：该种理论主要适用于正在进行中的工程项目投资与进度偏差分析。目前相关文献对在分项工程总工程量有变化的情况下，如何计算各分项工程的已完工程计划投资阐述不一致。为了回避该类问题，本案例遵从了各分项工程总工程量不变的前提。

答案：

问题 1：

解：计算各分项工程每月投资数据：

计算过程略，结果见表 6-15。

表 6-15　　　　　　　　　　各分项工程每月投资数据表　　　　　　　　单位：万元

分项工程	数据名称	月份									
		1	2	3	4	5	6	7	8	9	10
A	拟完工程计划投资	24	24	24							
	已完工程实际投资	24	24	25.2							
	已完工程计划投资	24	24	24							

续表

分项工程	数据名称	月份									
		1	2	3	4	5	6	7	8	9	10
B	拟完工程计划投资	34	34								
	已完工程实际投资	34	34								
	已完工程计划投资	34	34								
C	拟完工程计划投资					40	40				
	已完工程实际投资					42	43.2				
	已完工程计划投资					40	40				
D	拟完工程计划投资			33	33	33	33				
	已完工程实际投资			34.65	34.65	34.65	35.64				
	已完工程计划投资			33	33	33	33				
E	拟完工程计划投资			45.6	45.6						
	已完工程实际投资			31.92	31.92	31.92					
	已完工程计划投资			30.4	30.4	30.4					
F	拟完工程计划投资							20	20		
	已完工程实际投资							11	11	10.5	10.5
	已完工程计划投资							10	10	10	10

问题 2：

解：根据表 6-15 统计整个工程项目每月投资数据，见表 6-16。

表 6-16   **工程项目每月投资数据表**   单位：万元

数据名称	月份									
	1	2	3	4	5	6	7	8	9	10
每月拟完工程计划投资	58	58	102.6	118.6	73	33	20	20		
拟完工程计划投资累计	58	116	218.6	337.2	410.2	443.2	463.2	483.2		
每月已完工程实际投资	58	58	91.77	66.57	108.57	78.84	11	11	10.5	10.5
已完工程实际投资累计	58	116	207.77	274.34	382.91	461.75	472.75	483.75	494.25	504.75
每月已完工程计划投资	58	58	87.4	63.4	103.4	73	10	10	10	10
已完工程计划投资累计	58	116	203.4	266.8	370.2	443.2	453.2	463.2	473.2	483.2

问题 3：

解：

（1）第 8 个月底投资偏差：

投资偏差＝已完工程计划投资－已完工程实际投资

$\qquad$ ＝463.2－483.75＝－20.55（万元），即：投资增加 20.55 万元。

（2）第 8 个月底进度偏差：

进度偏差＝已完工程计划时间－已完工程实际时间

$\qquad$ ＝7－8＝－1（月），即：进度拖后 1 个月。

或：进度偏差＝已完工程计划投资－拟完工程计划投资

$\qquad$ ＝463.2－483.2＝－20（万元）　　即：进度拖后 20 万元。

【案例十一】

背景：

某工程项目发包人与承包人签订了施工合同，工期 4 个月，工作内容包括 A、B、C 三项分部分项工程，综合单价分别为 360.00 元/m³、320.00 元/m³、200.00 元/m²，施工期各分部分项工程每月计划和实际完成工程量见表 6-17。

表 6-17　　　　　　　分部分项工程每月计划和实际完成工程量表

项目	工程量	月份				合计
		1	2	3	4	
A	计划工程量/m³	300	400	300	—	1000
	实际工程量/m³	280	400	320	—	1000
B	计划工程量/m³	300	300	300		900
	实际工程量/m³	—	340	380	180	900
C	计划工程量/m²	—	450	450	300	1200
	实际工程量/m²	—	400	500	300	1200

措施项目费总额为 16 万元（其中安全生产措施费为 3.2 万元），暂列金额 5 万元。增值税税率为 9%。

合同中有关工程价款及其支付约定如下：

（1）开工前，发包人应向承包人支付签约合同价（扣除安全生产措施费和暂列金额）

的 20%作为工程预付款，在第 2、3 个月的工程款中平均扣回。

（2）分部分项工程项目工程款按实际进度逐月支付。

（3）措施项目中的安全生产措施费工程款与工程预付款同时支付，其余措施项目费在施工期前 3 个月平均支付。

（4）分部分项工程 C 所用的某种材料采用动态调值公式法结算，该种材料在分部分项工程 C 费用中所占比例为 12%，基期价格指数为 100。

（5）发包人按每次承包人应得工程款的 90%支付。

（6）该工程竣工验收通过后 30 日内进行竣工结算。扣留总造价的 3%作为工程质量保证金，其余工程款全部支付给承包人。

施工期间 1~4 月，分部分项工程 C 所用的动态结算材料价格指数依次为 105、110、115、120。

注：本案例的分部分项工程项目费、措施项目费和其他项目费均不含增值税。

问题：

1. 该工程签约合同价为多少万元？开工前发包人应支付给承包人的工程预付款和安全生产措施费工程款分别为多少万元？

2. 施工到 1~4 月末分部分项工程拟完工程计划投资、已完工程计划投资、已完工程实际投资分别为多少万元？投资偏差、进度偏差分别为多少万元？

3. 施工期间每月承包人已完工程款分别为多少万元？发包人应支付给承包人的每月工程款分别为多少万元？

4. 该工程实际总造价为多少万元？竣工结算款为多少万元？

分析要点：

本案例将投资偏差、进度偏差分析和动态结算等知识点融入工程量清单计价模式下的工程款逐月结算中。在分析和求解过程中应注意如下几个问题：

（1）求解问题 2 时，应计算到某一时刻（某月末）的拟完工程计划投资、已完工程计划投资和已完工程实际投资的累计值，通过累计值的差额计算进而分析投资偏差和进度偏差。

（2）在计算已完工程实际投资时，采用动态调值公式对分部分项工程 C 所用的某种材料价款进行调整，可调值部分占分部分项工程 C 费用的 12%，则不调值部分占 88%。

（3）求解问题 3 时，每月承包人已完分部分项工程款等于问题 2 中每月分部分项工程已完工程实际投资。

（4）本案例实际总造价应等于安全生产措施费工程款与各月已完工程款之和。

答案：

问题 1：

解：

（1）签约合同价：

$[(1000×360+900×320+1200×200)/10000+16+5]×(1+9\%)=119.682$（万元）

（2）工程预付款：

$[119.682-(3.2+5)×(1+9\%)]×20\%=22.149$（万元）

（3）支付安全生产措施费工程款：

$3.2×(1+9\%)×90\%=3.139$（万元）

问题 2：

解：

（1）第 1 个月

1）拟完工程计划投资累计：

$(300×360+300×320)/10000×(1+9\%)=22.236$（万元）

2）已完工程计划投资累计：

$280×360/10000×(1+9\%)=10.987$（万元）

3）已完工程实际投资累计：

$280×360/10000×(1+9\%)=10.987$（万元）

4）投资偏差：

$10.987-10.987=0$（万元），投资无偏差。

5）进度偏差：

$10.987-22.236=-11.249$（万元），进度拖后 11.249 万元。

（2）第 2 个月

1）拟完工程计划投资累计：

$22.236+(400×360+300×320+450×200)/10000×(1+9\%)$

$=22.236+35.97=58.206$（万元）

2）已完工程计划投资累计：

$10.987+(400×360+340×320+400×200)/10000×(1+9\%)$

$=10.987+36.275=47.262$（万元）

3）已完工程实际投资累计：

$10.987+[400×360+340×320+400×200×(88\%+12\%×110/100)]/10000×(1+9\%)$

$=10.987+36.380=47.367$（万元）

4）投资偏差：

47.262-47.367=-0.105（万元），投资超支 0.105 万元。

5）进度偏差：

47.262-58.206=-10.944（万元），进度拖后 10.944 万元。

（3）第 3 个月

1）拟完工程计划投资累计：

58.206+（300×360+300×320+450×200）/10000×（1+9%）

=58.206+32.046=90.252（万元）

2）已完工程计划投资累计：

47.262+（320×360+380×320+500×200）/10000×（1+9%）

=47.262+36.711=83.973（万元）

3）已完工程实际投资累计：

47.367+［320×360+380×320+500×200×（88%+12%×115/100）］/10000×（1+9%）

=47.367+36.907=84.274（万元）

4）投资偏差：

83.973-84.274=-0.301（万元），投资超支 0.301 万元。

5）进度偏差：

83.973-90.252=-6.279（万元），进度拖后 6.279 万元。

（4）第 4 个月

1）拟完工程计划投资累计：

90.252+（300×200）/10000×（1+9%）=90.252+6.36=96.792（万元）

2）已完工程计划投资累计：

83.973+（180×320+300×200）/10000×（1+9%）=83.973+12.818=96.791（万元）

3）已完工程实际投资累计：

84.274+［180×320+300×200×（88%+12%×120/100）］/10000×（1+9%）

=84.274+12.975=97.249（万元）

4）投资偏差：

96.791-97.249=-0.458（万元），投资超支 0.458 万元。

5）进度偏差：

96.791-96.792=-0.001，进度无偏差。

问题 3：

解：

（1）第 1 个月

1）分部分项工程款=10.987 万元

2）措施项目工程款=（16−3.2）×1/3×（1+9%）=4.651（万元）

3）承包人已完工程款=10.987+4.651=15.638（万元）

4）业主应支付工程款=15.638×90%=14.074（万元）

（2）第 2 个月

1）分部分项工程款=36.380 万元

2）措施项目工程款=4.651 万元

3）承包人已完工程款=36.380+4.651=41.031（万元）

4）应扣工程预付款=22.149/2=11.075（万元）

5）业主应支付工程款=41.031×90%−11.075=25.853（万元）

（3）第 3 个月

1）分部分项工程款=36.907 万元

2）措施项目工程款=4.651 万元

3）承包人已完工程款=36.907+4.651=41.558（万元）

4）应扣工程预付款=22.149−11.075=11.074（万元）

5）业主应支付工程款=41.558×90%−11.074=26.328（万元）

（4）第 4 个月

1）分部分项工程款=12.975 万元

2）承包人已完工程款=12.975 万元

3）业主应支付工程款=12.975×90%=11.678（万元）

问题 4：

解：

（1）实际总造价：

3.2×（1+9%）+15.638+41.031+41.558+12.975=114.690（万元）

（2）竣工结算款：

114.690×（1−3%）−（22.149+3.139）−（14.074+25.853+26.328+11.678）

=8.028（万元）

【案例十二】

背景：

某施工项目发承包双方签订了工程合同，工期 5 个月。合同约定的工程内容及其价款包括：分部分项工程项目 4 项，费用合计 120.9 万元，具体数据与施工进度计划如表 6-18 所示。安全生产措施费为 4 万元（在竣工结算时根据不含安全生产措施费的税前工程造价变化额的 3% 按实调整；其余措施项目费用为 12 万元（该费用为固定费用，不予调整）；暂列金额为 10 万元；管理费和利润为不含税人工费、材料费、施工机具使用费用之和的 15%；增值税税率为 9%。

表 6-18 分部分项工程项目费用数据与施工进度计划表

分部分项工程项目				计划完成工程量（m³/月或 m²/月）				
名称	工程量	综合单价	费用/万元	1	2	3	4	5
A	600m³	300 元/m³	18.0	200	400			
B	900m³	450 元/m³	40.5		300	400	200	
C	1200m²	320 元/m²	38.4		400	400	400	
D	1000m²	240 元/m²	24.0				600	400

有关工程款支付约定如下：

1. 开工前 1 周内，发包人按签约合同价（扣除安全生产措施费和暂列金额）的 20% 支付给承包人作为工程预付款，在施工期间第 2~4 月工程款中平均扣回；开工后 1 周内，将安全生产措施费以工程款方式提前支付给承包人。

2. 分部分项工程进度款在施工过程逐月结算支付。

3. 分部分项工程 C 所需的材料 C_1 用量 1250m²，承包人的投标报价为 60 元/m²（不含税）。当材料 C_1 的实际价格在投标报价的 ±5% 以内时，分部分项工程 C 的综合单价不予调整；当变动幅度超过该范围时，超过的部分调整分部分项工程 C 的综合单价。

4. 除安全生产措施费之外的其余措施项目工程款按签约合同价在施工期间第 1~4 月平均支付。

5. 其他项目工程款在发生当月按实结算支付。

6. 发包人按每次承包人应得工程款的 85% 支付。

7. 发包人在承包人提交竣工结算报告后 45d 内完成审查工作，并在承包人提供所在开户行出具的工程质量保函（保函额为竣工结算总造价的 3%）后，支付竣工结算款。

该工程如期开工，施工期间发生了经发承包双方确认的下列事项：

1. 分部分项工程 B 在第 2、3、4 月分别完成总工程量的 200m³、400m³、300m³。

2. 分部分项工程 C 所需的材料 C_1 实际价格为 70 元/m²（含可抵扣进项税，税率为 3%）。

3. 第 3 月新增分部分项工程 E，工程量为 300m²，每 1m² 不含税人工、材料、施工机具使用费分别为60元、150元、40元，可抵扣进项增值税综合税率分别为0、9%、5%。

4. 第4月发生计日工签证、索赔工程费用1.6万元。

其余工程内容的施工时间和价款均与合同约定相符。

问题：

1. 该工程签约合同价为多少万元？开工前发包人应支付给承包人的工程预付款为多少万元？开工后1周内发包人应支付给承包人的安全生产措施费工程款为多少万元？

2. 材料C_1的不含税价格为多少元/m^2？价格变动幅度为多少？分部分项工程C的综合单价应调整为多少元/m^2？分部分项工程C的工程费用增加多少万元？

3. 施工至第2月末，承包人累计完成分部分项工程的费用为多少万元？发包人累计应支付的工程进度款为多少万元？投资偏差、进度偏差分别为多少万元？

4. 分部分项工程E的综合单价为多少元/m^2？销项税额、可抵扣增值税进项税额和应缴纳增值税分别为多少元？分部分项工程E的工程费用为多少万元？

5. 该工程安全生产措施费调整额和合同价增减额分别为多少万元？如果开工前和施工期间发包人均按约定支付了各项工程款，则竣工结算时，发包人应支付给承包人的结算款为多少万元？

分析要点：

本案例综合了基于现行清单计价模式下的工程预付款、进度款、竣工结算款计算与合同价款调整以及投资偏差、进度偏差分析等知识点，全面考核对工程合同价款及其调整计算与支付管理的业务能力。本案例的分析与求解过程需注意如下知识要点：

1. 合同价或工程款计算方法为：合同价或工程款=（分部分项工程费用+措施项目费用+其他项目费用）×（1+增值税税率）。

2. 工程预付款，发包人应在开工前按合同约定支付给承包人工程预付款，在后期工程款中扣回。

3. 安全生产措施费，发包人按合同约定以工程款的方式支付给承包人。支付的安全生产措施费工程款与工程预付款不同，不能在后期工程款中扣回。

4. 工程进度款，根据背景资料核对分部分项工程、措施项目、其他项目工程款和工程变更、索赔、甲供材料费抵扣、预付款抵扣、支付比例等内容的具体约定。注意工程进度款，是指在工程开工后的施工过程中支付的各项工程款，不包括开工前预支的工程预付款。

5. 工程价款调整，需要注意合同条款约定的调整范围和调整方法。本案例涉及实际材料价格与投标报价价格差异和新增分部分项工程以及计日工签证、工程索赔等引起的合同价款调整。根据《清单计价标准》的规定，因材料价差对合同价款调整时，只调整材料费，不调整管理费和利润。

6. 工程质量保证金，有两种处理方式。其一是按合同约定以实际工程结算总造价的一定比例扣留；其二是以承包人所在开户银行出具保函的形式对发包人进行工程质量担保承诺，不在承包人应得工程款中扣留。

7. 竣工结算款，常用计算公式为：

竣工结算款=签约合同价+合同价调整额−已支付工程款（包括工程预付款、安全生产措施费预付款、工程进度款）−质保金（若出具保函则不扣留）

8. 投资偏差、进度偏差分析，基本计算方法：

投资偏差=已完工程计划投资−已完工程实际投资

进度偏差=已完工程计划投资−拟完工程计划投资

在现行清单计价模式下，可以采用如下简单计算方法：

投资偏差=已完工程量×(计划综合单价−实际综合单价)×(1+增值税税率)

进度偏差=计划综合单价×(已完工程量−计划工程量)×(1+增值税税率)

根据背景条件，本案例进行偏差分析时，还要考虑安全生产措施费是以分部分项工程费用为基数的取费计算。

9. 增值税，需要弄清工程应计增值税额、可抵扣增值税进项税额、应缴纳增值税额的概念和计算方法。应计增值税额以税前工程造价为基数，可抵扣进项税额为进项费用项目发生的可抵扣进项税额之和，应缴纳增值税额=应计增值税额−可抵扣进项税额。

答案：

问题1：

解：

（1）签约合同价：$(120.9+4+12+10)×(1+9\%)=160.121$（万元）

（2）应支付工程预付款：$[160.121−(4+10)×(1+9\%)]×20\%=28.972$（万元）

（3）应支付安全生产措施费工程款：$4×(1+9\%)×85\%=3.706$（万元）

问题2：

解：

（1）材料 C_1 不含税价格：$70/(1+3\%)=67.96$（元$/m^2$）

（2）价格变化幅度：$(67.96−60)/60×100\%=13.27\%>5\%$

（3）分部分项工程 C 综合单价：$320+1250/1200×[67.96−60×(1+5\%)]$

$$=325.17（元/m^2）$$

（4）分部分项工程 C 的工程费用增加：$1200×(325.17−320)/10000=0.620$（万元）

问题3：

解：

（1）累计完成分部分项工程费用：18.0+（200×450+400×325.17）/10000

$$=40.007（万元）$$

（2）累计应支付工程款：（40.007+12×2/4）×（1+9%）×85%−28.972×1/3

$$=32.968（万元）$$

（3）投资偏差：400×（320−325.17）×（1+9%）/10000=−0.225（万元）

投资增加0.225万元。

（4）进度偏差：（200−300）×450×（1+9%）/10000=−4.905（万元）

进度拖后4.905万元。

问题4：

解：

（1）分部分项工程E综合单价：（60+150+40）×（1+15%）=287.50（元/m²）

（2）应计增值税额：300×287.50×9%=7762.50（元）

（3）可抵扣进项税额：（60×0%+150×9%+40×5%）×300=4650.00（元）

（4）应缴纳增值税额：7762.50−4650.00=3112.50（元）

（5）分部分项工程E工程费用：300×287.50/10000=8.625（万元）

问题5：

解：

（1）安全生产措施费调整额：（0.620+8.625+1.6）×3%=0.325（万元）

（2）合同价增减额：（0.620+8.625+1.6+0.325−10）×（1+9%）=1.275（万元）

（3）应支付竣工结算款：［160.121+（0.620+8.625+1.6）×（1+9%）］×（1−85%）+0.325×（1+9%）=26.146（万元）

【案例十三】

背景：

某施工单位以低于最高投标限价2.8%的报价投标某工程项目，并获得中标。发承包双方签订了工程施工合同，工期10个月。

1. 合同约定的工程内容及其价款

分部分项工程项目5项，费用数据与施工进度计划如表6-19所示；安全生产措施费为不含安全生产措施费本身的税前工程造价的3%（在竣工结算时一次性调整），其余措施项目费用为分部分项工程项目费用的9%（不予调整）；其他项目费用仅包括暂列金额

20 万元；管理费和利润为不含税人材机费用之和的 16%；增值税税率为 9%。

表 6-19　　　　　　　　分部分项工程项目费用数据与施工进度计划表

分部分项工程项目				施工进度计划/月									
名称	工程量	综合单价	费用/万元	1	2	3	4	5	6	7	8	9	10
A	900m³	300 元/m³	27.0	——	——	——							
B	1250m³	480 元/m³	60.0		——	——	——	——					
C	1560m²	350 元/m²	54.6			——	——	——	——	——			
D	1200m²	420 元/m²	50.4				——	——	——	——	——		
E	1000m²	260 元/m²	26.0						——	——	——	——	——
合计			218.0	注：各分部分项工程计划进度均为匀速进度									

2. 有关工程价款支付约定

（1）开工前，发包人按分部分项工程项目签约合同价的 20% 支付给承包人作为工程预付款（在施工期第 4~9 月的每月工程款中等额扣回）；将安全生产措施费的 70% 支付给承包人，其余部分在施工期第 5 月末支付；除安全生产措施费之外的其他措施项目费用按签约合同价在施工期第 2、4、6、8 月末，分 4 次平均支付。

（2）分部分项工程项目工程款按施工期间每月实际完成工程量逐月支付。

（3）其他项目工程款在发生当月支付。

（4）开工前和施工期间，发包人按承包人每次应得工程款的 90% 支付。

（5）竣工结算时，根据计取基数变化调整安全生产措施费；在承包人提供工程质量保函（额度为竣工结算总造价的 3%）后，一次性支付竣工结算款。

3. 工程变更及合同价调整争议

该工程项目按计划施工至第 4 月末，发包人根据企业集团的"提升新质生产力水平，实现业态数智化升级"决策，通知承包人除分部分项工程 B 按计划正常施工外，其他工程内容暂停施工，并于第 5 月的 20 日发出设计变更通知。因变更导致工程内容发生如下变化：

（1）分部分项工程 D 取消，已施工部分拆除；

（2）分部分项工程 E 工程量减少 20%，构造和材料有变化；

（3）新增分部分项工程 F 工程量为 1180m²。

应发包人要求，承包人调整施工进度计划，分部分项工程 E、F 分别于第 6、7、8、9 月和第 8、9、10 月施工，分部分项工程 D 已施工部分的拆除清运不影响工期；并于第 5

月的 25 日提交了合同价调整申请报告，内容包括如下四部分：

（1）分部分项工程 C 的人工窝工和施工机具闲置费用索赔；

（2）分部分项工程 D 拆除和清运费用索赔、人工窝工和施工机具闲置费用索赔，已进场材料费用索赔；

（3）分部分项工程 E 的构造和材料变化导致的费用增加、人工窝工和施工机具闲置费用索赔；

（4）新增分部分项工程 F 的工程款。

发承包双方对合同价调整争议较大，本着友好互利原则，在不影响工程正常进行的前提下，委托造价咨询单位（原最高投标限价编制单位）对合同价调整争议进行调解。

4. 争议调解意见

造价咨询单位经过现场勘验、调阅招标投标与合同文件及双方有关函文、查阅承包人的施工日志及施工任务单、询问当事人及证人、与当事人沟通等，提出发承包双方认可的调解意见如下：

（1）分部分项工程 C 的人工窝工和施工机具闲置费用索赔不予受理；

（2）分部分项工程 D 已完部分的拆除和清运人工和施工机具使用费用 1.6 万元，人工窝工和施工机具闲置费用 2.1 万元，已进场主材 D_1 因非质量问题退货违约金和运杂费 8.6 万元；

（3）分部分项工程 E 的人工和材料费用增加 80 元/m^2，但人工窝工和施工机具闲置费用索赔不予受理；

（4）按最高投标限价的编制依据和办法，测算出分部分项工程 F 的综合单价为 390 元/m^2。

并说明各项费用标准均应执行合同约定，但人工窝工和施工机具闲置、已进场主材 D_1 退货违约金和运杂费计取管理费 3.2%，不计取利润和除安全生产措施费之外的其他措施项目费用。

除上述变化外，其余工程内容的施工时间和价款与合同约定相符。

问题：

1. 该工程项目签约合同价中的安全生产措施费和除安全生产措施费之外的其他措施项目费用分别为多少万元？签约合同价为多少万元？开工前发包人应支付给承包人的工程预付款和安全生产措施费工程款分别为多少万元？

2. 施工期第 4 月，承包人完成分部分项工程项目费用为多少万元？该月发包人应支付给承包人的工程款为多少万元？

3. 因设计变更导致各分部分项工程费用分别增加（或减少）多少万元？分部分项工

程费用增加（或减少）总额为多少万元？

4. 根据计取基数变化，该工程安全生产措施费增加多少万元？竣工结算总造价为多少万元？如果开工前和施工期间发包人均按约定支付了各项工程款，则竣工结算时，发包人应一次性支付给承包人的竣工结算款为多少万元？

分析要点：

本案例除全面考核对工程合同价款及其支付管理的知识点外，增加了对合同价款调整争议解决方式的知识。本案例工程施工期间发生了因发包人原因导致的暂停施工事件，造成分部分项工程项目及其工程量变化、人工窝工和施工机具闲置、生产要素价格变化等问题。发承包双方就合同价款调整争议问题，按照《清单计价标准》的规定，委托第三方进行调解。

本案例的分析与求解过程需注意如下知识要点：

1. 发承包双方共同委托的调解人（或调解机构）作出的调解意见对委托事项具有相应的约束力。一般情况下，应依据调解意见处理争议问题。但在发承包双方（或一方）不能接受调解意见时，可以按合同约定将相关争议提请双方约定的仲裁委员会仲裁裁决，或向人民法院提起诉讼，通过法院判决解决。

2. 对于发包人原因导致承包人的现场人工窝工和施工机具闲置费用索赔，应考虑承包人是否在时间允许的前提下及时采取了调整措施，非必须发生的费用损失索赔是很难被受理的。

3. 由于发包人原因导致已进场的某些分部分项工程材料不能按原计划使用，应本着尽量减少费用损失的原则处理，对于通用性材料应考虑用于其他同类分部分项工程，合理规避不必要的费用损失；对于特殊性材料可以考虑退货，并补偿承包人发生的实际费用损失。

4. 对新增分部分项工程进行组价和费用计算时，需要考虑承包人在投标报价时的价格让利（下浮）率，让利（下浮）率＝（1－投标报价/最高投标限价）×100（%）。

5. 该案例的措施项目费用在施工期间不调整，在竣工结算时根据分部分项工程项目费用变化一次性调整。

答案：

问题1：

解：

（1）其他措施项目费用：218×9%＝19.62（万元）

（2）安全生产措施费：（218＋19.62）×3%＝7.129（万元）

（3）签约合同价：（218＋19.62＋7.129＋20）×（1＋9%）＝288.576（万元）

（4）应支付工程预付款：218×（1+9%）×20%＝47.524（万元）

（5）应支付安全生产措施费工程款：7.129×（1+9%）×70%×90%＝4.895（万元）

问题2：

解：

（1）完成分部分项工程项目费用：60/4+54.6/4+50.4/5＝38.73（万元）

（2）应支付工程款：（38.73+19.62/4）×（1+9%）×90%－47.524/6＝34.885（万元）

问题3：

解：

（1）分部分项工程D费用减少：[1.6×（1+16%）+（2.1+8.6）×（1+3.2%）]

$$-50.4×4/5＝-27.422（万元）$$

（2）分部分项工程E费用增加：1000×（1-20%）×[260+80×（1+16%）]/10000-26

$$＝2.224（万元）$$

（3）分部分项工程F费用增加：1180×390×（1-2.8%）/10000＝44.731（万元）

（4）分部分项工程费用增加总额：-27.422+2.224+44.731＝19.533（万元）

问题4：

解：

（1）安全生产措施费用增加：19.533×3%＝0.586（万元）

（2）竣工结算总造价：288.576+（19.533+0.586-20）×（1+9%）＝288.706（万元）

（3）应支付竣工结算款：[（218+19.62+7.129+19.533）×（1-90%）+0.586]

$$×（1+9%）＝29.445（万元）$$

【案例十四】

背景：

某建设单位拟编制某工业建设项目的竣工决算。该建设项目包括生产车间和配套工程两大部分，工程费用和工程建设其他费用竣工决算基础数据如表6-20~表6-22所示。

表6-20　　　　　**某工业建设项目竣工决算基础数据表（一）**　　　　单位：万元

项目名称	建筑工程	安装工程	需安装设备	不需安装设备	其他费用
1　生产车间	**8600**	**2360**	**4800**	**810**	**80**
1.1　A生产车间	3500	980	2100	320	50
1.2　B生产车间	2700	850	1700	280	30
1.3　辅助生产车间	2400	530	1000	210	

续表

项目名称	建筑工程	安装工程	需安装设备	不需安装设备	其他费用
2 配套工程	**2600**	**1300**	**930**	**80**	**20**
2.1 附属建筑	790	70		20	
2.2 辅助及公用设施	980	570	590	60	20
2.3 总图运输与综合管网	830	660	340		
合计（1+2）	**11200**	**3660**	**5730**	**890**	**100**

注：A、B生产车间的其他费用为特种设备安全监督检测、计量设备仪表标定费；辅助及公用设施其他费用为因特殊原因引起的工程报废损失费。

表6-21   某工业建设项目竣工决算基础数据表（二）   单位：万元

项目名称	生产工器具购置费		办公家具用具购置费	
	总额	达到固定资产标准	总额	达到固定资产标准
1 生产车间	**380**	**310**	**180**	**150**
1.1 A 生产车间	160	140	100	85
1.2 B 生产车间	120	90	50	40
1.3 辅助生产车间	100	80	30	25
2 配套工程			**16**	**10**
2.1 附属建筑			16	10
2.2 辅助及公用设施				
2.3 总图运输与综合管网				
合计（1+2）	380	310	196	160

表6-22   某工业建设项目竣工决算基础数据表（三）   单位：万元

费用项目	金额	费用项目	金额
1 建设用地费	1970	2.3 节能评估费	15
1.1 土地使用权出让金	1700	2.4 洪水影响评估费	10
1.2 拆迁补偿费	200	2.5 环境影响评估费	20
1.3 工程准备费	70	2.6 交通影响评估费	10
2 建设前期咨询费	110	**3 勘察设计费**	600
2.1 项目建议书	15	3.1 工程地质勘察费	60
2.2 可行性研究费	40	3.2 工程设计费	420

续表

费用项目	金额	费用项目	金额
3.3　生产工艺流程设计费	120	6.1　无负荷试运转支出	10
4　建设管理及其咨询费	960	6.2　试生产支出	25
4.1　建设单位管理费	240	6.3　试生产产品销售收入	5
4.2　招标代理费	40	**7　生产准备费**	125
4.3　工程监理费	340	7.1　生产职工培训费	50
4.4　全过程工程造价咨询费	210	7.2　生产职工提前进厂费	75
4.5　设计评审费	15	**8　技术及专有技术使用费**	350
4.6　竣工图编制费	25	8.1　专利技术费	170
4.7　数字化资料整理费	25	8.2　专有技术使用费	30
4.8　信息管理系统开发及使用费	75	8.3　技术资料费	60
5　市政公用配套设施费	1610	8.4　商标权费	90
5.1　给水排水系统费	230	**9　工程融资与保险、保函费**	1180
5.2　供电系统费	1100	9.1　建设期融资费	1100
5.3　热力系统费	180	9.2　工程保险、保函费	80
5.4　电信与网络系统费	100		
6　联合试运转费	30	**合计（1+2+3+4+5+6+7+8+9）**	6935

注：建设单位管理费 240 万元，其中 80 万元不计入固定资产；信息管理系统开发及使用费 75 万元，其中 25 万元不计入固定资产；试生产产品销售收入抵扣试生产支出。

问题：

1. 简述建设项目竣工决算的概念与基本内容。

2. 简述竣工决算的编制依据。

3. 简述竣工决算的编制步骤。

4. 确定 A 生产车间的新增固定资产价值。

5. 确定该建设项目的固定资产、流动资产、无形资产和其他资产价值。

分析要点：

本案例主要考核工业建设项目竣工决算基本知识和建设过程形成的各类资产价值的确定方法。求解本案例首先要对建设项目竣工决算概念、内容、编制依据与步骤有所了解，并较熟练掌握建设项目新增资产的分类方法和固定资产、流动资产、无形资产和其他资产的概念及其价值确定方法。

1. 新增固定资产价值包括：

（1）建筑、安装工程造价；

（2）达到固定资产标准的设备和工器具的购置费用；

（3）增加固定资产价值的其他费用，包括为获得土地使用权而支付的土地补偿费和拆迁补偿费、工程准备费（包括场地准备费、临时设施费等）、建设前期咨询费、勘察设计费、建设单位管理费（扣除不计入固定资产部分）、工程咨询费、报废工程损失费、达到固定资产标准的生产工器具和办公家具用具等购置费、联合试运转费。其中，联合试运转费是指整个车间无负荷试运转、试生产发生的费用（扣减试生产产品销售收入）。

根据从属关系，增加固定资产价值的其他费用应计入或分摊到拟交付的单项工程资产价值中。从属于某一单项工程的其他费用直接计入该单项工程资产中，如本案例 A、B 生产车间的特种设备安全监督检测、计量设备仪表标定费；从属于全部或部分单项工程的其他费用，按各个单项工程造价比例分摊。土地补偿费和拆迁补偿费、工程准备费、工程勘察费和设计费等按建筑工程造价比例分摊；生产工艺流程系统设计费按生产设备（包括需安装设备和不需安装设备）购置费比例分摊；建设前期咨询费、建设单位管理费、工程咨询费、联合试运转费（扣减试生产产品销售收入）、工程融资与保险、保函费等按建筑工程、安装工程、需安装设备价值总额比例分摊。

2. 流动资产价值，是指未达到固定资产标准的生产工器具购置费、办公家具用具购置费和现金、存货、应收及应付款项等价值。

3. 无形资产价值，是指土地使用权出让金（转让费）、市政公用配套设施费（含向相关机构缴纳的配套费用和需要建设单位支付的厂区外市政公用配套设施对接工程费）、信息管理系统开发及使用费中不计入固定资产的其他费用、专利技术费、非专利技术费、技术服务费、著作权、商标权及商誉等价值。

4. 其他资产价值，是指建设单位管理费中不计入固定资产的其他费用、生产准备费（包括生产职工培训费和生产职工提前进厂费等）、以租赁方式租入的固定资产改良工程支出等。

答案：

问题 1：

答：竣工决算是以实物数量和货币指标为计量单位，综合反映竣工建设项目全部建设费用、建设成果和财务状况的总结性文件，是竣工验收报告的重要组成部分。

竣工决算由竣工财务决算说明书、竣工财务决算报表、工程竣工图（含数字化模型）

和工程竣工造价对比分析四部分组成。其中竣工财务决算说明书和竣工财务决算报表是竣工决算的核心内容。

问题 2：

答：建设项目竣工决算应依据下列资料编制：

（1）与基本建设财务管理相关的法律、法规和规范性文件；

（2）项目计划任务书及立项批复文件；

（3）项目总概算书、单项工程概算书文件及概算调整文件；

（4）经批准的可行性研究报告、设计文件及设计交底、图纸会审资料；

（5）工程招标文件、最高投标限价、投标文件、投标报价；

（6）勘察设计、施工、监理、咨询等工程合同，政府采购审批文件、采购合同；

（7）工程变更、索赔等合同价款调整文件；

（8）设备、材料调价文件；

（9）工程结算资料；

（10）有关的会计及财务管理资料；

（11）历年下达的项目年度财政资金投资计划、预算；

（12）其他有关资料。

问题 3：

答：竣工决算的编制应按下列步骤进行：

（1）搜集、整理、分析原始资料；

（2）对照、核实工程及变更情况，核实各单位工程、单项工程造价；

（3）审定各有关投资情况；

（4）编制竣工财务决算说明书；

（5）填报竣工财务决算报表；

（6）做好工程造价对比分析；

（7）整理、装订竣工图；

（8）整理建筑信息模型（BIM）等数字化资料；

（9）按有关规定上报审批、存档。

问题 4：

解：

（1）A 生产车间的直接固定资产价值：

3500＋980＋2100＋320＋50＋140＋85＝7175（万元）

（2）按建筑工程造价比例分摊的固定资产价值：

（200+70+60+420）×3500/11200＝234.375（万元）

（3）按生产设备购置费比例分摊的固定资产价值：

120×（2100+320）/（4800+810）＝51.765（万元）

（4）按建筑工程、安装工程、需安装设备价值总额比例分摊的固定资产价值：

［110+（960-80-25）+30+1180］×（3500+980+2100）/（8600+2360+4800）

＝908.09（万元）

A生产车间的新增固定资产价值合计：

7175+234.375+51.765+908.09＝8369.23（万元）

问题5：

解：

（1）固定资产价值：

11200+3660+5730+890+100+310+160+200+70+110+600+（960-80-25）+30+1180

＝25095（万元）

（2）流动资产价值：

（380-310）+（196-160）＝106（万元）

（3）无形资产价值：

1700+25+1610+350＝3685（万元）

（4）其他资产价值：

80+125＝205（万元）

【案例十五】

背景：

某建设单位决定在西部某地建设一项新型低能耗数智化系列设备生产基地项目。该项目从2023年3月开始实施，到2024年12月底财务核算资料如下：

1. 已经完成部分单项工程，经验收合格后，交付的资产有：

（1）固定资产74739万元。

（2）为生产准备的使用期限在一年以内的随机备件、工具、器具29361万元。使用期限在1年以上，单件价值2000元以上的工具61万元。

（3）建设期内购置的专利权、非专利技术1700万元。摊销期为5年。

（4）筹建期间发生的开办费79万元。

2. 在建项目支出有：

（1）建筑工程和安装工程15800万元。

（2）设备工器具 43800 万元。

（3）建设单位管理费、勘察设计费等待摊投资 2392 万元。

（4）通过出让方式购置的土地使用权形成的其他投资 108 万元。

3. 非经营项目发生待核销基建支出 40 万元。

4. 应收生产使用单位投资借款 1500 万元。

5. 购置需要安装的器材 49 万元，其中待处理器材损失 15 万元。

6. 货币资金 480 万元。

7. 工程预付款及应收有偿调出器材款 20 万元。

8. 建设单位自用的固定资产原价 60220 万元。累计折旧 10066 万元。

反映在《资金平衡表》上的各类资金来源的期末余额是：

1. 预算拨款 48000 万元。

2. 自筹资金拨款 60508 万元。

3. 其他拨款 300 万元。

4. 建设单位向商业银行借入的借款 109287 万元。

5. 建设单位当年完成交付生产单位使用的资产价值中，有 160 万元属利用投资借款形成的待冲基建支出。

6. 应付器材销售商 37 万元货款和应付工程款 1963 万元尚未支付。

7. 未交税金 28 万元。

问题：

1. 计算交付使用资产与在建工程有关数据，并将其填入表 6-23 中。

表 6-23　　　　　　　　　　交付使用资产与在建工程数据表　　　　　　　　单位：万元

资金项目	金额	资金项目	金额
（一）交付使用资产		（二）在建工程	
1. 固定资产		1. 建筑安装工程投资	
2. 流动资产		2. 设备投资	
3. 无形资产		3. 待摊投资	
4. 其他资产		4. 其他投资	

2. 编制大、中型基本建设项目竣工财务决算表，见表 6-24。

表 6-24
大、中型基本建设项目竣工财务决算表

项目名称： 资金单位： 编制时间： 年 月 日

资金来源	金额	资金占用	金额
一、基建拨款		一、基本建设支出	
1. 预算拨款		1. 交付使用资产	
2. 基建基金拨款		2. 在建工程	
3. 进口设备转账拨款		3. 待核销基建支出	
4. 器材转账拨款		4. 非经营项目转出投资	
5. 煤代油专用基金拨款		二、应收生产单位投资借款	
6. 自筹资金拨款		三、拨付所属投资借款	
7. 其他拨款		四、器材	
二、项目资本		其中：待处理器材损失	
1. 国家资本		五、货币资金	
2. 法人资本		六、预付及应收款	
3. 个人资本		七、有价证券	
三、项目资本公积		八、固定资产	
四、基建借款		固定资产原价	
五、上级拨入投资借款		减：累计折旧	
六、企业债券资金		固定资产净值	
七、待冲基建支出		固定资产清理	
八、应付款		待处理固定资产损失	
九、未交款			
1. 未交税金			
2. 未交基建收入			
3. 未交基建包干结余			
4. 其他未交款			
十、上级拨入资金			
十一、留成收入			
合计		合计	

3. 计算基建结余资金。

分析要点：

《大、中型建设项目竣工财务决算表》是反映建设单位所建的大、中型建设项目在某一特定日期的投资来源及其分布状态的财会信息资料。它是通过对建设项目中形成的大量数据整理后编制而成。通过编制该表，可以为考核和分析投资效果提供依据。

基本建设竣工决算，是指建设项目或单项工程竣工后，建设单位向国家（行业主管部门）汇报建设成果和财务状况的总结性文件。由竣工决算报表、竣工财务决算说明书、工程竣工图和工程造价对比分析四个部分组成。《大、中型建设项目竣工财务决算表》是竣工决算报表体系中的一份报表。

填写《资金平衡表》中的有关数据，是为了使建设期的在建工程的核算数据主要在"建筑安装工程投资""设备投资""待摊投资""其他投资"四个会计科目中反映。当年已经完工，交付生产使用资产的核算主要在"交付使用资产"科目中反映，并分成固定资产、流动资产、无形资产及其他资产等明细科目反映。

通过编制《大、中型建设项目竣工财务决算表》，熟悉该表的整体结构及各组成部分的内容、编制依据和步骤。

通过计算基建结余资金，了解如何利用报表资料为管理服务。

答案：

问题1：

解：资金平衡表有关数据的填写见表6-25。

其中：固定资产＝74739＋61＝74800（万元）。无形资产摊销期五年为干扰项，在建设期仅反映实际成本。

表6-25　　　　　　　　　　**交付使用资产与在建工程数据表**　　　　　　　　单位：万元

资金项目	金额	资金项目	金额
（一）交付使用资产	105940	（二）在建工程	62100
1. 固定资产	74800	1. 建筑安装工程投资	15800
2. 流动资产	29361	2. 设备投资	43800
3. 无形资产	1700	3. 待摊投资	2392
4. 其他资产	79	4. 其他投资	108

问题2：

解：《大、中型基本建设项目竣工财务决算表》，见表6-26。

表 6-26　　　　　　　　**大、中型基本建设项目竣工财务决算表**

项目名称：数字化系列设备生产基地　　　　　资金单位：元　　　　　编制时间：2025 年 1 月 15 日

资金来源	金额	资金占用	金额
一、基建拨款	1088080000	一、基本建设支出	1680800000
1. 预算拨款	480000000	1. 交付使用资产	1059400000
2. 基建基金拨款		2. 在建工程	621000000
3. 进口设备转账拨款		3. 待核销基建支出	400000
4. 器材转账拨款		4. 非经营项目转出投资	
5. 煤代油专用基金拨款		二、应收生产单位投资借款	15000000
6. 自筹资金拨款	605080000	三、拨付所属投资借款	
7. 其他拨款	3000000	四、器材	490000
二、项目资本		其中：待处理器材损失	150000
1. 国家资本		五、货币资金	4800000
2. 法人资本		六、预付及应收款	200000
3. 个人资本		七、有价证券	
三、项目资本公积		八、固定资产	501540000
四、基建借款	1092870000	固定资产原价	602200000
五、上级拨入投资借款		减：累计折旧	100660000
六、企业债券资金		固定资产净值	501540000
七、待冲基建支出	1600000	固定资产清理	
八、应付款	20000000	待处理固定资产损失	
九、未交款	280000		
1. 未交税金	280000		
2. 未交基建收入			
3. 未交基建包干结余			
4. 其他未交款			
十、上级拨入资金			
十一、留成收入			
合计	2202830000	合计	2202830000

表中部分数据计算：

（1）固定资产＝固定资产原价–累计折旧+固定资产清理+待处理固定资产损失

$$=60220-10066=50154\text{（万元）}$$

（2）应付款＝37+1963=2000（万元）

（3）资金来源＝资金占用

问题3：

解：基建结余资金＝基建拨款+项目资本+项目资本公积金+基建借款+企业债券资金

+待冲基建支出–基本建设支出–应收生产单位投资借款

$$=108808+109287+160-168080-1500=48675\text{（万元）}$$